> 발 간 사

철기 이범석 장군 회고록
『우둥불』 증복간에 즈음하여

　철기장군은 누구인가? 대한민국 항일무장투쟁사의 커다란 획인 「청산리 전투의 영웅」이며, 중국 망명 30년을 오로지 항일무장투쟁으로 일관한 우리 민족 가슴 속에 자리한 「애국애족 무인정신의 상징」이자, 대한민국 초대 국무총리 겸 국방부장관으로서 특히 신생 국군에 이념과 정신을 심어준 「대한민국 국방건설의 아버지」라 불리는 분이다.

　오늘, 철기장군 회고록을 증복간하는 목적은 첫째, 대한민국 광복은 강대국의 전승의 결과로 거저 얻어진 것이라는 일부의 자학적 역사인식을 물리치고 독립군으로부터 광복군으로 이어지는 항일무장투쟁이 「대한민국 광복의 근본적 힘」이었음을 장군의 생을 기초로 천명하고자 하는 것이다.
　둘째는, 대한민국 국군과 상해 임시정부 광복군과의 연결고리로서 장군이 차지하는 역사적 의미와 함께, 장군이 설정한 미군정하 국방경비대와 대한민국 국군과의 명확한 관계 조명을 통해 「국군의 정통성」을 재강조하기 위함이다.
　셋째는, 장군의 「실용적 자주정신」을 오늘에 되새기기 위함이다. 장군의 30년 항일무장 투쟁의 생애는 대한민국인 자주독립 정신의 상징이라고 하는 데 이론이 없다. 또한 광복 후 자주국 국방건설을 위해 미 군사고문단 및 정치권과의 격렬한 갈등 속에서도 국방부장관 직속의 정훈국과 대북 첩보국을 창설하고, 후방방위와 예비전력 확보를 위해 호국군을 설치한 것 등은 장군의 자주정신의 대표적 사례들이다. 후임 문민장관의 정치적 조치에 의해 일부 훼손되기는 하였으나 대부분은 다시 회복되어 지금 우리 국방의 기본체계로 자리잡고 있는 제도들이다.

한편, 광복군 참모장 시절 미 전략정보국과의 연합작전을 주도한 것이라든지, 초대 국방장관으로서 대한민국 국방기조를 연합국방으로 천명한 것, 그리고 건군과정에서 일군과 만군 군사 경력자들도 포용한 것 등은 실용정신의 대표적 사례들이다. 특히 국방부 훈령 제1호를 통해 신생 대한민국 국군의 정통성과 정체성을 분명히 한 것, 즉, 대한민국 국군이 국방경비대를 편입시켰다는 부분은 자주정신과 실용정신을 조화한 상징적 사례이다. 오늘 우리는 지난 60년간 북한의 전쟁도발 망동을 억제하기 위해 존속한 전작권을 포함한 한미동맹 체제를 자주적 실용적 관점에서 보완 발전시켜 나가야 한다. 우리 국민과 군은 안정과 실용으로 포장된 지나친 의존성과 안일함, 그리고 과거 상황과 경험에만 지나치게 집착한 것으로부터 벗어나, 다가오는 통일과 통일 이후 시대를 주도하고 흔들리지 않는 대한민국의 미래를 만들 수 있는 역사적 소명에 치열할 수 있는 자주정신을 굳건히 가져야 한다. 그 지혜와 공감을 장군으로부터 구하고 나누고자 함이다.

넷째는, 공산주의와 싸워 이기기 위해서는 「실천적 반공정신」만이 호국을 위한 핵심임을 현 세대 국민과 장병들에게 각인시키기 위함이다. 아직도 공산주의와 대치하고 있는 현실에서, 항일무장 투쟁간 그리고 광복 후 공산주의자들과 싸워 이기기 위해 절치부심했던 장군의 삶을 통해 남북대화의 역효과로 인한 북한 공산주의자들에 대한 경계가 옅어지고 있는 세태에 경종을 울리지 않을 수 없다. 핵과 미사일로 대한민국의 안보를 위협하고, 나아가 한반도 통일에 대한 암울함을 더해가는 작금의 상황 속에서 장군으로부터 우리는 변함없는 실천적 반공정신만이 그들을 이기는 길임을 배워야 한다.

본 증복간 사업은 철기장군이 구술한 원래의 회고록『우둥불』의 청산리전투를 비롯한 항일무장투쟁 부분은 <제1부>에서 그대로 살리면서, 원본 후반부의 개인사냥 부분은 후에 발간할 예정인 철기장군 재조명 시리즈 2탄으로 포함시키고 대신, 증복간 목적에 맞게 지금까지 상대적으로 덜 부각되었던 초대 국방부장관 시절을 <제2부>에서 집중적으로 조명하였다.

장군이 국립묘지에 안장되신 지 벌써 44년의 세월이 지났고, 철기장군 기념사업회가 발족한 지도 벌써 37년이 지나고 있다. 그동안 기념사업회를 이끌어 오신 역대 회장님들을 포함한 많은 분들의 노고에 힘입어 철기장군의『자전』과『평전』,『우둥불은 꺼지지 않는다』등의 여러 서적들이 출간되었다. 그러나 정작 장군을 기리는 기념관 사업은 아직 요원하다. 40여 년간 현역군인으로 국방에 몸담았던 후배의 한 사람으로 송구스런 마음 금할 길 없다. 이제 기념관 사업 추진에 앞서 장군의 생애와 정신을 세상에 널리 알리고 공감을 얻는 것이 우선해야 할 일이라 생각하여 금번에 증복간 작업을 추진하게 되었다. 장군의 44주기 추도식에 맞추어 이 책을 장군의 영전에 봉헌하게 됨을 참으로 다행스럽게 생각한다.

철기장군의 자서전『우둥불』은 1970년대 중반을 살았던 수많은 대한민국 젊은이들의 가슴을 뒤흔들었던 베스트셀러이다. 일제강점기 시절 항일무장투쟁을 하였던 많은 선열들 가운데 드물게 회고록을 남기신 자욱이다. 철기장군뿐 아니라 회고록에 등장하는 많은 선열들의 삶을 그대로 같이 호흡할 수 있는 기회에 감사함과 아울러 장군의 자서전을 읽고 광활한 만주에서 백마를 타고 질풍노도같이 항일무장 독립운동을 했던 선열들의 모습을 떠올리면서, 자랑스러움과 존경심과 함께 무한한 애국심을 가슴 깊이 품지 않을 수 없었을 것이다.

이번 증복간을 하면서 원본 회고록을 발간했던 출판사가 존재하지 않아 작업이 쉽지는 않았다. 어려운 가운데서도 증복간을 흔쾌히 맡아주신 백산서당의 김철미 사장님 그리고 증복간에 힘을 보태주신 철기이범석장군기념사업회 제위 여러분과 국방부 군사편찬연구소 관계자에게 지면으로나마 진심으로 감사의 말씀을 전하며, 삼가 이 책을 철기 장군님의 영전에 바친다.

2016. 4.
철기이범석장군기념사업회 제8대회장 박남수

차 례

| 발간사 | 철기 이범석 장군 회고록 『우등불』 증복간에 즈음하여

제1부 우 둥 불

제1장 조 국 ·· 23

제2장 청산리의 혈전 ······························· 31

  1. 전쟁의 서곡 · 31

  2. 조 우 · 36

  3. 전투준비 · 40

  4. 한밤에서 새벽까지 · 42

  5. 빠이원핑 전투 · 48

  6. 쟈산춘으로 가는 길 · 58

7. 첸수이핑 전투 · 62

8. 마루꼬우의 전투 · 69

9. 피 어린 간주곡 · 78
   가. 전 동지 · 78 / 나. 종이 한 장 차이 · 80 / 다. 기백 · 82
   라. 노병은 사라질망정 · 84 / 마. 누가 감히 · 85

10. 승 리 · 86

11. 맺 음 · 87

12. 민족의 긍지인 역사적 사실을 흐릴 수 없다 · 88

제3장 애마 무전 ………………………………………… 94

제4장 情懷錄 ………………………………………… 122

1. 思母錄 · 122

2. 기적을 만든 여인 · 141

3. 광야의 갈리나 · 164

4. 얄루허(雅魯河)에 빠진 마리아 · 184

5. 예브게니 모구찌의 사랑 · 212

6. 부자 이야기 · 225

제5장 톰스크의 8개월 ……………………………… 238

제6장 볼가의 향수 …………………………………… 281

제7장 마점산 장군 …………………………………… 310

제2부 대한민국 국방건설의 아버지, 초대 국방부장관 철기 이범석 장군 재조명

제1장 초대 국방부장관 철기 이범석 장군의 업적과 의의 337

개   요 · 337

환국, 초대 국방부장관 임명, 그리고 국군의 탄생 과정 · 340

초대 국방부장관으로서 장군의 주요 업적과 의의 · 344
  1) 대한민국 국군의 이념과 정신을 설정하다 · 344
  2) 대한민국 국방개념을 연합국방(聯合國防)으로 천명하다 · 348
  3) 사병제일주의(士兵第一主義)로 정병양성(精兵養成)에 주력하다 · 349
  4) 국군의 사상통일(思想統一)에 전력을 다하다 · 350
  5) 군 부대의 증설과 여군 및 특수부대를 창설하다 · 353
  6) 호국군을 창설하여 전후방 동시 방어체제로 공산주의와 대적할 수 있는 국방체계를 만들다 · 354
  7) 대한민국 호국의 간성을 기르는 육군사관학교의 경비대사관학교 흡수, 그리고 7기생과 8기생의 대폭 입교 확대로 일본군 출신 중심의 군 장교단을 희석시켜 국군 정통성을 제고시키고, 이듬해 6·25전쟁에 대비하다 · 356
  8) 병기 자급자족을 준비하다 · 359

결   론 · 360

제2장 철기장군 국방시대 회상 ·········· 363

머 리 말 · 363 / 철기장군의 첫인상 · 360 / 대한민국 국방부장관 첫 등청일 · 36+ / 국방부장관으로 인계받은 국방력 · 369 / 국방부 조직법상

군 통수 계통 문제 · 371 / 사병제일주의 · 373 / 군 예비병력 조직문제 · 374 / 여군 창설 문제 · 377 / 재야 군사 유경험자 등용 · 378 / 장관 집무 이모저모 · 380 / 맺는 말 · 384

제3장 秘錄 '軍' ··· 387

◇ 철기 이범석 장군 연보 ································· 395

제1부

우 둥 불

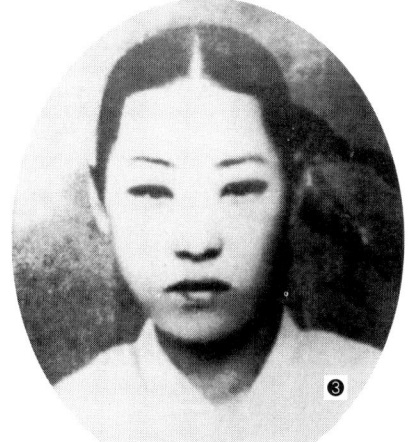

❶ 북로군정서 연성대장 시절의 철기.
❷ 철기 부친 李文夏(1941년, 69세 당시).
철기는 1915년에 부친과 헤어진 후 사별하기까지 만나지 못했다.
❸ 계모 김씨(1912년, 33세 당시).
❹ 젊은 시절의 뮤사(김마리아). 철기와는 혁명 동지로 만나 결혼하였다.
❺ 제2지대가 악보.
광복군 제2지대 선전부에서 발행한 주간 〈전우〉(戰友)에 처음 실렸다.

❶ 낙양에서의 철기.
❷ 광복군 참모장 시절.
❸ 서안 제2지대에서 부르던 광복군 아리랑.

광복군 아리랑

아리랑 아리랑 아라리오
광복군 아리랑 불러보세
1. 우리 부모님 날 찾으시거든
   광복군 갔다고 말 전해 주소
2. 광풍이 분다네 광풍이 분다네
   삼천만 가슴에 광풍이 분다네
3. 바다에 두둥실 떠오른 배는
   광복군 싣고서 오시는 배래요
4. 등실련 고개에서 북소리 둥둥 나거든
   한양성 복판에 태극기 훨훨 나네

❶ 광복군 징모3분처위원 환송기념
(중경, 1941. 3. 6).
❷ 제2지대 사열 장면
(1943. 6. 6).
이 사진은 임시정부가 광복군의 실정을 미주에 알리기 위해 이승만에게 보낸 것이다.

❶ 철기와 제2지대원들.
앞줄 왼쪽부터 한광, 박재화, 정일명.
둘째줄 민영수, 노태준, 철기장군, 최동균.
셋째줄 이윤장, 김석동, 이지성, 이준승 등.
❷ 한국광복군 제2지대원 영문약자(KIA Ⅱ)로 정렬한 제2지대원들.

❶ 광복군 참모장 시절 애견 뮐러(셰퍼드종)와 함께 한 철기.
❷ 부인 마리아 여사와 영식 인종군과 광복군 2지대원.
❸ 부인 마리아 여사와 영식 인종군.
❹ 서안에서 광복군을 훈련할 때 철기(우측).
❺ 서안에서 광복군을 훈련시킬 때 애마와 함께.

❶ 한미합동작전을 수행한 광복군과 OSS 간부 일동(서안, 1945. 9. 30).
❷ 광복군과 미군측이 합동으로 OSS 훈련을 할 것을 협의하고 회의장을 나오는 철기(1945. 4).
왼쪽 보이는 순서대로 엄항섭, 김구, 철기, 도노반, 미상.

❶ OSS 훈련에 참여해 철기와 함께 국내 정진대원으로 여의도에 착륙했던 노능서, 김준엽, 장준하(왼쪽부터).
장준하는 1945년 4월 서안에서 "제군들의 죽을 자리를 내가 마련해 주겠다"는 철기의 연설은 광복군 훈련생들의 힘을 솟구치게 했고 모두 감격의 눈물을 떨쳤다고 회고하였다.
❷ 국내정진대가 여의도비행장을 떠나 상해로 가던 중 불시착한 산동성 유현 비행장.
이곳은 일본군 2개중대가 경비하던 곳이었으나, 1주 전부터 중국 유격군 총사령부가 진주하였다.

❶ 개봉 교포들 앞에서 독립국가의 국민임을 선언하는 철기.
❷ 사열한 광복군 2지대원(서안).

❶ 개봉지역에 거류하는 민단과 애국부인회와 함께 한 철기와 광복군 제2지대원.
❷ 개봉의 한교소학교를 방문한 철기를 환영하는 교사와 학생들.

❶ 남경 현무호반(玄武湖畔)에서.
왼쪽부터 철기, 민영수, 최동균, 한광, 안춘생, 노태준.
❷ 환국하기 전 상해 가든 부릿지에서 철기와 제2지대원.
앞줄 왼쪽부터 최해, 최군삼, 왕참모, 철기, 김용주, 오서희, 장재민, 박영섭. 둘째 줄 신덕영, 미상, 미상, 미상, 홍구표, 미상. 셋째 줄 박금동, 최일용, 미상, 미상, 미상, 미상. 넷째 줄 윤태현, 김기도, 김문호, 나광. 다섯째 줄 미상, 미상, 미상, 미상. 여섯째 줄 태윤기, 김용, 김성환, 미상, 장덕기. 일곱째 줄 미상, 이종무, 고철호.

1 조 국

    조국—. 너무나 흔하게 쓰이는 말이고 또 생각 없이 불리며 일컬어지는 단어다.
    그러나 조국이라는 이 두 글자처럼 온 인류 각 민족에게 제각기 강력한 작용과 위대한 영향을 끼쳐 주고 있는 것은 다시 없으리라 본다. 아니 그렇게 믿는다. 믿는 것이 옳은 내 견해고, 내 체험의 소산인 것이다.
    도대체 조국이 무엇이기에 나는 예나 지금이나 그처럼 연연해하는 것인가. 한 평생 나는 '그 때문에' 살아왔다고 자부하여도 부끄러움을 느끼지 않는다. 혼자 사랑하고, 미워하다가도 사랑하고, 떠나서도 사랑하고, 돌아와서도 사랑하고, 안겨서도 사랑하며 이제 고희가 넘은 나이에 '조국'이 한마디를 조용한 안마당에서 입속말로 나직이 다시 불러보는 것이다. 불러본 소리에 잇따라 떠오르는 갖가지 생각이 걸음을 멈추게 한다.
    인류가 국가생활을 영위하게 된 이래 거의 나라마다의 민족사는 조국의 수호, 명예와 번영을 위한 노력과 투쟁, 그 조화와 충돌로써 엮어진 기록사라 해도 과언이 아닐 것이다. 그것은 내가 살아온 70여 년 동안 변함

없는 현대의 신화였다. 모든 것이 문명과 시대조류에 따라 변했어도 조국에 대한 민족의 본능과 사랑은 변치 않는 다이아몬드―가슴 깊은 곳에 묻힌 불변의 철학이요, 마음의 보석이다.

나는 이것을 만주와 중국, 그리고 러시아 및 동구라파에서 갖가지 형식으로 보아왔고 감격, 감동해 왔다.

범위를 좁혀서 우리 민족이 반세기 전, 일제 침략을 받아 망국한 이래, 연이어 일어난 민영환 씨의 자결, 안중근 씨의 이토 히로부미 저격, 이재명 씨의 이완용 자살(刺殺) 실패사건, 박성환 대대장의 자결에 뒤따른 그 휘하 전 대대(大隊)의 의거, 의병의 전국적 봉기, 강우규 씨의 사이토 총독 저격…… 등 허다한 의인열사의 늠연한 살신성인에서 그 갸륵한 몸 바침과 추호의 망설임도 없는 의연한 정신을 볼 수 있다.

기미년 이후 해외에서 광범하게 전개된 독립투쟁―특히 만주와 시베리아에서의 무장 항일투쟁과 같은 것은 피와 눈물의 교직이며 고난과 사멸의 점철이 아닌가? 그 모두가 한결같이 진심으로 조국을 사랑한 최고 애정의 극한적 표현이었다.

나 자신 긴 세월 동안 무장 항전을 하면서 체험한 바이지만, 배가 고파서 먹고자 할 때 뜻대로 배를 채우지 못했던 것이 하루 이틀이 아니었으며, 뼈를 떨게 한 추위―눈바람 속에서 의복을 제대로 걸쳐보려 했지만, 12년 동안 거의 한 번도 뜻대로 제때 입어본 일이 없었다. 어찌 이것이 지금의 회고에서 되새길 일이 될 것이랴. 그러나 그때 먹고자 했던 것이 쌀밥이나 고기반찬이 아니었고 불면 다 날아가 버릴 부서진 모래알 같은 조밥에 된장이나 소금에 절인 무 정도였건만, 이조차 쉬운 일이 아니었으니―이제 조국을 다시 생각하는 조그마한 안마당 산책에서 나는 그때의 입맛을 다시 느끼지 아니할 수 없는 것이다.

원래 보급이 없던 독립군으로서는 교포의 큰 부락을 만나지 못하면 거의 몸에 지녔던 소금 섞은 좁쌀가루로 굶주림을 달래지 않을 수 없었고, 때로는 강냉이나 날밀 떡호박 같은 것도 구할 수 없어 서너 끼씩 굶기가 일쑤였다.

그러면서도 백여 근의 무장을 몸에 걸치고 하루에 백수십리 길 험산 황야를 가로질러 강행군하면서 피가 튀는 치열한 전투까지 치렀던 것이다. 그 배고픔, 그 추위, 그 투지가 아직 내 숨소리의 갈피에 배어 있다. 어찌 내 이를 잊을 수 있으랴!

영하 삼사십 도의 혹한에 눈 산이 부서져 내리는 듯한 눈보라 속에서 비록 때 늦게나마 솜 군복을 입게 되는 것은 천만다행의 행운이었던 일인 것이다!

그뿐이랴. 중상한 전우가 자살을 택하지 않을 수 없는 처절을 눈앞에서 목도해야 했고, 경상자에게도 소독약 한번 써본 일이 드물었다. 나도 적창에 찔린 가슴의 상처에 숯가루를 우겨넣어서 화농을 막고 싸우러 다녀야만 했다. 그 시절에 나는 조국을 배웠고 조국을 다시 알았으며 조국에 대한 사랑의 깊이를 깨달았다.

이른바 흑하(黑河)사변 때엔 우군으로 믿고 합작하던 적소군(赤蘇軍)에게 기습을 당해서 수천의 아들들이 얼어붙은 바이칼 호수에서 하얀 꽃잎처럼 도살되었다. 그 원한의 선혈이 빙설을 물들여 때 아닌 피 꽃이 얼룩졌을 때 나는 핏자국 줄기에서 조국의 길을 암시받았다. 내 동포의 피 향기를 시베리아의 바람이 휩쓸어 갈 때 난 조국을 증오했고 증오를 투지로 바꿀 수 있었다.

청산리 싸움 뒤에는 남북만주에서 근 1만여 교포들이 떼죽음을 당한 것을 안다. 그것은 잔학을 다 표현할 수 없는 무치의 일본군의 보복이었다. 그들이 처참하게 쓰러지면서 생각한 원한의 끝에는 조국이라는 것이 가물거렸음도 안다. 떼죽음의 구덩이에서 살아 나와 나를 다시 만난 생존자들이 한 말을 나는 아직 생생히 기억한다. 내가 더 살아 귀가 먹는다손 치더라도, 그 기억과 그 목소리는 그대로 귀 안에 잠겨 있을 것이다. 내 죽어도 그것은 나와 함께 묻혀 흙이 되어 길이 나와 함께 남으리라.

이런 고난과 사멸도 그들은 후회 없이 이겨내고 닥치면 달게 받아 또 맞았다.

결코 그들은 포식난의(飽食暖衣)나 의약 치료를 기대하지 않았고 그뿐만 아니라 서훈도 진급도 보수도 더더군다나 치부, 특권, 향락 같은 것은 몽상조차 할 수 없었던 것이다. 이것은 내 아직 살아남았기 때문에 반드시 증언해야 한다는 책임을 스스로 지고 느끼고 있는 것이다. 이 같은 최고 애정의 극한적 경주는 오직 조국이라는 갈망의 대상을 위한 것뿐이었다. 그것을 잃었기 때문에 되찾으려 안타깝게 몸부림친 그뿐이다!

일본이 아시아 정복의 야욕을 품고 만주침략의 준비를 본격화하던 1928년의 일이었다.

그때 일본 경찰이나 공산당은 말할 나위 없고 당시 만주를 통치하던 장학량 정권까지도 나를 체포하려 현상금을 걸어, 하는 수 없이 이름을 바꿔 넓은 북만주에서도 가장 광막한 원시지역인 실위(室韋) 방면을 향해서 쫓기어 가던 길이다. 대흥안령 계곡에 이르렀을 때 뜻밖에도 오랫동안 보지 못했던 노송들이 붉은 모래 흙산 비탈에 드문드문 서있고 그 옆에 아로하(土哈으로 압록강과 같은 음) 냇물이 흐르는 것을 보는 순간, 갑자기 온 몸이 떨리는 것을 느꼈다. 마치 감전이 된 듯했다.

자연 경물이 어찌 그리도 내 조국의 아름다운 산천과 비슷할 수 있는가 해서. 그것은 내 떠나온 산천과 무슨 연관이라도 있는 듯 알지 못할 신비감 때문이었다. 이 감회, 그때 그곳 그 심정이 아니고서는 내 지금의 회상만으로 재현할 재주가 없다. 발길을 아니 멈출 수 없어서 그 무인광야에서 주인 없는 동굴을 집 삼아 마점산 장군이 영도하던 중국민족항쟁이 시작될 때까지 2년 동안이나 고향을 닮은 자연 속에서 조국을 그리워한 시절도 있었다.

1945년 8.15 다음 다음날, 중국 서안으로부터 여의도를 향해 비행해 들어올 때, 황해를 거의 다 건너자 멀리 둥근 수평선 가에 점점 돋아나는 조국의 서해안. 30여 년간 꿈에도 그리던 그 하늘과 바다 사이의 조국, 검은 섬들이 내 눈물을 퍼내듯 하던 감격을 잊을 수 없다. 그 감개 누를 길 없어 수첩에다 이렇게 적었다.

'적기에게 지금 격추된다손 치더라도 이젠 아무 여한도 있을 수 없다. 조국 바다에서 자라나는 고기떼에게 내 육신은 먹힐 것이고, 영혼은 조국 물결의 부드러운 손길이 영원히 쓰다듬어 줄 것이 아닌가.'

이런 감회는 유독 나만의 것이 아닐 것으로 안다. 고금을 통하여 어느 나라엔들 조국에 미친 사람들이 없었으랴.

가슴에 품어 아로새기는 조국은 그 인간에게 더 없는 사랑을 깨우쳐 주는 것.

조국이라는 두 글자는 이렇듯 인간 감정을 장악하는 까닭에 인간은 나면서부터 전 생애를 통하여 크나큰 영향을 받게 되는 것이다. 조국이 있으므로 해서 생의 의의가 있을 수 있다면, 그 조국이 있으므로 참다운 삶이 있는 것이요, 때문에 그것을 위하여 고난도 희생도 불사하는 반면, 그것으로 인한 영예의 교오(驕傲)도 번영의 행복도 누릴 수 있는 것이다. 조국이라는 두 글자는 국가와는 달리 지극히 추상적인데도 민족은 제각기 본능적인 최고의 애정을 기울인다. 나는 때때로 스스로에게 묻는다. …… 그건 무슨 연유에서인가를. 그 해답은 곧 개인의 철학이다. 누구나 선천적 요소와 후천적 환경의 영향을 받는 것이 인간이다. 조상의 정신과 혈통을 이어받아 주변의 자연경물 풍속에서, 조상전래의 문화가 산생한 습속을 따라 성장하는 동안, 자연과 습속과 인간의 상호작용으로 완전 융화되는 것이 곧 한마디로 민족의 삶이니, 이것은 분리할 수 없는 것이다.

만일 이것들이 분리된다면, 생활의 균형을 잃게 되어 조화가 깨지고 만다. 그러므로 불가분의 상관성 때문에 한 민족은 공통의 언어와 문자로서 고유한 윤리와 도덕을 익혀, 사람노릇을 하고 일하는 데의 기준과 방법이 확립되는 것이요, 그 범주에서 국가생활을 영위하면서 인류역사에 발맞추어 서서히 그러나 뚜렷하게 유구한 세월을 계승하는 역사 속에 사는 것이다.

우리 조국은, 우리 선조들이 대외적으로는 민족의 정기를 외치면서 피와 예지와 의력(毅力)으로 굳건히 지켜 왔고, 대내적으로는 인애와 관용, 신의와 단결로써, 영예와 번영을 후손에게 전승시키려 애써온 사업의 결정인 것이다.

때문에 이 거룩한 조국은 수만 대 선조로부터 전승된 개념인 동시에 실체요, 결코 우리 세대만의 독점 자산이 될 수 없을 뿐만 아니라 어떤 정권도 한갓 현실 합리화주의로만 이끌 수 없는 대상인 것이다. 오직 창의와 정성된 노력으로써 전승할 따름이다. 민족역사에 다소 굴곡은 있다 해도 그 방향이 빗나갈 수는 없다는 것을 다 같이 마땅히 경계하고 두려워해야만 할 것이다.

지나간 일이지만, 왕왕 산궁수진(山窮水盡)의 난경을 타개해 보려고 몸부림치다가, 부끄럽게도 '아, 내 어찌 조선인으로 태어났는가?' 하고 흐느낀 적이 있었다. 이럴 때마다 깨물어 터진 입술에서는 피가 흘렀다. 그러나 얼마 뒤 이런 깨달음을 얻었다. ─내가 세상에 태어나기 전에 자신의 날 곳을 미리 선택할 수 없었다는 것을. 인간은 살기 좋은 곳을 가려서 이사 갈 수도 있고 맘에 맞는 학교도, 맘에 드는 결혼 상대도 다 고를 수가 있지만, 그러나 한사코 조국만은 미리 고를 수가 없는 게 아닌가.

세상에 나오면서부터 개인의 운명은 조국의 그것과 직결되어 있는 것이다.

　조국이 가난하다 해서, 약하다 해서, 국적을 고치고, 가고 싶은 곳을 찾아가 보아라. 과학문명이 높은 곳엔 인간의 온난미가 그리울 것이요, 하늘을 꿰뚫는 높은 건물, 마천고루의 휘황한 불빛도 아늑한 산골짜기 초가지붕 밑에 조용히 서려 있는 저녁연기를 생각하는 추억처럼 아름답지 못할 것이다.

　대서양 절해고도에서 숨겨 가던 나폴레옹은 화려 웅위한 프랑스보다도 코르시카를 더 그리워했다는 것이고, 샤또브리앙은 정원 건너편 우뚝 솟은 교회당과 밤마다 들리는 이웃의 개 짖는 소리가 더 안 잊혔다는 것 ─ 곧 조국, 그것이라 말한 적이 있다. 이 얼마나 소박한 표현인가.

　원세개가 우리 집에 남긴 족자에는 '擧國恩國 離鄕恩鄕'이라고 쓰여 있다. 나라를 등지고 나니 고향 생각이 더 간절하다는 뜻. 중국 옛날 시엔 '越鳥溱南技 胡馬嘶北風'이란 것이 있다. 월나라 새는 둥우리를 틀어도 남쪽가지에 틀고, 몽고 말은 북쪽바람이 불어야 굽 치며 운다는 뜻이다. 월나라는 남쪽이기에 거기서 온 새는 제 고향을 생각해서 남쪽가지에 둥우리를 틀고, 胡地라 해서 꼭 몽고만을 가리키는 것은 아니겠지만, 북쪽이기에, 북쪽에서 온 말은 북풍이 불면 고향 생각이 나서 굽 치며 소리쳐 운다는 것이다. 하물며 인간에 있어서랴.

　그러나 인간은 그 처지에 따라 조국에 대한 감정에 차이를 갖게 되고, 따라서 근본적인 조국관을 달리하게 되는 수도 있다.

　불가분의 조국과 떨어져 타국에 있게 되면 풍토적 생활과 굳게 결합된 환경에서 벗어나서, 결국 정신과 생활의 균형이 무너짐으로써 밤낮으로 애달프게 여겨지는 조국 그것에 비해, 조국의 품 속에서 원래의 환경, 그 자연, 그 문화, 그 습속, 그 교육과 그리고 이웃과 친지와 사회와 더불어 접촉을 유지한 사람에게의 조국은 확연히 다른 것이다.

싫든 좋든 조국의 울타리 안에서 그 환경에 싸여 이웃과 친지와 사회와 더불어 접촉을 유지하던 사람에겐, 매일 보고 듣는 정원 건너편 교회당의 우뚝 솟은 종루나, 밤에 들리는 이웃집 개 짖는 소리는 기실 아무런 의미도 없는 것이리니, 아무런 관계가 마음 속에 교직되지 아니한 때문이리라. 마음을 엮고 짤 이유가 없으니 당연할 것이다.

나날이 수천만의 동포 사회 속에서 생활을 위한 경쟁을 벌이는 동안, 부지불식 간에 정복욕과 명예욕이 작용하여 짐즉천하(朕即天下) 격으로 자아가 확대되어서 자신 그대로가 바로 자국(自國)으로 변해버리는 수가 있다. 이렇게 되면 자기만이 애국이며, 정의이며, 이에 동조하는 계열만을 동포처럼 여기게 되는 것이다. 상대방을 적대시하고 권모와 술수를 농(弄)하여 이간과 분열을 책동하거나 독점과 박해를 자행하고 보복을 합법화하게까지 이른다면, 그 결과야말로 자멸을 자초하는 것이라 함이 적절한 표현일 것이다.

중공은 홍위대 운동을 발동해서 태평양정복의 터전을 마련, 임전태세의 정비강화에 광분하고, 또 이에 배합하여 핵탄두와 그 수송무기의 질과 양의 발전에 총력을 질주하고 있다. 그대로 두면 적염(赤焰)이 기아급수적으로 창궐할 것을 깨달아야 한다. 흉악한 본심을 감추고 미소를 머금은 중공이 드디어 유엔에 가입되었다.

만일 식견을 가진 지도자가 있다면 일반 동포들도 일깨워, 인애와 관용과 단결로써만 조국의 거룩한 미래, 그 자유, 영예, 번영을 수호 신장할 수 있는 것임을 믿게 하여 다 같이 힘써야 하지 않겠는가?

나는 조국을 생각할 때 언제나 그러했듯이, 지금도 가슴이 안으로 아린 것을 실감한다. 그것은 망명항쟁 30년에서 얻은 체험 속에서의 가슴 아림과 아직도 다름이 없는 실감인 것이다. 내 조국에 길이 광영 있기를……. 아니 광영 있으라!

2 청산리의 혈전

1. 전쟁의 서곡

1910년 8월 29일. 그날은 피와 눈물로 이루어진 날이다.

이 날로부터 우리 3천만 민족은 조국과 영영 이별하였고, 주권과 아주 헤어지지 않으면 안 되었다. 우리는 모든 자유와 행복에서 떠나 끝없는 노예의 구렁 속으로 빠져 들어갔다. 한 장의 합병조약(合倂條約)이 빛나는 4천 5백년의 역사와 25만 평방리의 옥토를 하루 아침에 적의 손에 넘겨버렸다. 왜적은 우리 한국의 백분의 98의 토지를 점유하고, 백분의 95에 달하는 자본을 손아귀에 넣었다.

한국 사람을 부리고 있는 각 기관의 주요부서는 그 백분의 90이 일본인의 차지가 되고 중급 내지 하급 부서로 백분의 70에 가까운 자리를 그들에게 빼앗겼다.

조국 땅에는 언론도 없고 출판도 없다. 집회도 없고 결사도 없다. 쉴 새 없고 거침 없는 도살, 감금, 구타, 유린, 약탈, 강점, 능욕……. 그것이 한결같이 되풀이되는 3천여 일이었다.

그러나 모욕과 박해에 시달린 노예는 드디어 반기를 들고 일어났다.

1919년 3월 1일 천개, 만개의 화살과 같이 혁명의 불길은 전국 각지에서 폭발하였고 그 고함소리가 불길이 번지도록 터져 나왔다. 만산편야(滿山遍野)의 거센 휘몰림이 도시에서 저 고을로, 저 고을에서 이 마을로 퍼져, 마침내 참고 참아오던 9년의 울분에 연소(燃燒)되었다. 그것은 모두의 가슴마다 심지불처럼 옮겨 탔다.

집에서 뛰어나와 '조선독립만세'를 절규했다. 그리고 그들은 용감하게 생명을 내던져 혈해에 뛰어들었다. 그날엔 땅덩이가 몸부림쳤다. 이에 대한 통치자의 응답은 대포와 기관총으로 뿜는 불뿐이었다.

이리하여 상하이에 한국임시정부가 수립되고 그 영도 하에 만주의 무장(武裝)의병운동이 시작되었다.

여기에 포악한 적도 일찍이 가져보지 못한 전율을 느꼈다. 그리고 국경선의 경비를 강화하여 50미터마다 하나의 보초 진지를 구축하였다. 그러나 이런 경비망으로 막아내기에는 우리의 혁명의욕과 원한이 너무도 거세게 불타고 있었다.

동북의 한국 독립군 무장부대는 1920년에 이르러 3만 명을 헤아리게 되었다. 민중조직은 날로 굳어가고 적을 쳐부술 힘은 날로 자라났다.

도쿄는 매우 놀랐다. 군벌들은 이를 갈며 만주지구의 한국 독립군 토벌을 결심하였다.

때는 바로 왜적이 시베리아에 출병할 즈음이었다. 놈들은 주력을 블라디보스크 일대에 두고 함경북도 나남(羅南)과 연결, 남북협공의 기세를 보였으니 이대로 공세를 취한다면 일본이 매우 유리한 형세에 있음은 뻔한 노릇이었다.

도쿄의 탐욕스런 눈은 줄곧 콩, 수수, 삼림, 탄광이 가득한 만주대륙을 노려보고 있었다. 이제 그들이 들고 나선 한국 독립군 공격의 깃발 뒤에는 이른바 그들의 황군을 저 기름진 만주로 들여보내서 지옥보다도 검은 그들의 침략야욕을 채워 보려는 음모가 꿈틀거리고 있었다.

이 음모에는 움직일 수 없는 철증(鐵證)이 있다.

1920년 7월. 중국 랴오닝성(遼寧省) 안투센(安圖縣)의 지방 보위단과 일부 애국 청년들은 한국독립운동에 자극을 받고 적의 기만과 치욕을 감수할 수 없다는 뜻에서 한인과 연합의 용군을 조직하여 만주를 짓밟는 포악한 일본군에게 항거할 것을 선서하였다. 그리고 그 달 상순 한국 지사 10여 명과 더불어 훈춘 일본영사관을 습격하여, 저항하는 일본 경찰 30여 명을 살해하고, 그 영사관 창고 안에서 만주 침략의 명확한 물증인 대량의 무기를 색출하였다. 일본은 저희들의 음흉한 죄상을 덮어두고 오히려 중국을 향하여 엄중한 항의를 제출하였다 일본 경찰이 흘린 피의 대가를 갚으라는 수작이었다.

이를 구실로 그 해 8월 말부터는 그들이 만주에서 무장 자유행동을 하기에 이르렀다. 그들은 당시 우리 국내에 배치한 소위 조선군의 제19사단 전부와 제20사단 절반을 북상시켜 만주의 북간도를 향해 북진시키고 또 이에 책응하여 시베리아에 출병중인 제13사단의 일부 보병연대와 기병연대에 포병·공병을 배합, 편성한 일개 혼성 지대로 하여금 소만 국경을 넘어 길림성 동녕현으로 진입하여 라오헤이산(老黑山) 다덴즈의 선에 포진하게 했다. 한편 시베리아군의 제14사단 28여단은 블라디보스토크에서 해상수송으로 한(韓)·만(滿)·소(蘇) 국경 삼각지대인 포시예트에 상륙한 다음 그로부터 북간도 훈춘을 향해 전진했다. 시베리아군 제11사단의 일부 병력은 둔화센(敦化縣) 방면으로 월경 침입하여 참가 사단의 번호만도 다섯 개나 되었다.

이리하여 5만을 넘는 대 병력에 항공대까지 배속한 대규모 작전으로 우리의 전후좌우를 포위하고 압축 전진하는 것이었다.

뿐만 아니라 그 연변 일대의 일본 무장경찰은 모두 이에 합세하도록 하였다. 적의 기도는 분명히 청산리를 공격하여 거기에 집중되어 있는 한국 독립군의 주력(즉 북로군정서의 주력)을 포착·섬멸하려는 것이었다.

이에 앞서 만주에 있어서의 한국 독립군의 주력은 서로군정서와 북로군정서의 둘로 나뉘어 있었다. 전자는 이청천 장군의 지휘 하에 랴오닝성에서 활동하였으며, 후자는 김좌진 장군 영도 하에 지린성(吉林省)에서 싸우고 있었다. (청산리 혈전에 참가한 것은 후자였다).

북로군정서의 근거지는 지린성 왕칭셴(汪淸顯) 시따퍼(西大坡)의 큰 삼림 한복판에 있었다. 울창하고 끝없는 이 대삼림은 연연(延延) 수천 리에 뻗친 장백삼림의 한 끝으로 대자연이 이뤄 놓은 하나의 기적이라 하지 않을 수 없다. 천대 만대를 두고 사람들은 죽어 없어졌지만 이 삼림만은 의연히 살아 전 인류의 연륜을 초월하고 있다. 그의 놀라울 만큼 큰 몸집은 동으로 시베리아까지 뻗치고 남은 두만강변에, 서는 미산셴(密山縣) 후린(虎林) 야오허(饒河)에 이르렀다. 이 원시림은 우리가 체코슬로바키아제 무기를 은밀·대량으로 운반해 오는 데 큰 도움이 되었다.

제1차 세계대전 때 독일과 오스트리아가 러시아와 단독 강화조약을 체결함으로써 체코슬로바키아는 오스트리아의 철쇄(鐵鎖)로부터 해방되어 미·영·불의 원조 아래 자유민주국으로 독립하게 되었다.

이 소식이 전해지자 오스트리아에서 참전하였던 '체코슬로바키아'인 2개 군단은 동구(東歐) 전선으로부터 시베리아를 경유, 서부에 이르러 연합군과 손을 잡고 싸워서 개선 귀국하려는 생각을 하게 되었다. 그래서 이들은 러시아를 가로질러 우랄 산맥을 넘어 블라디보스토크에 집결했다. 서쪽으로 떠나는 배를 기다리는 동안 그들은 한국 독립운동의 이야기를 전해 듣고 지난날 그들 자신이 오스트리아제국 통치 아래 지내온 노예생활을 회상하여 우리에게 동정심을 보였다. 마침내 그들은 블라디보스토크의 무기고에 저장한 무기를 우리 북로군정서에 팔게 되었다. 이 매매는 깊은 밤 빽빽한 삼림 속에서 이루어졌다. 복수와 설욕에 쓰일 이 무기는 삼림 속으로 한 무더기씩 한 무더기씩 우리 손에 운반되어 왔다.

이렇게 하여 우리는 충분한 무기를 갖게 되었다. 작은 대포, 중기관총, 일제 및 러시아제 소총, 수류탄 등등…… 더욱이 적에게 피의 빚을 청산할 80만 발의 탄환까지 끼어서—.

우리는 우선 간부 양성을 위하여 사관 훈련소를 설치하였다. 학생은 6백여 명. 그들은 모두 고등교육을 받은 한국의 우수한 청년들.

또 우리는 보병 2개 대대에 1천 5백 명 안팎의 병력을 가졌다. 동시에 만주에 있는 교포를 조직화하고 훈련했다. 그들은 무조건 우리를 돕고 옹호하였다. 할 수 있는 원조와 편리를 돌봐 주기도 했다. 심지어 계속 대규모의 모금운동을 일으켜 우리의 제반 활동 경비를 제공해 주기도 했다.

이렇게 해서 우리의 힘은 날로 자라났다. 또한 우리를 향한 적의 감시의 눈초리도 점점 날카로워졌다. 마침내 도쿄 군벌의 잔인한 시선은 지린성 왕칭셴 시따퍼 일대를 주목하게 되었다. 그들은 중국 동삼성 당국에 압력을 가하여 중국 형제들의 혈육과 탄환으로 우리를 사살하고 멸망시키려 하였다.

사분오열된 당시 중국은 왜적의 요구를 거절할 도리가 없는 형편이었다. 동삼성의 최고 당국은 하는 수 없이 토벌군을 조직하고 혼성여단장 멍푸떠(孟富德) 씨 인솔 하에 우리를 향하여 진격을 개시하도록 하였다. 그러나 멍 씨는 일단 공격 자세를 취하여 여우처럼 교활하고 뱀같이 독살스러운 일제의 요구를 들어주는 체하면서도 암암리에 우리에게 연락하여 지린성을 떠나도록 알렸다. 그렇게 함으로써 한중 형제간의 상쟁호살을 피하고 대일외교에 난처함이 없도록 하자는 것이었다.

우리들은 당시의 중국의 곤란한 처지를 이해하고 지린성 경계선을 떠나 장백산 깊숙이 들어가서 군대를 좀 더 확장하고 실력을 기르기로 하였다. 그 다음에 토끼와 같은 민첩함과 기동으로 재빠르게 두만강을 건너 조국 반도의 척추인 낭림산맥을 꿰뚫고 내지 한복판에 잠입하여 질풍 전격의 속도와 벽력 같은 힘으로 적에게 가장 참혹하고 가장 비장한 한 차례의 습격을 감행키로 결정하였다.

어쩌면 우리들 전체의 사망을 가져올지도 모르는 이 결사적 공격은 노예 되기를 원치 않는 수천만 동포를 잠결에서 깨어나게 할 것이오, 또는 적에게 처참하고 무자비한 타격을 줌으로써 그들로부터 막대한 피와 생명을 짜내어 망국 10년의 치욕을 씻는 기회를 만들게 될 것이라고 생각했다. 이런 결심으로 우리는 원래의 근거지를 떠나 대한민족의 역사적 성지 장백산으로 향하였다. …… 의연히 솟은 저 장백산을 향하여 우리는 떠났다. 그러나 우리의 행군이 청산리에 이르렀을 때 우연히 적군과 부딪쳐 여기에서 이른바 청산리 전투가 벌어지고 말았다. '피는 피로써 갚게 되는 것이다. 지금이 바로 피 값을 찾을 때이다.' 우리는 이렇게 결심을 다지고 그들과 맞싸우기로 했다.

2. 조 우

때는 음력 7월 하순. 북국의 초가을은 이미 소소하고 쓸쓸한 모습을 나타내기 시작하였다. 만주의 초가을 바람은 유난히 가벼웠다. 마치 새털 같은 보드라운 감각으로 얼굴을 스치고 지나가는 바람, 그것은 이름조차 알 수 없는 먼 곳에서 일어, 산과 강과 숲을 지나 우리의 신변에 다가왔다. 그리고 속삭였다.

머지 않아 처량한 가을바람이 불어오리라고 그리고 가을날처럼 싸늘하고 슬픈 전쟁이 닥쳐오리라고

과연 가을과 더불어 전쟁도 가까이 왔다. 나는 이 기미를 알아차리고 있었다.

'그렇다! 우리들은 오래 전부터 전쟁을 기다리고 있었다. 지금 전쟁을 위한 준비행군을 하고 있으며 어느 때나 주위에서 사격하여 오는 적에게 반격을 가하기 위한 탄환과 마음의 준비를 갖추고 있다.'

물론 우리는 전쟁이라는 것이 아름다운 명사가 아님을 알고 있었다. 그는 굶주린 야수와 같이 무수한 인간의 피를 빼앗으며 무수한 생명을 끊어 버린다. 그는 확실히 잔인하고 참혹하다. 그러나 한 민족의 생사권이 다른 민족의 수중에 농락되고 쉼 없이 구금·고문·살해가 자행될 때 그 민족이 자기에게 부여된 천부의 생명을 부지하기 위하여 택할 길이 전쟁 이외에 또 무엇이 있겠는가?

오직 총을 부딪치고 싸워서 최후의 항거를 할 뿐이다. 우리는 좋든 나쁘든 간에 두 손을 높이 들고 전쟁을 환영할 수밖에 없었다. 그것이 비록 엄청난 피와 백골을 요구한다손 치더라도…….

우리들은 호호탕탕하게 황토대로를 행군하고 있었다. 그 대부분은 보병이었으며, 더러는 말을 타고 있었다. 대열의 후부에는 1백 80량의 치중차(輜重車)가 따르고 있었다. 이 치중차마다 네 필의 억센 만주산 준마에 끌리고 있었다.

장엄한 행군의 발자국소리는 산과 들에 깔리는 메아리로 은은했고 길 위에 일어나는 먼지는 짙은 안개처럼 자욱하였다. 길은 산을 넘어서 또 산이오, 영(嶺)을 지나 또 영이었다. 강을 건너면 또 강이오, 십리를 걸으면

또 십리 길이었다. 우리는 쉴 때마다 우리 교포가 살고 있는 곳에서 노영(露營)을 하였다.

덴빠오산(天寶山)을 지날 때였다. 거기에는 일본의 자본가가 채굴하는 은동광(銀銅鑛)이 있어 이를 지키는 사냥개 모양의 수비대가 있었다. 창백한 달빛이 대지에 흐르는 한밤에 우리 대열이 거리낌 없이 그 산 밑을 지날 때 광산의 적들은 혼비백산하여 부들부들 떨고 있었다. 수비대는 삼엄한 경계망을 펴고 온 광산은 밤을 새웠다. 그러나 우리들은 이 보잘것없는 개들을 없애기 위하여 단 한 발의 탄환도 낭비하지 않았다.

날이 갈수록 주황빛 낙엽이 온 산과 들에 깔려 가을빛은 짙어만 갔다.

한바탕 토비(土匪)와 싸우는 동안에 추석이 지나갔다. 토비는 우리와의 한번 싸움에서 전멸되고 말았다.

산을 넘고 물을 건너가 한 달여에 우리는 드디어 지린성 허룽셴(和龍縣) 청산리 어구에 들어섰다. 청산리는 산또꼬우(三道溝)라고도 불린다. 그 외곽에는 두 갈래의 큰 길이 있어 한 갈래는 남으로 두만강에 통하니 바로 그 강 건너에는 조국 땅 무산군이 있다. 청산리 서쪽은 충신장과 명지아장(孟家莊)이니 이곳은 중국인들의 고장이다.

이 청산리 일대의 농사의 주인은 모두가 우리 교포들이었다.

청산리는 만산준령 중의 한 계곡 분지로서 그 길이는 80여 리에 달했다. 폭은 제일 좁은 곳이 4, 5리, 제일 넓은 곳이 8, 9리나 된다. 청산리 서북쪽은 비교적 수림이 적고 동남쪽으로 갈수록 울창했다. 동남간은 푸른 활엽수림과 침엽수림에 뒤덮이고 도처에 2, 30길 높이의 송백떡갈나무 벚나무가 꽉 차있었다. 하늘을 가린 나뭇잎들은 마치 겹겹이 닫힌 암흑의 문처럼 모든 광명을 가로막고 있었다. 어두컴컴하고 축축한 땅에 해마다 떨어진 낙엽이 쌓여서 그 두께만도 두어 치가량 되었다.

그 위를 밟으면 스프링 없는 소파 위를 걷는 것 같기도 했고, 또는 보드라운 모래 위를 디디는 것 같기도 하여 마치 깊은 함정에 빠져, 밑 없는 구렁 속으로 들어가는 듯한 느낌이 났다. 청산리에는 도처에 크고 작은 골짜기가 숨어 있었다.

그곳은 멋진 유격전의 무대로 알맞은 곳이었으니 여기야말로 망국 민족이 침략자에게 피 묻은 원한을 갚기에 최적지. 피의 값을 찾을 최후의 시각은 마침내 오고야 말았다.

음력 9월 7일(양력 10월 18일) 오후 4시쯤. 싸늘한 기운이 가득히 담긴 조용한 오후였다.

우리들이 바로 청산리 골짜기를 향하여 행진하고 있을 때, 문득 우리의 시야에 나타난 것은 광대무변한 광야 저쪽에서 장사(長蛇)의 대열이 구불구불 꿈틀거리며 운동하는 모양이었다.

"적이다."

그 찰나, 우리들의 맥박은 정지되고 혈액은 동결되었다. 그러나 다음 시간 전신의 피는 다시 용솟음치는 샘처럼 힘차게 돌기 시작하였다.

적은 각 병종의 혼성 종대로서 바야흐로 충신장을 향하여 전진하고 있었다. 그 대열은 흡사 꿈틀거리는 독룡처럼 교만하고 흉악하게 보였다. 용의 꼬리는 하늘을 뒤덮는 사연(沙煙) 속에 묻혀 있었다.

나중에 노획된 적의 문서에서 발견된 사실이지만 이 적의 대부대는 그 때 동지대라 칭하는 적 제37여단을 기간으로 하고, 기병 제27연대 외에 야포병 제25연대를 배속시켜서 37여단장 동정언 소장이 인솔한 것이었다.

적도 우리를 발견한 모양이다. 적과 아군 사이는 불과 10리 거리였다.

열화와 같은 복수심이 타올랐다. 온 몸의 피는 더욱 뜨거워지고 빨리 흐르기 시작하였다. 우리들의 눈앞에는 오직 피비린내 나는 붉은 글자가 보일 뿐이었다.

"전투!"

3. 전투준비

우선 유리한 지점을 차지해야 했다. 우리는 전위대에 명령하여 급히 쑹린핑(松林坪) 북방 고지를 점령하도록 하였다. 만일 적이 들어오면 우리들은 되도록 저녁 어스름 속에서 전투를 벌이도록 하였다. 그것은 우리가 지형 상 유리한 태세 하에서 적에게 치명적인 타격을 가하려는 것이었다.

이어서 우리 주력부대는 빠르게 행군하여 청산리 골짜기로 들어갔다. 우리가 쑹린핑에 도착하였을 때는 이미 황혼이 너울거리고 있었다.

당지의 교포들은 우리를 열렬히 환영하며 접대, 위문, 그 밖의 모든 면에서 있는 힘을 다하여 우리를 도와주었다.

그러는 동안에 충신장 부근에서 적을 감시하던 우리 정보원에게서 다음과 같은 보고가 들어왔다.

적은 보병·기병·포병·공병 등 연합부대로 약 1개 혼성 여단병력으로, 그 수가 약 1만 명에 이른다. 적은 지금 충신장에 머물러 있으며 아군의 정황을 확실히 파악치 못하는 까닭으로 당분간 진격할 의도는 없는 것 같다. 다만 그 전초부대가 충신장 7리 명지아장 부근에 포진, 경비 중에 있다는 것이다.

우리는 적이 아직 즉각적 공격을 개시하지 않은 것을 다행으로 알고 그날 밤 군사회의에서 이러한 결의를 보았다.

쑹린핑 고지 위의 넓은 평지를 이용하여 적에게 통쾌한 일격을 가하는 것은 좋으나, 자칫하면 우세한 병력에 겹겹이 포위될 우려가 있다. 그러므로 우리는 반드시 골짜기 깊숙이 들어가서 보다 더 유리한 지형을 이용하여 적에게 더욱 큰 타격을 주어야 한다.

밤 2시. 행동을 개시했다. 우리는 쑹린핑에 살고 있는 대부분의 교포를 데리고 갔다. 단지 남게 된 것은 노인들뿐이었다. 우리는 우리 사병들이 과로하여 투지를 잃고 무기는 보잘것없으며 들이치면 단번에 무너지고 말 것이라고 해서 적으로 하여금 우리를 얕보게 하였다.

또 우리는 이 근방 지형에 익숙한 많은 사냥꾼을 보내어 얼또꼬우(二道溝)와 무산 길가의 적정을 살피도록 하였다.

음력 9월 9일. 서너 시간만 더 지나면 날이 샐 무렵이었다.

우리는 빠이윈펑(白雲坪)을 향하여 전진하였다. 밝기 전의 한 껍질 어둠은 그 속에 모든 걸 삼켜버렸으며 삼림은 점점 빽빽해지고 골짜기는 갈수록 좁아졌다. 밤바람은 냉수를 끼어 얹은 듯 우리 몸을 차갑게 스쳐가고 가을밤은 말할 수 없이 처량한 고요에 싸여 있었다.

지휘부에 들어온 보고에 의하면 후위부에는 간단없이 적 기병의 정찰이 나타난다는 것이다.

오전 10시, 우리는 목적지에 이르렀다. 우리는 한편으로는 장교를 파견하여 지형을 정찰케 하였다.

오후에는 사냥꾼들의 정찰보고를 받았다. 얼또꼬우의 적은 펑워이꼬우(鳳尾溝)를 우회하고 있으며 무산 맞은편 쌀가게 나루터로부터 도강한 한 부대도 까이짜장(蓋家莊)을 향해 전진하고 있다는 것이다.

이것으로 미루어 보아 적은 삼면으로부터 산또꼬우를 포위하고 일거에 아군을 섬멸할 작전을 세운 모양이다.

아군 장교의 정찰보고에 의하면 이 골짜기를 따라 십여 리를 더 들어가면 5, 6리 길이에 2리 넓이의 빈 터가 있는데 그 가운데에는 한 줄기 실개천이 흐르고 그 양 옆은 칼로 깎아세운 듯한 산이 있다 한다. 또 그 주위는 무성한 밀림에 둘러싸여 단 한 사람도 자유롭게 빠져나갈 수 없는 철옹성을 이루고 있다는 것이다.

우리는 즉시 식량을 준비하고 부대를 둘로 나누었다.

비교적 훈련 정도가 낮은 보병 3분의 2와 비전투원으로서 제1제대를 조직하여 이를 총지휘 김좌진 장군 예하에 두었다. 그리고 이들을 전장에서 멀리 떨어지게 하여 필요 없는 희생자를 내지 않도록 하였다.

동시에 사관훈련소 졸업생을 기간으로 하여 거기에 보병 3분의 1과 박격포, 기관총을 보강한 제2제대를 조직하고 이를 나의 지휘 하에 두어 우리 뒤를 추격하는 적과 싸울 준비를 하였다. 황혼이 되어 제2제대는 공지 부근에 도착하였다. 밤에는 빠이원핑 남방 푸른 숲 속에 노영하면서 전초진지를 포진하였다.

이렇게 하여 우리는 어느 때라도 전쟁을 맞아들일 준비를 하고 있었다.

4. 한밤에서 새벽까지

적은 쑹린핑의 우리 교포로부터 아군이 사기를 상실하고 싸울 생각도 못하고 있다는 정보를 듣고, 기병 제27연대의 일부를 선두로 대담하게 전진하였다. 그들은 아무런 저항도 받지 않고 단번에 빠이원핑을 점령하여 버렸다.

적은 우리들을 독 안에 든 쥐로 여기고 포위망을 좁히면 반드시 전멸시킬 수 있으리라고 믿었다.

만물이 정적에 덮인 가을 밤, 달은 온 누리에 은실을 뿌렸다. 산도 나무도 자욱한 은빛 안개 속에 잠겼다. 한 가닥 낭만도 찾아볼 수 없었다. 오직 활시위를 잡아당기는 듯한 긴장이 있었다.

공기는 싸늘한 얼음장처럼 대지를 뒤덮었다.

적과 아군 전초 사이에는 쉴 새 없이 충돌이 일어나고 소규모 전투가 벌어졌다. 총탄은 계속적으로 밤하늘을 날았다. …… 싸늘한 금속성 소리를 내면서.

이때 우리는 야영에서 닥쳐올 내일의 전투준비에 바빴다. 이것은 우리의 첫 번째 대규모 작전이었기 때문이다.

그동안 우리들의 기분은 이상한 긴장과 호기심에 싸여 있었다……. 신비스러운 기쁨조차 감도는, 흡사 호화로운 결혼식을 앞둔 신부와 같은 심정으로 우리는 전쟁을 기다리고 있었다. 그렇다! 첫날밤 두 팔을 벌려 신부를 포옹하듯이 우리들은 가슴을 펴고 전쟁을 맞아 들였다.

정말 우리 북로군정서 사관학교 학생들은 강철같이 굳세고 표범같이 민첩하였다. 그러나 그 반면에는 항상 비둘기 같은 양순함과 사슴 같은 천진함을 갖고 있었다.

한나절의 강행군으로 그들은 다소의 피로를 나타냈으나, 앞으로 닥쳐올 전투는 도리어 그들을 형언할 수 없는 흥분 속으로 몰아넣었다.

밤은 깊어 갔다. 얇은 홑 군복을 몸에 두른 그들은 각각 천연적으로 이루어진 웅덩이 속에 드러누워 두꺼운 낙엽에 전신을 묻었다. 노영의 모닥불은 송이송이 붉은 꽃인 양 그들 옆에서 활활 타오르고 있었으며 때때로 이는 가벼운 바람이 그 불꽃을 흔들고 지나갔다.

낙엽의 온기와 불의 열은 그들의 몸을 따뜻이 녹이고 그들의 마음을 아름다운 정서로 이끌어 갔다. 거기에선 일종의 원시적인 낭만이 바람처럼 부드럽고 달콤하게 우리를 쓰다듬어 주는 것이었다.

내가 그들 옆을 지날 때면 그들은 마치 어미 양에게 모여들 듯이 나를 에워싸고 이런 말들을 하는 것이었다.
 "대장님, 대장님, 이 팔을 좀 보셔요 이 어깨도요 이걸로 왜놈 몇 명쯤이야 때려잡을 수 있겠지요?"
 "대장님, 대장님, 잠깐만 더 앉아 계셔요. 좀 더 다정한 시간을 가집시다. 내일이면 세상이 어떻게 될지 누가 알아요?"
 "대장님, 대장님, 가지 마셔요. 대장님이 우리 옆에 계시면 우리들은 저절로 용기가 납니다. 하늘이 무너져도 두렵지가 않거든요."
 "대장님, 대장님, 내일 전투가 벌어지면 우리들은 살 생각도 하지 않고 포로가 될 생각도 하지 않아요. 그저 놈들을 한 놈도 남기지 말고 죄다 우리 총칼로 무찔러 죽일 생각뿐입니다. 그렇지 않아요? 대장님!"
 "대장님, 내일 만약 제가 후퇴하는 걸 보시걸랑, 대장님 권총으로 나를 쏴 죽이셔요."
 "대장님 저는 죽어도 별로 남기고 싶은 말은 없어요. 다만 기회가 있으시다면 어머님께 소식이나 전해 주셔요. 당신의 아들이 어머님께서 키워 주신 보람 있게 잘 싸우다 죽었다고요."
 "대장님, 들어보셔요. 저 전초 진지에서 나는 총소리가 얼마나 서글퍼요. 우리를 부르는 것 같지 않아요?"
 "대장님, 밤이 왜 이다지도 어두워요? 언제 날이 샐까요?"
 "대장님, 대장님……"
 ……
 이런 어린애 같은 순진한 이야기를 들을 때 마음은 오직 걱정에만 사로잡혔다. 보이지 않는 그윽한 눈물이 내 마음 깊이 흐르고 가슴은 메는 듯하였다. 그러나 내 마음 속에서 우러나오는 감정을 그대로 쏟아 놓을 수는 없었다. 나는 있는 힘을 다하여 나 자신의 감정을 억제하였다. 그리고 부드러운 표정으로 그들이 지나치게 흥분하지 말 것을 타이르며 그들을 위안하였다.

"용감함에는 정열이 필요하다. 그러나 전투에는 냉정이 필요할 뿐이다."

나는 그들을 잘 쉬게 하고 힘을 돋우어 내일의 전투에서 잘 싸울 것을 거듭 당부하였다.

'그렇지만 그들이 어떻게 편안히 잘 수 있단 말인가? 생명과 정력이 넘쳐흐르는 그 푸른 샘이 어찌 흐르지 않고 한 곳에 머물러 있을 수 있단 말인가?'

미목이 수려한 17세의 젊은 학생 지용호는 결혼한 지 사흘 만에 독립군으로 도망쳐 온 경위를 나에게 들려 주었다. 혁명은 어두운 밤에 밝게 타오르는 불길처럼 그를 강렬하게 충동질하고 이끌어 내어 마침내 모든 것을 버리고 뛰쳐나오게 하였던 것이다. 그러나 그는 이 밤이 이렇게 아름다울 줄은 몰랐다고 했다. 생사를 판가름하는 새벽 전투를 앞에 둔 최후의 밤, 그는 도취와 흥분에 잠겼던 동방화촉의 그 밤을 생각하고 한없는 감개에 젖었다.

"이래보여도 고향에서는 저를 잘 생겼다고 했거든요."

그는 좀 수줍은 듯이 말을 이었다.

"대장님, 제가 내일 만약 전사하게 되면 그 여자는 다시는 저 같은 미남에게 시집가지 못할 거예요. 참 그 여자는 저를 무척 따랐거든요."

이 앳된 비둘기에게 무엇으로 대답하랴! 일종의 형언할 수 없는 감상이 지나갔다.

그러나 이런 때 이런 곳에서 감상은 금물이었다.

나는 오직 티 없는 마음으로 그들과 이야기를 주고받으며 장래를 위하여 현재를 잊고 현재를 위하여 과거를 저버리도록 힘썼다.

'어떤 혁명자도 추억을 가져서는 안 된다. 우리가 걸어온 긴 여정은 온갖 고통으로 엮어진 채찍이 되어 끊임없이 우리를 편달하고 연마하여 보다 더 용감하고 굳세게 가다듬어 줄 뿐이다.'

밤은 더욱 더 깊어갔다. 모닥불과 나뭇잎의 온기로 피로를 푼 젊은이들은 하나둘씩 잠들기 시작했다.

그러나 나는 그들과 같이 잠들 수 없었다.

쉴 새 없이 들어오는 전초의 보고는 그때마다 내 마음 속에 새로운 파문을 일으키곤 했다. 모닥불은 연달아 신비의 불길을 올리고 있었다. 마치 장난꾸러기의 붉은 그림자같이 불길은 커졌다 작아졌다 약해졌다 강해졌다 하면서 넘실대었다.

그러나 모닥불의 온화한 마음씨는 길이 변함없는 우정을 되새기게 했고, 그의 한없는 친절은 오래 전에 이미 차디찬 세파에 얼어붙은 우리의 영혼을 살며시 녹여 주었다. 그리고 온 땅에 깔린 마르고 시든 낙엽은 흐뭇한 삼림에 향기를 풍겨 주었다. 이 향기와 불의 온기는 서로 조화되어 아늑한 손길로 가을밤의 처량함과 고적을 매만져 주곤 하였다.

나는 한없이 고요한 밤하늘을 뚫고 공지 저쪽을 내다보려고 애썼다. 그러나 그저 우뚝 서있는 검은 그림자 외에는 아무것도 볼 수가 없었다. 그래도 이 신비에 싸인 삼림 속에서 명상의 나래를 폈다.

…… 수천 년 동안 발육 성장하여 온 이 밀림에 어느 때 어디선지 알 수 없는 머나먼 곳에서 바람이 물결쳐 온다. 그 바람이 다른 곳에서 우연히 일어나는 또 하나의 바람에 부딪쳐 서로 마찰하여 높은 열을 낸다. 온 들, 온 산은 불바다가 된다. 이것은 사람의 머리로서는 상상조차 할 수 없는 웅장하고 로맨틱한 산불이다. 그것은 또한 삼림이 스스로의 마음과 혼을 쥐어뜯는 집단 자살이기도 하다. 그 광경은 장엄하고 몸서리 치고 위

대하고 발광적이며 또한 말할 수 없이 잔인하다.

　불길은 밤낮을 가리지 않고 인위적 경계를 초월하여 흐린 날이나, 개인 날이나, 미친 듯이 타오른다. 그러다가 우연한 행운을 만나면 그의 비참한 종말을 맺는다. 그가 지나간 단순하고 황망하고 평탄한 자취! 거기에 서 있던 나무라는 나무는 죄다 타 없어지고 한 포기의 풀조차 남기지 않는다. 단지 인류가 그 터전에 붙인 공지라는 이름이 남을 뿐이다.

　지금 어떤 부류의 사람들은 그 생존을 위하여 언젠가, 삼림의 집단 자살로 이루어진 공지를 차용하여 다른 한 부류의 인류와 전투를 전개함으로써 형태를 달리하는 또 하나의 집단 자살을 꾀하고 있는 것이다.

　밤은 자꾸 깊어만 갔다. 달은 어느새 떨어졌다.

　김좌진 장군의 비서 이정 동지는 나이 46세에 키가 크고 말이 드문 분이었다. 그는 모닥불 옆에 앉아서 고공에 흘러가는 달을 한참 쳐다보더니 즉흥의 오언절구를 읊조리었다.

　　　　나뭇잎새 떨어져서
　　　　산 모습 조용하고
　　　　하늘이 높아 뵈니
　　　　달빛 더욱 밝아라
　　　　장사의 마음 속은
　　　　말무리가 달리는데
　　　　날 새길 기다리자니
　　　　밤이 이리 길고나

　　　　木落山容靜
　　　　天高月影肥

壯士意萬馬
待旦夜漫長

　모닥불을 지나노라면 낙엽으로 전신을 묻은 젊은 용사들의 잠든 모습이 군데군데 눈에 띄었다. 그들은 모두 깊이깊이 잠들고 있었다. 몸은 비록 참호 속에 들어 있으나 꿈은 매우 감미롭고 즐거운 동산을 거닐고 있는 것 같았다.
　붉은 빛에 떠오르는 그들의 밝은 얼굴! 그것은 말할 수 없는 안정과 무한한 행복에 싸여 한 폭의 우아한 그림 같기도 했다. 나의 시선은 하나 또 하나 그들의 얼굴을 스쳐갔다 …… 한없는 온정에 찬 어버이의 마음으로.
　나는 차마 그 안온한 얼굴로부터 눈을 뗄 수 없었다. 어느새 내 눈에는 나도 모르는 눈물이 고여 있었다. 내 눈이 이들 젊은 얼굴 위를 몇 차례나 오갔을까? 마침내 밤의 검은 베일은 거두어지고 여명의 젖빛 하늘이 천천히 밝아오고 있었다.

5. 빠이원핑 전투

　9월 10일 새벽 5시. 제1제대에 배속된 보병대는 나의 제2제대 후방 8백 미터 거리에서 쓰팡띵즈(四方頂子) 기슭에 예비대로 공치(控置)되어 있었다.
　일선 사관 훈련생들은 삼림 '공지'를 이용하여 다음과 같이 배치되었다.
　우측 지구의 1개 중대는 이민화(사망)가, 좌측 지구의 1개 중대는 한근원(실종)이 지휘하기로 하였다. 정면 2개 중대는 김훈(후일 운남 사관교 18기생, 황포군관학교 교관…… 행방불명)으로 우중대를 이교성(사망)으로 좌중대를 지휘케 하고, 나는 정면에서 전국(全局)을 살폈다.

우리들이 매복한 진지는 공지를 둘러싼 산허리였으며 거기에는 각종 천연 방위물이 있었다. 즉 몇 아름드리의 쓰러진 나무가 앞을 가로막고 거기에 산이 쌓였으며 다시 그 위를 담요처럼 두터운 청태(靑苔)가 덮여서 가장 알맞은 천연적 엄폐물을 만들고 있었다. 기습을 감행하기 전에 우리들의 위치가 적에게 먼저 발견되지 않고 번개 같은 동작으로 적에게 불의의 타격을 주기 위하여 나는 동지들에게 다음과 같은 주의를 주었다.

 1. 배낭은 모두 벗어서 진지 후방 예비대에 둘 것, 각자의 짐은 될 수 있는 대로 덜어야 한다.
 2. 진지에 진입할 때는 위장을 충분히 할 것
 3. 한 사람 앞에 2백 발의 탄약을 탄대에서 꺼내 손 가까이 놓을 것. 그렇지 않고 몸에서 탄환을 꺼내느라고 사격속도에 영향을 미치는 일이 있어서는 안 된다.
 4. 사격전에는 누구를 막론하고 흡연, 담화를 금할 것. 경거망동하여 적에게 발견되는 일이 있어서는 안 된다.
 5. 사격개시는 나의 총성을 신호로 할 것. 그 이전에는 누구라도 마음대로 총을 쏘아서는 안 된다.

주의 사항을 전달한 다음에 나는 동지들에게 마지막 훈시를 하였다……. 마디마디 피 맺힌 목소리로.

"청산리 산맥은 장백산의 주맥이요, 우리 조상의 발상지이다. 지금 이 순간 수천수만의 눈동자가 우리를 주시할 것이요, 무수한 자손의 눈동자도 또한 우리를 바라보고 있을 것이다. 만약 우리들의 혈관 속에 아직도 단군의 피가 말라붙지 않았다면 우리는 마땅히 한 몸을 희생의 제단에 올려 놓고 3천만 동포의 원한을 풀어야 할 것이다…… 우리가 용감히 싸울 때 하늘에 계신 천백세 조상의 영은 반드시 우리를 보우할 것이다."

전투는 기어이 왔다.

동지들은 모두 소나무 잣나무 가지로 위장하였다. 그들이 엎드리면, 두텁게 쌓인 낙엽에 전신이 파묻혀 버리고, 또 꽉 들어찬 수림에 가려져 누가 어디 있는지 도저히 분간할 수 없다. 이런 교묘한 위장은 제아무리 기민하고 예리한 눈초리라도 넉넉히 피해 낼 수 있었다.

드디어 카키색의 악마는 나타나고야 말았다.

오전 8시쯤 되어서 적의 전위부대 1천여 명은 오직 한 갈래밖에 없는 양의 내장처럼 꼬불꼬불한 길을 따라 삼림 공지를 향하여 전진하고 있었다. 그들은 휴대용 건빵을 유유히 씹으며 걸어왔다. 그러나 꿈에도 생각지 못하였으리라…… 좌우전면 빽빽이 들어찬 밀림 속에 6백여 자루의 원한과 복수의 총구가 그들 가슴 한복판을 똑바로 겨누고 있다는 사실을! 적의 척후는 우리들의 종적을 더듬으려 하였다. 그들은 자주 몸을 굽혀 땅에서 말똥을 집었다. 만일 그 온도가 따스하면 우리들이 아직 멀리 가지 않은 증거요, 그와 반대로 똥이 차가우면 우리들이 벌써 멀리 갔다는 증거가 되기 때문이다. 그러나 우리들은 3, 4시간 전에 여기에 도착한 것이다.

적 전위부대의 선두에 서서 이를 영솔하는 자는 콧수염을 기른 '전위사령'이었다. 나뭇잎 사이로 흘러드는 아침 햇살이 이 '콧수염'의 네 줄기 금줄 견장과 그 한가운데 꽂힌 금별을 되쏜다. 콧수염이 발을 옮길 때마다 견장은 좌우로 흔들리며 네 금줄은 번쩍번쩍 눈부시게 빛났다. 견장은 그가 일본 소령이라는 것을 과시하고 있었다. 그는 사슴가죽으로 만든 장갑을 끼고 바른 손으로 군도의 손잡이를 왼 손은 망원경을 쥐고 교만하게 가슴을 내밀고 그러나 매우 조심스럽게 걸어오고 있었다.

나의 일제 38식 기병총의 총구는 아주 침착하게 이 '콧수염'의 심장을 겨누었다.

나는 이때 잣나무 고목 뒤에 앉아 총신을 나무에다 딱 붙이고 나무그루 앞으로 살며시 총구를 내놓았다.

적의 전위부대는 이 교만한 '콧수염'의 뒤를 쫓아 기다란 카키색 물줄기처럼 굽이굽이 흘러 들어왔다. 마침내 이 물줄기는 그 마지막 한 방울까지도 남김없이 삼림 공지로 흘러 들어왔다.

이리하여 적의 전 병력은 우리들의 겹겹이 둘러싼 십자 화망(火網)의 빈틈없는 그물 속에 들었다.

한 명의 적의 정찰병이 앞으로 나와 말똥을 찾고 있었다. 나와의 거리는 불과 10여 보였다. 그는 갑자기 몸을 굽혀서 말똥을 더듬으며 그 온도를 재고 있었다.

나의 온 몸의 피는 급속도로 끓고, 천만가지의 원한이 한 번에 터질 듯했다. 그것은 나를 채찍질하여 개머리판을 바싹 어깨에 대게 하였다.

그 순간 내 총대 위에는 몇 십 년 동안 쌓이고 쌓인 분노와 치욕이 갑자기 내리닥쳤다…… 하마터면 '콧수염'의 심장을 겨눈 겨냥을 틀어버릴 만큼 무겁게. 거기에는 또한 내 한 평생 지녀온 희망과 보람이 육중하게 열려져 있었다.

피웅!

단 한 발에 콧수염은 거꾸러졌다.

일진의 광풍폭우와 같은 총소리가 사방에서 쏟아져 나왔다.

철풍철우. 그것은 수천 수만 마리의 호랑이 떼의 고함보다도 더 무시무시한 쇳덩어리의 아우성이었다. 6백여 정의 보총, 6정의 기관총, 2문의 박격포, 우리들이 소유하고 있는 전 화력이 일시에 적의 머리 위에 집중되었다. 총알은 혹은 번개처럼 혹은 별똥처럼 공지 위를 날고 공지 위에 춤췄다. 가로 세로 수없이 교차되는 쇳덩어리는 가장 빽빽하고 삼엄한 불의 그물을 이루었다.

포탄은 화산에서 녹아내리는 바위와 같이 이글거리며 산산이 부서지는 돌조각처럼 '공지'를 두드리고 산천초목을 진동시켰다.

적은 바람에 휘날리는 낙엽과 같이 뚝뚝 떨어져 땅바닥에 쓰러졌다. 시체는 한 층 두 층 첩첩이 쌓이고 선혈은 사방에 뿌려져 주변 송림을 물들였다…… 한 잎 두 잎 푸른 솔잎은 검붉어졌다.

노예와 치욕!

쇠와 피!

'피로써 피를 청산하자!'

우리는 미친 듯이 쐈으며 미친 듯이 '만세'를 부르짖었다. 총소리와 만세소리가 한데 합치니 그 환성에 리듬이 있다면 이를 일컬어 '원한 교향곡'이라 할까?

적들은 쓰러졌다. 하나 또 하나!

적들은 거꾸러졌다. 하나 또 하나!

이 전격적인 기습에서 적들은 미처 생각할 여유도 없이 그저 쓰러져 가기만 했다. 총을 들 사이도 없이 장탄할 여유도 없이 기관총을 둘러맬 여유도 없이 겨냥을 맞힐 곳이 어딘지도 모르고 엎드린 채 영원히 일어나지 못하였다.

이렇게 하여 적은 불과 한 시간에 태반이 섬멸되었다. 남은 적들은 완강히 저항하며 맹목적인 사격을 거듭하였다. 그러나 그들은 아직도 자기들을 죽이는 탄환이 어디서 날아오며 자기들을 죽이는 적이 어디에 있는지도 모르고 무턱대고 밀림 위를 향하여 마구 쏘아대는 것이었다.

'공지' 안의 적의 시체는 점점 더 높이 쌓여 한 무더기 시산을 이루었다. 다리가 부러진 적의 상사 한 놈이 적의 시체 무더기에 바로 올라가 죽은 소대장 대리를 하는 것이었다.

'기깐주따이 가께아시'(기관총대 전진)

하고 미친놈처럼 고함을 질렀다. 적일망정 과연 용감하고 비장한 부르짖음이었다. 그러나 이 용사는 몸을 돌이키는 순간 즉시로 쇳덩어리의 선물을 받고 시체 위에 거꾸러져 쌓인 시체의 무더기를 더 높이 하였을 뿐이었다.

또 한 명의 적은 적의 시체를 총알받이로 삼아 그 위에서 발광한 짐승과 같이 마구 난사하였다. 그러나 그 야수도 아차 하는 동안에 우리의 총구멍 앞에 쓰러져 피바다 속에 고개를 처박고 살아남은 제 동료들의 총받이가 되었다.

우리들의 보총, 기관총, 박격포는 연달아 불을 뿜었다 ……

피의 '공지!'

붉은 '공지!'

한 시간 반이 지났을 때, 적의 전위부대는 완전히 소멸되고 말았다.

"만세!"

우리는 소리 높이 만세를 부르며 사방의 밀림으로부터 뛰어나와 흩어져 있는 전리품을 재빨리 거두었다. 놈들의 무기는 1정의 중기관총만이 제대로 있을 뿐 나머지 기관총은 모두 망가지고 보총도 대부분 못 쓰게 되었다. 우리는 그 중 쓸 만한 것을 골라서 어깨에 메었다.

기습은 끝났다. 그러나 전투는 아직 끝나지 않았다. 물론 승리도 결정되지 않았다.

한 시간이 채 못 되어 적의 본대 약 8, 9천명의 병력은 우리와 싸우기 위하여 삼림 '공지' 부근에 도착했다. 그러나 전위부대의 전멸은 그들로 하여금 다시는 맹목적으로 삼림 '공지'에 들어오게 하지는 못했다.

그들은 기필코 전멸당한 치욕을 씻어야 했고, 또 그래야만 그들 황군이 앞으로도 계속하여 일본 국민의 존경을 받으리라고 마음 속 깊이 다짐하였을 것이다.

전투는 다시 시작되었다. 적은 한 줄 뒤에 또 한 줄이 있고 그 뒤에 또 한 줄이 겹쳐 몇 줄의 밀집 횡대를 여러 줄 배치하여 제대돌격 태세를 취하였다. 그것은 우리로 하여금 현 진지를 포기하도록 하려는 발악적 수단이었다.

적의 기관총과 모든 무기가 우리를 향하여 불을 뿜기 시작했다. 점점 더 세차게 압력이 가하여졌다. 총소리는 더욱 다급하였다.

따따따……

"돌격!"

적군은 골짜기로부터 밀물처럼 밀려들어 오고 총알 포탄은 비바람 불 듯 쏟아졌다.

날카로운 목소리들은 사람의 마음과 넋을 갈기갈기 찢는 듯했다.

그러나 우리는 교묘한 위장과 엄폐물을 이용하여 높은 곳에서 여전히 보총, 기관총, 박격포로 중첩된 철십자의 화망을 교차시키며 무수한 탄환을 적에게 퍼부었다.

이에 대해 적의 포화도 더욱 치열해졌다.

이때 키가 작은 강위라는 학생은 적탄이 우박처럼 쏟아지는 원진지를 이탈하여 총을 질질 끌며 후방에 있는 굴 속으로 피해 들어갔다.

"강위, 앞으로 나와!"

나는 격분하여 미친 듯이 고함을 질렀다.

"…… ……"

"강위, 앞으로 나와!"

"…… ……"

"강위, 앞으로 나와!"

"…… ……"

나의 권총은 즉시 그의 머리를 겨누었다.

그는 깜짝 놀라 퍼붓는 탄우를 뚫고 앞으로 달려갔다.

총소리는 더욱 요란해졌다.

함성은 쩌렁쩌렁 울리고 파도는 점점 가까이 밀려 들어왔다. 폭풍우는 연달아 쏟아졌다. 우리는 힘을 다하여 쇳덩어리의 십자화로써 밀물을 막고 폭풍우로써 폭풍우에 응하였다. 적의 총소리는 또 울리고 함성은 다시 터져 나왔다. 파도는 또 밀려오고 폭풍우는 다시 쏟아졌다. 우리의 십자화도 계속하여 파도를 막고 폭풍우는 폭풍우에 대항하였다.

일선, 또 일선, 적은 무너지기 시작하였다.

한 줄 또 한 줄! 밀려든 적의 밀집 횡대는 우리 진지 앞에서 거꾸러졌다. 띄엄띄엄 세 차례의 노도와 폭풍에 부딪쳐 산산조각이 난 다음에 적은 하는 수 없이 '제형 돌격'을 중지하였다. 그리고는 다시 총포로써 우리를 둘러싸고 있는 밀림에 맹사격을 가하였다. 놈들이 혈안이 되어서 찾고 있는 '황군'의 적은 어디 있을까?

"황군'의 적 진지는 어디 있을까?

'황군'의 적 주력은 어디 있을까?

몰라! 몰라! 몰라!

그러나 '황군'은 이 알 수 없는 적에 의하여 한 소대 한 소대씩 삼림 공지 근처에서 쓰러졌다. 그들은 다시 일어나지 못하고 영원히 쓰러져 버렸다.

본래 '황군'의 영광이란 천 만 자루의 휘황한 불길과 같은 것이었다. 그러나 지금 이 촉광은 우리들의 원한에 사무친 총알과 비바람 앞에 무참히 꺼져버렸다.

일장기 속의 태양은 이제 그 빛을 잃었고 섬나라의 찬란한 벚꽃도 무색하게 되었다.

'동해 저편 언덕 위에는 2천여 명의 아름답고 젊은 과부들이 목 놓아 울 것이다……

그러나 만심은 금물이다. 쉬어서는 안 된다. 잠시도 쉬어서는 안 된다.

힘을 내야 한다!

온 몸의 힘을 다 내야 한다!

아낌없이 온 몸의 힘을 쥐어짜야 한다.

삼림 공지 일대에 깔린 모든 황군들아! 한꺼번에 달려들어라! 남김없이 불의 세례를 줄 것이다.'

8, 9천 명의 적은 쓰디 쓴 패전의 고배를 마시고도 짓궂게 두 날개를 뻗쳐 양쪽으로부터 포위 작전을 전개하는 것이었다. 그들은 천천히 에워싸며 한 걸음 한 걸음 죄어들었다. 놈들은 바야흐로 '공지'의 포위망을 압축하면서 단군 자손들을 향하여 진격하고 있었다.

제3차의 고전이 시작되었다.

그러나 우리는 조금도 굽히지 않고 놈들 앞에 당당히 맞섰다.

격전 또 격전!

한참 싸움이 벌어지고 있는 판에 김좌진 장군으로부터 다음과 같은 명령이 전달되었다.

1. 펑워이꼬우(鳳尾溝)에서 돌아오는 적은 약 1시간 후면 도착할 것이다.

그렇게 되면 우리의 퇴로가 차단될 위험이 있으니 아군은 즉시 얼또꼬우 방면으로 철퇴할 예정이다.

　2. 제2제대는 원진지에서 저항을 계속하고 제1대의 철수를 엄호한 후 적당한 시기에 철퇴하라.

　3. 제2제대는 오늘 밤 2시 이전에 현 진지로부터 약 1백 60리 떨어진 쟈산춘(甲山村)에 도착하라.

나는 제1제대를 인솔하고 그곳에서 기다리겠다.

이때 시간은 오전 11시쯤이었다.

섬멸전은 엄호전으로 변하였다.

얼마 뒤에 연락병으로부터 제1제대가 이미 산또꼬우를 떠났다는 연락을 받았다. 우리들의 엄호 임무는 끝난 셈이다.

나는 서쪽 지구의 한근원 중대로 하여금, 그 자리에 남아서 계속 엄호를 담당케 하고, 우리들은 철수를 시작하였다. 최대한의 급행군으로 머텐링(摩天嶺)으로 철수했다. 이 준령 길은 80리, 뾰족한 봉우리는 구름 위에 솟아 있고 산 속에는 한 마리의 날짐승도 볼 수 없었다.

우리가 산꼭대기에 오른 얼마 후에 한근원 중대도 임무를 완수하고 본진에 돌아왔다…….

죽을 고비를 몇 번이나 넘기고

그러나 대부분이 살아서 돌아왔다.

우리들은 승리의 철수를 감행한 셈이다.

그러나 적의 포성은 갈수록 심하여 끊임없이 천지를 진동하였다.

우리는 벌써 죄다 진지를 떠나 산중으로 철수한 지 오랜데, 적은 무엇 때문에 그렇게 치열한 포격을 하고 있는지 알 수 없는 노릇이었다.

포격은 점점 더 심하여졌다. 더 우렁차게 더 치열하게 포탄은 작렬하는 것이었다.

　잘 생각해 보니 거기에는 그럴듯한 까닭이 있었다.

　즉 적의 포는 펑워이꼬우로부터 돌아오는 적을 사격하고 있는 것이었다. 산또꼬우 전면의 적은 우리가 자기네 맞은편에 있는 것으로 알고 있었으며 산또꼬우의 적도 우리가 자기네 전면에 있는 것으로 생각하였던 모양이다.

　우리들이 이미 양면 협공의 중간으로부터 교묘히 **빠져 나온** 줄은 모르고 (우리 복장은 적의 것과 꼭 같았다) 저희끼리 한바탕 **싸웠던** 것이 아닌가?

　나중에 알았지만 이 판단은 틀림없었다. 점심 때에서부터 날이 저물기까지 적은 자기네끼리 포격전으로 일본군 6, 7백 명가량이나 손실을 보았던 것이다. 불의는 반드시 자멸한다.

　빠이원펑의 전과는 적 사살 2천 2백여 명, 아군 사망은 불과 20명, 그리고 3명의 중상자 외에 수십 명의 부상자를 냈지만 모두 간단히 치료할 수 있는 경상이었다. 이것은 나라를 잃은 한국이 원수 일본군과 더불어 싸운 최초의 전쟁이었으며 또한 최대의 승전이었다.

6. 쟈산춘으로 가는 길

　추위와 주림과 피곤이 온 몸을 휘감았다. 한나절의 격투를 치르고도 우리는 한 방울의 물도 마시지 못한 채, 산바람이 길을 막는 비탈길을 더듬어 쟈산춘으로 향했다. 급행군하지 않을 수가 없었다. 우리는 나뭇가지를 잘라서 한 쌍 한 쌍 어깨 줄을 엮은 임시 담가를 만들었다. 그 위에 담요를 깔아서 중상을 입은 전우를 눕히고 대열과 함께 행진하게 하였다. 경상자는 말을 타거나 도보로 행군하였다. 이 힘하디 힘한 급행군 속에서도 누구 하나 용기를 잃거나 낙오하지 않았다 그러나 기갈은 눈에 보이지 않는 마수를 펴서 우리들의 목구멍을 졸라매는 것이었다. 마수는 싸우면 싸울수록 더욱 힘껏 우리들의 목구멍을 태웠다. 어떤 강한 힘도 이 마수의 손을 뿌리칠 수 없었고, 어떤 지혜도 이 마수를 떼어버릴 수 없었다.

극단의 고통 속에서 우리는 억누르는 마수의 힘을 벗어나려고 먹을 것을 찾아 몸부림쳤다. 우리는 마침내 야수와 같이 눈에 불을 켜고 산중을 헤맸다.

"머루다!"

누군가가 산등성이에서 이것을 발견하고 놀람과 기쁨 속에 내지른 고함이었다.

삽시간에 이 검보라빛의 작은 구슬들은 우리 야수떼에게 삼켜져 버렸다. 우리들은 행군하면서도 연신 길가의 머루를 따다가 한 주먹씩 입으로 움켜 넣었다. 먹으며 걷고 걸으며 먹었다. 그 맛은 포도와 같이 달콤하였다. 좀 시기는 하였으나 우리에게는 더 할 나위 없는 진미였다. 이 작은 알은 온 산 온 들에 송이송이 매달려 따도 따도 끝이 없고 먹어도 먹어도 다 먹을 수 없었던 것이다. 단지 유감스러운 것은 이 열매가 마른 목을 축여 주긴 했으나 고픈 배를 채워 줄 수는 없었던 것이다. 오히려 머루의 단물에 자극을 받은 '굶주림'이 더 악착스레 우리 몸에 파고드는 게 아닌가?

만주의 깊은 가을은 한대 특유의 쌀쌀한 맛을 풍겼다. 깊은 가을바람은 예리한 칼로 오려내듯이 홑옷으로 가린 우리 살을 에었다.

밀림 속에는 길이 없다. 그저 우리가 밟고 가는 곳이 길이다. 쓰러진 수목과 허물어진 바위의 돌가루가 도처에 쌓여 있고 산비탈은 갈수록 험

해질 뿐이었다. 밀림을 지날 때면 우거진 나뭇가지가 길을 가로막아 도끼로 이를 찍어야만 길을 열 수가 있었다. 우리들의 온 몸은 쉴 새 없는 산과 밀림과의 싸움이었고 한없는 굶주림, 추위, 피곤과의 싸움이었다. 밤의 검은 대기는 더욱 싸늘한 바람을 몰고 스며들었다. 이윽고 둥근 달이 산등에 기어올라 눈부신 은빛을 발산하였다.

달빛은 희고 찬 손길로 산천초목을 어루만지고 배고픔에 시달린 우리 대열을 이끌어 주었다. 싸늘한 달빛에 젖은 산야는 더욱 처량하고 고요한 시름을 띠었다. 달밤은 냉정했고 우울하기 그지 없다. 그 아름다운 듯하면서도 우울한 달빛을 반사하는 개울을 한 줄기 또 한 줄기 우리는 건넜다. 이 산 골짜기를 흐르는 크고 작은 물줄기들은 마치 사람의 혈관처럼 섞여서 굽이굽이 흐르고 있었다.

이 개울 중에서 제일 넓은 곳은 12, 3미터나 되고 물결의 속도는 매우 급했다. 그것이 바위에 부서질 때면 달빛도 함께 부서져 번쩍거렸다. 개울물 깊이는 제일 얕은 곳은 무릎까지 찼고 제일 깊은 곳은 가슴까지 닿았다.

우리가 물을 건널 때, 물 속의 달빛은 더욱 차가웠다. 마치 뾰족한 칼끝으로 군복을 뚫고 들어와 살을 찌르는 것 같았다. 개울 밑바닥에는 곱돌이 깔려 발바닥이 미끈거리기 때문에 물을 건너기가 여간 어렵지 않았다. 그러나 우리들은 끝끝내 이 산과 개천을 정복하였다. 옷은 흠뻑 젖고 옷에서는 물이 뚝뚝 떨어졌다. 차고 매운 바람에 어느새 살이 얼어붙은 것만 같았다.

헤아릴 수 없이 많은 산을 넘고 물을 건너 길고 평탄한 대로에 나선 우리 대열은 흩어진 행렬로부터 정연한 한일자의 장사형 대열로 되돌아갔다.

'정비'와 '통일'이 이루어진 대열은 다시 전진하였다. 이때 한 동지가 갑자기 대오를 이탈하여 길가에 있는 채소밭으로 뛰어 들어갔다. 그는 아직 거둬들이지 않은 채소밭에서 큰 무 한 개를 뽑았다. 그가 침을 꿀꺽 삼키면서 그 무를 입에 넣으려 할 때 갑자기 한 고함소리가 들려왔다.

"무를 버려라…… 네 그런 행동은 전군의 수치다. 전우들이 모두 굶주리고 있는 판에 너 혼자만 부대를 떠나서 남의 것을 훔쳐 먹는단 말이냐? 너같이 제 욕심만 채우는 놈 때문에 우리들 전체의 규율이 깨어져 버린단 말이야……."

나도 매정스러운 말로 그를 나무랐다. 그는 머리를 수그렸다. 그 굵고 먹음직한 무가 그의 손으로부터 힘없이 떨어졌다.

대열은 계속 전진하였다. 누구도 다시는 마음대로 대열을 이탈하지 않았다. 추위, 굶주림, 피로, 가시밭길, 이 모든 것도 우리를 굴복시킬 수는 없었다.

빠이원핑의 공전의 승리가 하늘에 치솟는 불길처럼 추위에 얼어빠진 우리의 몸을 흐뭇하게 녹여주고 다시 우리의 마음 속에 환희와 신념의 불을 붙여 주었다. 이 신념은 한 자루의 칼이 되어 우리에게 밀려드는 온갖 곤란과 고통을 끊어버렸다. 우리는 14시간의 급행군으로 1백 80리의 길을 돌파하였다. 밤 2시 40분 마침내 쟈산춘에 도착하였다. 여기에서 갈라졌던 두 부대는 다시 만났다. 개가는 우리에게!

그것을 기다리던 모든 초조와 우려는 이제 완전히 사라졌다.

포옹과 환호! 눈물과 웃음! 함성과 흐느낌! 전우와 전우의 애정! 승리와 희망!

그야말로 미칠 듯한 하룻밤의 격정이었다.

선발 제1제대를 인솔하고 쟈산춘에서 가슴 조이며 우리를 기다리던 김좌진 장군은 나를 껴안고 약 30분 동안 놓지 않았다. 김 장군은 눈시울에 어른거리는 빛으로 무언가 이야기를 할 뿐 아무 말 하지 않았다. 사병들 모두가 쳐다보았다. 이때 병사들과 쟈산촌의 동포들이 환희를 외쳤다. 김 장군은 내가 엄호 임무까지 끝내고는 청산리 계곡을 빠져나오지 못할 줄로 생각했다는 것이다. 적어도 전투부대의 태반을 상실할 걸로 생각했다. 소대장 2인과 실종된 약 20명이 우리 측 희생이었다. (당시는 여유가 없어 확인하지 못했으나 사후 사망으로 밝혀졌다.) 그러나 우리는 막대한 손실을 적에게 안겨 주었던 것이다.

쟈산촌(甲山村)은 함경북도 갑산 사람들이 대 부락을 형성하고 살기 때문에 그렇게 불리었다. 그들의 동포애와 애국심, 그리고 일군에 대한 순박한 적개심은 우리를 열광적으로 환영하는 데도 나타났다. 한밤중인데도 부녀자들이 모두 동원되어 얼어 들어온 군인들을 덥혀주느라고 온돌방에 불을 때며 한쪽으로는 부족한 살림도구를 전부 이용하여 밥을 몇 차례나 지어 날랐다.

논이 없는 곳이니 쌀밥이 없고 기장쌀이 최고의 대접이었다. 차지기로 유명한 찰기장 밥을 지어 군인들은 맛있게 요기를 했다.

7. 쳰수이핑 전투

하루 종일 극심한 피로와 굶주림과 추위에 시달리다가 갑자기 방안의 온기를 접하고, 또 거기에서 뜨끈뜨끈한 차조밥을 마구 삼키고 나니 대부분의 동지들은 땅바닥에나 온돌 위에 아무렇게나 쓰러지고 말았다. 아늑하고 훈훈한 공기가 구석구석에 가득 차 찢어질 듯 고달픈 몸을 우단처럼 부드럽게 감싸주었다. 말할 수 없이 달고 평안한 휴식이 육체의 감각마저 뺏은 듯…… 우리는 완전한 마비상태에 빠지고 말았다. 동지들에게는 휴식이 필요했다.

정말 잘 쉬어야 했다.

그러나 우리는 부락민으로부터 다음과 같은 보고를 받았다.

적 기병 1백 20여명이 해질 무렵에 첸수이핑(泉水坪)에 도착하여 지금도 거기에 머물고 있다는 것이다.

김좌진 장군과 참모장 나중소 씨와 나는 금후의 작전계획을 상의한 끝에 내일 새벽에 첸수이핑을 공격하기로 결정하였다. 그러기 위하여서는 4시 안으로 모든 준비를 완료해야만 했다.

잠든 지 겨우 1시간 남짓한 동지들은 또 일어나지 않으면 안 되었다.

4시 반 행동개시! 얼또꼬우 3면은 높은 산으로 둘러싸여 있었다. 그 가운데를 지나는 한 갈래 큰 길은 마루꼬우(馬鹿溝) 언덕의 허리를 경유하여 위랑춘(漁郎村)으로 직통했다. 첸수이핑은 이 대로 부근에 있는 교포의 마을로서 모두 3개의 집단 부락으로 되어 있다. 적은 바로 이 안에 주둔하고 있다는 것이다. 첸수이핑 북쪽에는 한 줄기 이름 모를 냇물이 얼또꼬우를 향하여 흐르고 있었다. 내의 너비는 약 5미터로 양편 언덕은 매우 가파르며 높이는 다섯 자가량이나 된다.

전원출동! 제2제대가 앞서고 제1제대가 뒤따르고…… 마을 어귀에 따로 떨어진 동포의 집 한 채가 있었다. 거기에서 들은 정보에 의하면 적은 '집단 부락'에 들어 있다는 것이다. 적은 우리가 아직도 1백 60리 밖에 있는 줄 알고 대담하게 병력을 한 곳에 집중시킨 모양이었다. 그들은 단지 수 명의 기병순찰로 주위를 돌보게 하는 정도로서 경계를 소홀히 하고 있었다.

나는 손전등을 싸 가지고 지면을 비추어 보았다. 과연 새로 징을 박은 말발굽 자국이 무수히 찍혀져 있는 것이 보였다. 이것은 우리가 받은 정보가 틀림없음을 말해 주었다.

우리는 공격 부서를 다음과 같이 정하였다.

김훈 중대는 북쪽 산을 타고 나가 은밀하고 신속한 행동으로 마루꼬우 고개를 점령하여 적의 퇴로를 차단할 것.

이민화 중대는 첸수이핑 남방 고지를 점령할 것.

나는 한근원·이교성 2개 중대를 이끌고 첸수이핑 북쪽 냇물 한복판으로 전진하여 냇물 언덕의 사각을 끼고 첸수이핑 동쪽에 이르는 즉시로 방향을 오른쪽으로 돌려 정면 공격을 결행할 준비를 했다.

새벽 추위는 모든 것을 하얀 서릿발로 뒤덮었다. 만주 벌판의 바람은 뼈 속에 스며들 듯이 차고 맑았다. 그러나 공기는 장미에 돋친 가시마냥 그 고운 은빛 서리로써 따끔따끔 우리의 살결을 찔렀다.

다섯 시쯤 되니 동이 텄다.

이민화·김훈 2개 중대는 추위를 무릅쓰고 벌써 지정된 지점에 도착하였다.

공격 개시!

나는 두 중대를 인솔하고 물줄기를 따라 앞으로 나아갔다.

높은 언덕에 몸을 가리고 배꼽까지 오는 차디찬 물 속으로 걸어갔다. 선두는 이미 첸수이핑 동쪽에 이르렀다. 우리는 물이 뚝뚝 떨어지는 몸으로 언덕 위에 바로 올라갔다. 찬바람이 물방울을 투명한 고드름으로 만들고, 우리를 모두 은 사람으로 변하게 했다. 그러던 참에 우리는 적의 기마 순찰에게 발견되고 말았다. 곧 한 방의 총소리가 났다.

우리들은 조금도 틈을 주지 않고 그들을 향하여 쳐들어갔다. 이 순간 우리들의 중화기란 중화기는 일제히 이 마을 동녘에 있는 술도가를 향하여 불을 뿜었다. 그 술도가 토성 안에 매어 둔 적의 군마가 목표였다.

적들은 잠에서 깨어나 놀라 자빠지며 소리소리 질렀다.

"고레와 시맛다." (이거 야단났다.)

놀란 까마귀 떼와 같이 황급히 도망치면서도 그들은 저항을 해왔다.

나는 첫 거리의 '중앙 집단부락' 맨 앞집으로 뛰어 들어갔다. 그러나 나의 꽁꽁 언 근시안경은 방안의 훈훈한 김에 부딪히자 금시 흐릿하게 되어 앞을 가릴 수가 없었다. 사람인지 물건이지 도무지 분간할 수 없었다. 미처 생각할 겨를도 없이 문으로 도망쳐 나오는 적을 향하여 닥치는 대로 군도를 휘둘렀다. 몇 발의 총알이 핑! 핑! 하면서 내 몸을 스쳐갔다. 집안으로 미처 들어오지 못한 동지들은 도망쳐 나오는 적을 마구 쏘고 마구 치고 마구 베었다······.

나는 이렇게 혼전이 벌어지고 있는 동안에 집안에서 뛰어나와 돼지우리 쪽으로 달려갔다. 나는 러시아식 7연발 권총으로 말을 타고 도망쳐 나오는 두 놈의 적에게 연거푸 일곱 발을 쏘았다. 그러나 손이 얼어서 모두 겨냥이 맞지 않았다. 이때 두 필의 적기가 나는 듯이 나를 향해 달려들었다. 나에게는 이미 장탄할 시간의 여유가 없었다. 말은 눈 앞으로 달려들고 말 위에 탄 놈은 군도를 쳐든 채 대들었다. 그 순간 나는 원숭이처럼 재빠르게 돼지우리 울타리에 바로 올라가 말뚝을 붙잡고 훌쩍 뒤로 몸을 날려 돌아가면서 나자빠졌다. 말의 속력과 사람의 힘을 다하여 내리치던 적의 군도는, 마치 빵조각을 베듯이 날쌔게 3개의 말뚝을 잘랐다. 말은 그대로 지나가고 나는 간신히 위기를 면하였다. 땅에서 일어나 분노와 원한에 찬 눈초리로 나를 죽이려던 원수의 모습을 쏘아 볼 뿐이었다. 말을 타고 달아나던 적의 하나가 별안간 총을 맞고 거꾸러졌다. 다른 하나의 적기는 앞만 바라보며 시체와 죽은 말을 하나하나 뛰어넘어 고추 내뺐다.

피융! 피융! 피융! 수십 발의 총알이 말보다 더 빠른 속도로 그놈의 뒤를 따랐다. 4백 미터도 채 못가서 그놈은 말에서 굴러 떨어지고 말았다. 말 주인은 땅바닥에 쓰러져 총알구멍으로부터 펑펑 피를 쏟고 있건만, 말은 홀로 앞을 달리기만 하였다. 그러나 그 말도 얼마 더 가지 못하여 한

발의 탄환에 주저앉고 말았다. 나는 길 옆에 서서 다시 권총에 장탄을 하고 달려드는 또 하나의 적을 겨누었다. 적은 짐짝이 구르듯 말 위에서 떨어졌다. 나는 얼른 달려가서 주인을 잃은 그 밤색 털의 일본 개량종 준마 위에 올라탔다. 그러나 말은 몇 걸음 못가서 복부에 총알을 맞았다. 우리 동지들이 내가 탄 말을 적기로 오인하고 마구 총알을 퍼부었기 때문이었다. 나는 황급히 말 등에서 뛰어 내렸다. 혼전은 여전히 계속되었다.

우리들의 박격포와 중기관총은 그대로 불을 뿜고 있었다. 주요 목표는 역시 난동하는 말들이었다.

적은 전혀 사전 경계할 생각도 하지 않은 무방비 상태로서 말이란 말은 함빡 토성 안에 매두었다가 기습을 받았기 때문에 전의를 상실하고 그저 제 한 목숨만 건지려고 이리 뛰고 저리 뛰고 하였다. 요행으로 동쪽으로 빠져 나간 놈들은 마루꼬우 고개에서 기다리고 있던 김훈 중대의 기관총과 보총의 세례를 받아야 했고 거기서 남쪽으로 꼬부라지면 이민화 중대의 밥이 되어야 했다.

'황군'은 갈래야 갈 길이 없었다. 그들은 마치 상갓집 개처럼 당황하여 어쩔 줄 몰랐다. 한 명의 '황군'은 짐을 덜고 빨리 달리기 위하여 44식 기병총을 내던졌다. 몇 걸음을 더 가서는 모자를 벗어 팽개쳤다. 다음에는 그들 천황께서 하사하신 군장과 외투를 벗어던지고 통개처럼 달아났다. 그러나 그 꼴로 달리던 이 한 마리의 개도 마침내 땅바닥에 쓰러졌다.

시마다 중대장은 말을 몰고 달아나다가 총알이 말 앞다리에 맞아 공처럼 굴러 떨어졌다. 이 찰나 유성처럼 빠른 한 필의 말이 그에게로 달려들었다. 말 임자는 급히 뛰어내려 말을 힘껏 차서 말을 시마다 쪽으로 가게 하였다. 이것을 본 시마다는 재빨리 말 등에 기어올라 몸을 찰싹 붙이고 말의 배를 찼다.

피이용! 피용! 핑!

시마다는 한동안 기를 쓰고 달렸으나 결국은 온몸이 피투성이가 되어 말에서 굴러 떨어졌다.

나는 네 명의 적을 추격하였다. 그들은 도망치다 못하여 고구마 구덩이 속으로 뛰어 들어갔다. 나는 뒤따라가서 그들에게 고함을 쳤다.

"고로사나이까라 쥬우 오 스데데 데데고이." (죽이지 않을 터이니 총을 버리고 나오라.) 대답은 총알이었다. 나는 급히 몸을 피하였다. 바로 이때다.

야구의 명투수로 이름난 김홍열 동지가 50보가량 떨어진 곳에서 고구마 구덩이로 수류탄을 던졌다. 그렇게 정확하다니! 쿵 소리와 함께 피에 묻은 붉은 고구마가 사방으로 튀어나왔다.

전투는 일단락을 지었다.

얼마나 비참한 싸움터였더냐!

가는 곳마다 사람의 시체, 죽은 말, 부상병, 부상마가 즐비하고…… '황군'의 카키 제복은 온 마을에 깔렸고 고개, 길섶, 물가, 대문 앞, 마을 주변 할 것 없이 하얀 서리로 뒤덮였던 첸수이핑은 차마 눈 뜨고 볼 수 없는 처참한 광경으로 변하였다.

물병, 탄약 집, 총자루, 말안장, 말 부대, 배낭, 담요…… 이런 것들이 너저분하게 흐트러져 길을 메우고 시체는 붉은 피를 뒤집어쓴 채 카키색 군복과 더불어 눈부신 아침 햇살에 치쏘였다.

아아! 그 얼마나, 참혹한 아름다움이야!

죽은 말들도 여기저기 넘어져 있다.

이 '무언의 용사'들은 얼마 전까지만 해도 살아 보겠다고 버둥거리며 기를 쓰던 흔적이 역력하다. 그들은 개량종 말의 특유한 긴 목을 치켜들고 최후의 비참과 절망에 몸부림치며 남은 정력을 다하여 쓰러졌던 자리에서 일어서 보려고 했다. 그러나 등잔불이 마지막 한 방울 기름을 태우고 꺼지는 것처럼 그가 만신의 힘을 다하여 뽑아 들었던 긴 목이 돌덩이처럼 땅 위에 떨어질 때 짙은 고동색 머리털은 스스로 흘린 피에 붉게 물드는 것이었다. 얼마 안 가서 온 몸은 뻣뻣이 굳어서 그렇게 활발히 움직이던 세포의 활동은 영원히 끊어지고 만다. 상처를 입고 채 숨이 끊어지지 않은 말들은 견딜 수 없는 고통 속에서 숨을 헐떡이며 연거푸 긴 한숨에 가까운 신음소리를 냈다.

그 애원하는 듯 청승스러운 울음소리는 듣는 이의 가슴을 찢어 놓는 것 같았다.

말은 우리들의 적이 아니었다.

나는 눈물을 머금고 권총으로 신음하는 말의 머리를 쏘았다.

이 싸움에서 적은 도망친 4명의 병사를 제외하고는 시마다 이하 기병 1개 중대, 1백 20명의 사병이 전원 몰살당했다. 이들 적은 기병 27연대 가노 대령 영솔 하의 전초중대였다. 우리 편에서는 2명의 전사자와 17명의 부상자를 냈을 뿐이었다. 이밖에 우리들은 2필의 말, 약간의 44식 기병총, 군도, 망원경, 전화기 및 기타 물품을 노획하였다. 그리고 많은 동지들은 멋진 '황군'식의 외투를 걸치게 되었다.

나는 오른쪽 허벅다리에 적탄으로 인해 경미한 찰상을 입었으나, 그 대신 시마다 중대장의 12배 망원경을 얻게 되었다.

또 우리들은 적의 말 부대에서 휴대용 건빵과 쇠고기 통조림을 발견했다. 우리는 통조림을 급히 딸 수가 없었다. 말 피와 사람 피가 말라붙은 건빵만으로 배를 채웠다.

그러나 그뿐인가. 우리는 시마다의 말 부대 속에 든 쇠통에서 아주 희한하고 귀중한 보배를 찾았다. 그것은 시마다가 조금 전에 쓴 보고서였다. 겉봉투의 풀이 채 마르지 않은 것이었다. 이것은 마땅히 가노 연대장에게 가야 할 보고서였지만, 뜻밖에도 우리에게 적정을 알리는 충실한 보고서가 되었다. 거기에 의하면, 적의 19사단 사령부는 위랑춘에 주둔하고 있으며, 시마다 중대가 첸수이핑에 온 것은 얼또꼬우의 경계를 담당하기 위해서였다. 보고서 내용은 다음과 같았다.

1. 지난 황혼에 양수천자(첸수이핑)에 도착, 숙영.
2. 마을 고지의 적은 굶주리고 추워서 전의를 크게 상실한 것 같음. 적은 어떤 행동을 취할 징후가 보이지 않음.
3. 본대는 계속 감시 중.
4. 인원 보고 – 인마 1백 20기.

이 보고서를 본 우리는 기갈도 전장의 소제(죽은 인마와 흩어진 장비·탄약 등의 수습·정리)도 잊어버리고 건빵과 통조림만 쑤셔 넣고는 단숨에 마루꼬우 고지로 달려갔다.

'조우전의 승리는 적에 앞서서 중간 지구의 유리한 지점을 점령하는 데 있다'고 하는 것은 전술상의 철칙이라 할 수 있다.

우리는 경각을 다투어 마루꼬우 고지를 점령하여야 한다.

우리는 전군을 적의 포위망에서 구출하게 해준 시마다 중대장 각하에게 감사를 하지 않을 수 없었다. 때는 바로 11일 아침 7시 반이었다.

8. 마루꼬우의 전투

첸수이핑 전투는 이미 끝났다.

도주한 몇 명의 적기는 위랑춘에 있는 저희 전투 사령부로 달려갔을 것이다.

우선 위랑춘 고지를 향해 사관생들은 거의 구보로 전진했다. 그때 벌써 적은 중포 사격을 개시했다. 대포소리가 대지를 무너뜨리는 것 같았다. 이전에도 포성이 많이 났지만 적이 사용하는 포는 모두 박격포 정도의 보병이 수반하는 소포들로 야포·산포가 대부분이었다. 우리들은 주로 이런 포성만 들어 왔고 중포 소리는 처음이었다. 중포는 사단병력 이상의 대규모 부대에 배속되는 것.

일본군들은 이 중포로 위압사격을 가하는 것이었다.

이때 어떤 참모가 황급히 "적이 중포를 휴대했습니다"라고 외쳤다.

김좌진 장군은 "아, 이 사람 정신이 나갔나? 저게 중포 소리야? 물방아 소리야!"라고 받아넘기며 눈을 껌뻑했다. 김 장군은 사병들의 공포심을 덜어 주기 위해 기지를 발휘한 것이다. 대군의 적을 눈 앞에 두고도 그렇게 침착했으며 그토록 머리가 좋아 전쟁심리를 민첩하게 통어하는 분이었다. '껌뻑!'하는 김 장군의 눈이 말하는 뜻을 막료들이 알아차리고 사병들에게 '첸수이핑 동네의 물방아가 이제 돌기 시작했다'고 거짓말을 했다. 지휘관들은 대개 전장에서 최면술 시술자의 자격을 자연히 사병들로부터 부여받고 있는 셈이니까 사병의 심리는 장교가 말하는 대로 변하는 게 십중팔구이다.

적의 전위는 우리가 섬멸시킨 시마다 기병대의 모체였다. 시마다 본대의 가노 대위가 지휘하는 적 기병 제27연대의 1개 연대 기병이었다. 적은 아직 우리가 고지에서 기다리고 있는 줄을 몰랐던 모양이다. 그들 나름대로 고지를 빨리 점령하려고 최대 속도로 달려 올라오고 있었다. 척후조차 보내지 않고 종대로 계곡을 따라 마구 달려 올라왔다.

우리가 가진 중기관총 6문과 2문의 박격포가 계곡에 불을 뿜어냈다. 중기관총의 하나는 불란서 뉴쉬 종류였고 나머지는 막심과 콜트였다. 한 탄대에 대개 약 2백 50발을 넣었다. 최대 속도로 달려오는 일병의 앞뒤를 포로 자르고 복판에는 기관총의 불길을 쏟았다. 황군은 **빽빽**이 쓰러졌다.

적 기병 뒤를 따르던 보병들이 공격을 가해 왔다. 위랑춘 방면에선 계속 적의 포성이 들려와 포효했다. 그 은은한 소리, 처참한 작렬! 대부대의 적이 계속 진격하고 있는 것이 틀림없었다.

공격을 받는 정면을 좁히자! 우리 힘을 한데 집중시키자! 유리한 지형을 장악하자!

나는 한근원 중대로 하여금 급히 김훈 중대를 지원토록 하였다.

이민화 중대는 첸수이핑 북방고지로 이동하여 이를 점령할 것을 명하였다.

다시 나는 전 예비대가 마루꼬우 북방고지로 급히 올라갈 것을 요청했다.

적은 전 사단병력으로 맹렬한 공격을 가해 왔다.

경, 중, 각 포문을 열고 첸수이핑의 아군을 견제하면서 주력부대의 공격을 엄호하였다.

마침내 적병은 마루꼬우 언덕을 향하여 들이닥치고 말았다.

최후의 힘을 다하여 밀려오는 적을 막아내자! 기관총 중대장 최인걸 동지는 손수 방아쇠를 당겨서, 한 탄대 1백 20발 탄환을 단숨에 다 쏴버렸다. 몰려들다가는 흩어지고! 흩어지다가는 다시 몰려들고! 적의 공격이 치열할수록 우리의 저항도 완강하였다.

수는 비록 2만 대 2천의 비율이었으나 우리는 산봉우리 위에서 우월한 지형을 차지했고 강철 같은 의지와 용기를 가지고 있었다.

우리는 있는 힘을 모조리 동원했다.

교포들에게도 호소하였다.

"우리는 무기로만 싸우는 것이 아닙니다. 맨주먹은 맨주먹대로 한데 모입시다. 그리고 적이 오면 수류탄을 던지시오! 힘껏 던지시오!"

수없이 나는 포탄은 노란 풍진을 일으켰다. 바람결에 김좌진 장군의 군모가 벗겨졌다. 장군은 맨 머리로 전투를 지휘하였다. 나의 군도는 포탄 파편에 두 동강이가 났다. 코와 입은 피투성이가 되었다.

자연이 우릴 도왔다고 할까? 신의 도움일까? 적은 숫자로 대군을 상대로 싸우는 우리는 아침에는 동에서 서를 향해 공격하고, 오후에는 적이 동에서 서를 향해 공격했다. 우리는 적을 정확히 볼 수 있었으나 적은 태양의 광채를 향해 싸운 것이다. 이는 계획적인 전장의 선회가 아니라 대병력에 소수로서 전술적인 내선 작전으로서 피동에서 주동으로 옮길 수 있는 자연적인 선회였기 때문이다. 더욱이 우리는 산악지대 훈련을 받았고 가볍고 부드러운 미투리신을 신어, 행동이 민첩할 수 있었다. 적은 둔하고 미끄러운 일본 가죽군화를 신고 있었다. 또한 우리는 유격전에 편리하도록 몸에 휴대한 전투장비라야 3백여 발의 탄대뿐이었는데, 적은 그때까지도 탄대를 사용할 줄 모르고 탄약통, 혁제 탄약합(혁대로 꿰인 가죽갑)을 사용하고 있었다. 격전으로 가열되자 적은 엎드려 사격하다가 탄약합을 닫는 걸 잊고 그대로 구보하기가 일쑤였다. 그래서 총알이 그대로 땅에 쏟아져 버렸다. 우리는 또한 무장 유격군을 조직하여 장백산을 거쳐 낭림산맥 줄기를 타고 서울로 진격해 오기 위해서, 군복은 들어갈 때 적을 속이기 위해서뿐만 아니라 모자의 붉은 테까지도 일군의 것과 똑같이 만들었던 장기 유격전 계획의 효과를 최대로 보았다.

꿩은 놀라서 산골짜기마다에서 난무하였다. 참 기가 차는 일이 아닐 수 없었다. 그래도 보이니 봐야 했다. 얼마 높이 뜨지도 못하고 푸드득 푸드득 거리다가 그 고운 날개를 다홍빛으로 물들였다.

우리들의 군마도 모조리 쓰러져 피투성이가 되었다.

한 동지는 악전고투 끝에 19발의 적탄을 몸에 지니고 넘어졌다. 극렬한 분노에 온몸이 불덩이가 된 전 동지는 앉아서 쏘고, 엎드려 쏘고, 서서 쏘고, 미친 듯이 연사하여 혼자 20여 명의 적을 거꾸러뜨렸다.

피는 불보다 강한 것이었던가?

동지들의 염통에서 솟아난 덥디 더운 피는 드디어 타오르는 화염을 끄고 노도와 같이 밀려드는 적의 공격을 좌절시키고야 말았다. 적은 정면 공격으로는 산봉우리의 점령이 불가능하다는 것을 알고 이를 포기하는 대신, 전 연대 기병을 풀어서 측면으로부터 배후를 우회하여 우리를 포위하고 우리 퇴로를 차단할 생각을 하였다.

만일 적의 뜻대로 그들이 우리의 배후를 우회한다면 우리는 중대한 위협을 받지 않을 수 없었다.

적의 우회작전을 분쇄하자!

우리는 즉시 첫째 산봉우리를 떠나 둘째 산봉우리로 옮겨 저항했다. 적은 재차 우리의 측면을 돌고 있었다.

격전!

우리는 또다시 셋째 산봉우리로 옮겨서 싸웠다.

이렇게 하여 적 기병은 계속 우회하고 우리는 계속 이 산으로부터 저 산으로 철수하였다.

교전은 아침부터 저녁까지 줄곧 계속되었다.

굶주림! 그러나 이를 의식할 시간도 먹을 시간도 없었다.

마을 아낙네들이 치마폭에 밥을 싸가지고 빗발치는 총알 사이로 산에 올라와 한 덩이 두 덩이 동지들의 입에 넣어 주었다…… 어린이를 기르는 어머니의 자애로운 손길로…….

그 얼마나 성스러운 사랑이며 고귀한 선물이랴! 그 사랑 갚으리, 우리의 뜨거운 피로! 기어코 보답하리, 이 목숨 다 하도록!

우리는 이 산에서 저 산으로 모든 것을 잊은 채 뛰고 달렸다. 그러는 동안에 우리의 몸은 극도의 피로에 사로잡혔다. 나중에는 마음대로 발을 뗄 수도 없었다.

나는 다른 동지들보다 조금 처져서 산비탈을 기어오르고 있었다. 거기에서 새 진지까지는 불과 2, 30미터의 거리였다.

이때 10여 명의 적이 고함을 치며 내 뒤를 쫓아 왔다.

"아이쯔오 쯔까마에로! 아이쯔오 쯔까마에로!" (저놈 잡아라! 저놈을 잡아라!)

바로 눈 앞에 우리 진지를 바라보며 나는 빨리 뛰려고 애를 썼지만 천근같이 무거운 두 다리는 감각이 통하지 않는 나무 말뚝처럼 통 말을 듣지 않았다. 나의 정신은 이미 육체에 지고 만 것이다.

이제는 모든 것을 단념하고 운명의 신에게 맡기는 수밖에 없었다.

나는 급히 땅에 엎드렸다. 총대를 꽉 움켜쥐고 마지막 피의 도박을 준비하였다. 이 한 목숨을 걸고 그 이상의 생명을 바꾸어 보려는 것이었다.

적은 막 달려오고 있었다. 산꼭대기의 동지들은 한편으로는 적에게 맹렬한 엄호사격을 가하며 또 한편으로는 힘을 다하여 외쳤다.

"빨리 뛰어와…… 빨리."

"저것 큰일 났군…… 큰일 났어."

"빨리 쏴…… 놈들을 빨리 쏴."

별안간 김윤이 화살에 맞은 산돼지 모양 산꼭대기에서 나에게로 달려 내려왔다. 그리고는 내 목덜미를 붙잡고 마치 독수리가 병아리를 채가듯이 휙 달아났다.

불과 수십 초 사이에 나는 죽음의 경계선을 넘었다.

나를 쫓아오던 놈들은 동지들의 맹렬한 사격에 견디다 못하여 두 개의 시체를 내버린 채 도망치고 말았다.

죽음에서 삶으로, 삶에서 죽음으로 운명이 바뀌는 동안에 해는 기울어졌다.

 몇 주야를 뜬 눈으로 새우신 김좌진 장군은 지휘에 지친 몸을 땅 바닥에 내던졌다. 그는 지금 내 곁에서 코를 골며 주무신다. 여러 날 잠을 이루지 못하여 핼쑥해진 얼굴을 나는 차마 흔들어 깨울 수 없었다.

 적의 공격은 좀 뜸해졌다. 그러나 적은 쉴 새 없이 전진하고 있었다. 우리가 자리 잡고 있는 이 위치도 갈수록 더 불리해지기만 했다.

 김 장군은 환한 달빛에 잠이 깨었다. 우리들은 장시간 상의한 끝에 우리들의 실력을 보존하기 위하여 여기에서 철수할 수밖에 없다는 결론을 내렸다.

 우리는 김훈·한근원 두 중대를 후위로 남기고 이를 김훈의 지휘 하에 두었다. 후위의 임무는 라오토꼬우(老頭溝) 방면으로 철퇴하는 주력부대를 엄호하는 것이었다.

 비장한 후위부대의 공방전은 벌어졌다. 그들은 초인적인 힘으로 적에게 맹사격을 가하였다. 총신은 고열로 달았으며, 동지들의 손은 데일 지경이었다. 그러나 누구 하나 사격을 늦추지 않았다.

 후위에 배속된 기관총 중대장 최인걸은 시베리아에서 자라고 아프리카 사람 같은 얼굴을 가진 용사였다. 그는 미친 사람 모양으로 날뛰었다. 사격수의 태반이 사상을 입자 자기가 직접 사수 노릇을 하였음은 물론, 중기관총을 끌고 다니던 말이 쓰러지자 그는 새끼줄로 자기 몸을 기관총 다리에 비끄러매고 기관총과 더불어 운명을 같이할 준비를 하였다.

 이 격전 중에 산 중의 한 좁은 길을 사수하던 1개 소대 40여 명의 동지들은 싸늘한 달빛 아래 전원이 장렬한 최후를 맞았다. 김훈 중대장! 이 호걸 남아는 부리부리한 두 눈을 부릅뜨고 강철같이 준엄한 명령으로 동지들을 격려하고 편달하였다. 그의 냉정한 판단과 지휘력은 전 대원을 장악하고도 남음이 있었다. 비 오듯이 쏟아지는 포탄과 총알에 겁을 집어먹은 두 동지가 함부로 진지를 이탈하자 핑! 핑! 피잉! 탄환은 격분한 김훈의 총구로부터 튀어나와 바람을 쪼개며 나갔다. 두 겁쟁이는 땅에 뒹굴며 쓰러졌다.

　김훈은 아무 일도 없었다는 듯이 아까 모양 날카로운 울부짖음으로 지휘를 계속했다.

　주력부대가 철수하고 있는 도중에 강화린 보병중대와 이운강 보병중대의 소대장 몇 명이 실종되어 비교적 훈련 정도가 낮았던 소대원들은 길 잃은 양떼처럼 산봉우리에서 헤맸다. 그들은 고립무원 상태에 놓였을 뿐만 아니라 적 주력부대의 포위망 속에 들었다. 이 소대를 구출하려면 그들로 하여금 김훈 중대의 진지까지 철수하도록 연락하는 수밖에 없었다.

　"누가 전령으로 가겠는가?"

　이것은 백 명 중 99명까지는 죽고야마는 임무였다.

　"내가 가리다."

　코 밑에 여덟팔자의 수염이 난 김홍열이 가슴을 내밀고 일어섰다.

　일어서기가 무섭게 그는 벌써 산비탈을 내달았다. 이 팔자수염을 위하여 한 대의 중기관총이 엄호 사격을 했다.

　그러나 적탄은 일시에 그에게 집중되었다.

　핑! 핑!⋯⋯ 따따따⋯⋯ 풍풍풍⋯⋯

　무수한 탄환이 팔자수염의 주변을 날았다. 십여 발의 탄환은 그의 피부를 스치고 지나갔다. 그는 한참 달리다가 갑자기 쓰러지더니 낭떠러지를 굴렀다. 떼굴떼굴⋯⋯ 마냥 굴러 내려갔다. 구르고 또 굴러서 적의 포위망을 지나고 적의 화선을 넘었다. 그러자 팔자수염은 곰처럼 벌떡 일어서서 다른 산봉우리로 나는 듯이 달아났다.

　또 다시 퍼붓는 탄우⋯⋯ 그는 다시 몸을 뒤집어 구르기 시작했다.

　한바탕 총알의 소나기가 지나면 그는 일어서서 달리고 또 쏟아지면 구르고…… 구르고 달리고, 달리고 구르다가 나중에는 기어서 뱀처럼 굼틀거리며 앞으로 나아갔다.

그의 온몸은 피투성이요 상처투성이가 되었다.

그러나 그는 마침내 그의 임무를 완수하고 이 5, 60명의 귀중한 생명을 건지는 데 성공하였다.

김상하! 그처럼 천진난만한 앳된 친구가 그처럼 용감하게 싸울 줄이야…… 적의 총알이 그의 얼굴에 맞았다. 그의 왼쪽 뺨은 두 갈래로 찢어지고 아래턱이 깨어졌다. 그러나 그는 그까짓 것쯤 아랑곳없다는 듯이 웃통을 벗어젖히고 적에게 육박하는 것이었다. 그가 수류탄을 있는 대로 집어 던진 후 위 부대가 철수할 때 김훈 대장은 그에게 후퇴를 명하였다. 그러나 그는 조금도 물러서려 하지 않았다.

그는 죽을 힘을 다하여 수류탄을 던지고 또 던졌다. 자기가 가지고 있던 수류탄이 떨어지면 전사한 전우의 것을 집어던졌다.

언제 떴는지도 모르게 큼직한 달이 중천에 있었나보다. 어느덧 달이 서쪽에 기울어지고 여명을 서너 시간 앞둔 한밤중의 암흑은 온갖 것을 먹물에 담근 듯 캄캄해졌다. 우리는 이 어두컴컴한 자연의 엄호 속에 전선으로부터 철수했다.

이 전투에서 적은 1천 명가량(가노 연대장 포함)의 사상자를 내고 아군은 1백여 명의 사상자를 냈다.

30분 후 우리의 철수를 돕기 위한 엄호전의 막은 내렸다.

전장을 떠나 뒤를 돌아보니, 으슥한 나무와 산 저편 첸수이핑에서 별안간 큰 불길이 솟아올랐다. 불기둥이 하늘에 치솟을 듯 화세는 맹렬하여 밤하늘을 붉게 물들였다. 마치 붉은 마귀처럼 시뻘건 손길을 날름거리며 불은 모든 것을 삼키려는 것이었다. 알고 보니 이 화염은 우리들 동포의 가엾은 생명과 집과 재산을 태워 버리는 것이었다.
 저 미칠 듯이 날뛰는 불길 속에 동포의 마을은 잿더미가 되고 말 것이다.
 그것을 바라보는 우리들의 마음은 노여움과 아픔으로 가득 찼다. 그러나 한편으로는 저도 모르는 사이에 깊은 참회에 잠기는 것이었다. 그 참을 수 없는 수난을 겪는 동포들에게 한없이 미안하기 때문이었다.
 "사랑하는 동포들이여! 우리를 용서하시오 모든 것은 조국을 위함이외다."

9. 피 어린 간주곡

 어떤 전쟁에 있어서도 사람의 심금을 울리는 신비로운 에피소드가 있기 마련이다…… 우렁찬 교향곡 가운데도 한 줄기 가늘고 아름다운 간주곡이 흐르듯이…….
 이 에피소드는 무심코 만들어지는 것이지만 거기에는 많은 유머와 애수가 담겨져 있어 때로는 듣는 이의 가슴을 싸늘하게 한다.
 마찬가지로 청산리 교향곡에도 본 곡 외에 토막토막의 짤막한 간주곡이 끼어 있다.
 지금 여기 적은 이야기들은 그런 간주곡에 해당하는 에피소드들이다.

가. 전 동지

 보병대의 전 동지는 키가 후리후리하고 얼굴이 기다란 얌전한 사람이었다.

 9월 7일 부대가 행군을 시작하기 전에 그는 자기와 제일 가까운 고향 친구 양 동지와 더불어 농담을 하고 있었다. 그러나 그는 총알이 재어 있지 않은 보총을 들고 양동지의 머리를 겨누었다.

 "만일 네가 왜놈이라면 그저…… 이렇게"하고 그는 진짜인 양 방아쇠를 잡아 당겼다.

 피이잉!

 천만뜻밖에도 정말 총알이 그의 총구멍으로부터 튀어 나왔다.

 양 동지는 당장에 꼬꾸라졌다.

 탄환은 머리를 관통하여 어깨로 빠져 나갔다.

 이 꿈에도 생각지 못했던 일 막의 비극이 전 동지를 아연실색케 하였음은 말할 것도 없다. 그는 멍하니 하늘을 쳐다보다가 떨리는 손으로 탄창을 살펴보았다. 그가 장탄한 것을 까마득히 잊어 버렸던 한 알의 탄환이 사고를 낸 것이었다.

 감금!
 심문!

 아무리 달고 쳐도 그것은 단순한 오발 이외에 아무것도 아니었다.

 청산리 전투가 벌어지기 전날 밤이었다. 김좌진 장군은 그를 석방하고 조용히 타일렀다.

 "누가 양 동지를 죽였단 말이오? 그것은 전 동지가 죽인 것이 아니오 왜놈이 죽인 것이오. 왜놈이.

 전 동지는 다시 살아난 사람으로 생각하고 잘 싸워서 양 동지의 원수를 갚아 주시오……."

청산리 전투에서 그는 병적이라 할 만큼 용감하게 싸웠다. 그는 완전히 자기를 잊은 사람이 되었다. 자기의 총으로 친구를 쏴 죽인 사실조차 잊은 것처럼 전투에 몰두하였다.

그러나 그는 끝내 죽지 않았다.

나. 종이 한 장 차이

빠이원핑을 향하여 진군할 무렵 정찰 장교로서 충신장 부근의 적정을 살피기 위하여 파견된 이장규 동지는 그곳에서 적에게 사로잡혔다. 그가 2명의 적에게 묶여 적의 본진으로 압송되던 때의 일이었다.

중간에서 적병 한 명이 뒤가 마려워서 말과 그를 묶은 노끈을 다른 한 명에게 맡기고 노변에서 용무를 보고 있었다.

주위에는 벌써 저녁 어스름이 다가왔다. 말 위에 탄 놈은 이장규 동지를 등 뒤에 두고 뒤를 보고 있는 놈과 주거니 받거니 잡담을 건네고 있었다. 잠시 말 아래 묶여 있는 사람의 존재를 잊은 듯싶었다. 어슴푸레한 빛을 통하여 이장규 동지는 발 밑에 큰 돌멩이가 있는 것을 발견하였다. 그는 살며시 몸을 구부려서 묶인 두 손으로 그 돌을 들어 뾰족한 쪽으로 말 배때기를 힘껏 찔렀다. 마음 놓고 있던 말은 깜짝 놀라서 그대로 달아나 버렸다. 말 위에 타고 있는 놈은 질겁하여 쥐고 있던 말고삐와 포로를 묶었던 오랏줄을 한꺼번에 놓쳐버렸다. 말과 포로는 제각기 도망쳤다.

이 동지는 부근의 개천으로 들어가 물을 건너서 교포의 마을로 갔다.

적의 두 기병은 달아난 말을 간신히 찾아가지고 제 자리로 돌아갔으나 포로의 종적은 까마득했다.(사람은 말처럼 쉽게 찾아낼 수 없다.)

적병은 마을 안을 샅샅이 뒤졌다. 그러나 도망친 포로가 간 곳은 알 수 없었다. 결국은 높이 쌓아 올린 볏더미 속에 포로가 숨어 있으리라는 그럴싸한 판단을 내리게 되었다.

 이 마을에는 구석구석에 높고 깊은 볏더미가 있었다. 이 속에 숨어 있는 사람을 찾아내기란 풀 섶에 떨어뜨린 바늘을 찾는 것처럼, 여간한 참을성과 재주 없이는 어려운 노릇이었다. 두 기병은 하나씩 하나씩 볏더미를 뒤져 갔다. 행여나 사람의 몸을 찾아낼까 하여 긴 군도로 볏더미 속을 쿡쿡 찔러보았다.

 사실은 이장규 동지도 한 볏더미 속에 숨어 있었던 것이다.

 멀리서 말발굽 소리가 들려왔다. 점점 가까이 들려왔다. 그리고는 '푹' 하고 볏더미를 찌르는 소리가 들렸다. 그는 지금 자기가 숨어 있는 볏더미 한복판으로 점점 더 파고 들어왔다. 가슴은 두근거리고 간이 줄어들었다고 했다.

 드디어 운명적인 마지막 순간이 왔다. 두 놈을 태운 말은 어느 볏더미 앞에서 멈췄다…… 한 생명이 존망을 도박하고 있는 바로 그 볏더미 앞에.

 "야아! 이 볏더미는 유난히 크구나. 이 안에 숨어 있을지도 몰라. 찔러보자. 힘껏 찔러 봐!"

 이 동지는 그 안에서 두 팔과 다리를 뻗은 채 숨을 죽이고 있었다. 그러나 아무리 진정하려 해도 뛰노는 심장의 고동은 더욱 높아지기만 했다.

 푹! 푹!

 군도는 점점 복판으로 가까이 찔러 들어오고 있었다.

 빛도 소리도 짙은 어둠에 삼켜져 한낱 고요하기만 한 밤, 들리는 것은 칼소리뿐이었다.

 푹! 푹!

 한번은 시퍼런 칼이 선뜻 오른쪽 겨드랑 밑으로 들어왔다.

 이어서 칼끝은 바지를 찢고 가랑이 밑으로 빠졌다.

 다음에는 왼쪽 겨드랑이로, 발뒤꿈치를 마구 쑤셔대었다.

…….

　수십 번을 찔러 보아도 아무 반응이 없으니까 놈들은 딴 볏더미로 가서 또 찌르기 시작하였다.

　숱한 볏더미를 더듬어 보았으나 나온 것이 없었다. 적 기병은 아무런 수확도 없이 말에 채찍을 가하여 마을을 떠났다.

　이장규 동지는 볏더미 속에서 기어 나와 헐레벌떡대며 본대로 돌아왔다. 그는 온몸을 살펴보고 머리를 긁으며 히죽이 웃었다.

　"이런 제기랄! 팔뚝이며 허리며 모두 껍질을 벗겨 놨으니…… 이거 참 종이 한 장 차인걸. 조금만 빗겨 들어왔더라면 그저 골로 가는 걸.

　아! 이것 봐! 온몸이 글리세린 투성이네. 망할 녀석, 칼에 녹이 나지 말라고 바른 글리세린을 온통 나한테 문질러 놨으니 말이야. 그 놈의 칼이 적어도 여남은 번은 들락날락 했어…… 아무튼 종이 한 장 차이라니까. 얇은 종이 한 장 말이야……"

다. 기백

　참모장 자중소 선생은 청산리 싸움 20여 년 전 한·청 양국이 국경에서 충돌한 어느 전투에서 청군을 무찔러 용명을 떨친 역전의 노장이었다. 그의 나이는 이미 58세의 고령에 달하였다. 키는 작고 세모꼴로 된 눈에 머리가 훌떡 까졌다. 코 밑에는 얼마 안 되는 빨간 수염이 붙어 있고 얼굴에는 나무토막에 새긴 판화처럼 주름살이 가득 차 있었다. 여태까지 누구도 그의 한 방울의 눈물이나, 한바탕 웃음을 본 사람이 없었다. 그는 얼음과 같은 성격의 소유자였다.

　일찍이 그에게도 행복한 가정이 있었다. 다정한 가족이 있었다. 그러나 그의 곧은 성격은 이 꿈같은 행복 속에 그를 오래 묻혀 있게 할 수 없었다.

마침내 그는 모든 것을 저버리고 혹한과 기아를 벗 삼아 자라온 우리 군대에 들어오게 되었다…… 소용돌이치는 물결 속에 뛰어드는 사람 모양으로.

빠이원핑 전투가 시작될 무렵 그는 마땅히 김좌진 장군이 영솔하는 제1제대와 같이 먼저 철수했어야 할 사람이었다.

빠이원핑 전투가 전개된 후 적의 전위부대가 삼림 '공지'에서 전멸되고, 이어서 적의 본대가 대거 침입하여 맹렬한 공방전을 벌이고 있을 때였다.

강위라는 나의 한 학생이 빗발치는 적의 포화에 겁을 집어먹고 슬금슬금 뒤로 물러서 굴 속으로 들어가려고 하므로 나는 큰소리로,

"강위, 나와!"

하고 세 번 고함을 쳤다.

그러나 강위는 아무 대답이 없었다.

내가 그를 향하여 분노에 찬 권총의 방아쇠를 당기려 할 순간……

떨리는 하나의 큰 손이 내 손을 덥석 붙잡는 것이었다.

나는 손의 주인을 향하여 머리를 돌렸다.

"아! 나 선생님! 어찌된 일입니까? 저는 선생님이 진작 김 장군을 따라, 철수하신 줄 알았는데요 아무튼 여기는 선생님이 구경하실 데가 못됩니다. 포성이 저렇게 사납게 울려오지 않아요? 공연히 연만하신 분이 큰 고생을 하시려고……"

내 말에 그는 흰 머리를 설레설레 젓더니 갑자기 낯이 붉어지며 흥분한 어조로 이렇게 대답하였다.

"아니야. 나는 자네와 같이 있겠네! 자네와 같이 있으면서 저 원수들이 우리 한국사람 앞에서 하나씩 쓰러지는 꼴을 내 눈으로 똑똑히 보고 싶단 말이야!"

라. 노병은 사라질망정

보병대 하사 한 동지는 43세이며, 구한국 시대에 '상등병'을 지낸 사람이다. 그는 항용 그때 이야기를 자랑삼아 하였다. 그래서 동지들은 그를 한상등이라는 별호로 불렀다.

과연 '한상등'은 표한 무쌍하여, 구한국 병정의 영예를 욕되게 하지 않았다.

마루꼬우 전투가 끝나자 우리는 전부 라오토꼬우를 향해 철수하기 시작하였다.

'한상등'은 한창 신이 나서 사격을 하다가 미처 부대를 따라오지 못하였다.

어두운 삼림 속에는 달과 '한상등'만이 남아 있었다.

그는 혼자 삼림 속을 헤맸다. 차츰 어둠이 사라지고 먼동이 틀 무렵 온 삼림은 망망한 안개 속에 잠겼다. 그가 총대를 메고 이 안개 속을 빙빙 돌고 있을 때였다.

저 멀리서 인마의 소리가 들려오는 것이 아니겠는가? 소리는 점점 커지며 가까이 들려왔다. 거기에는 분명히 일본말 탁음이 섞여 있었다.

'빵 빵 빵'

그는 인마성이 들려오는 쪽으로 맹렬한 사격을 하였다.

우리를 추격하던 적군은 이 뜻하지 않은 총소리에 깜짝 놀랐다. 적은 빠이원핑 삼림 공지에서의 쓰라린 경험을 되새기며, 혹시 우리 주력부대가 바로 눈 앞에 있지나 않나 하여 대열을 소개하고 서서히 수색하며 전진하였다.

'한상등'은 끝내 실종되었다. 그러나 그는 단독의 힘으로 우리를 추격하던 적의 속도를 얼마간 늦추었던 것이다.

마. 누가 감히

청산리 전투에서 다리에 경상을 입은 18세의 강 동지와 늑골이 부러져 중상을 입은 중년의 차 동지는 따오무꼬우 교포 부락에 있는 강 동지의 사촌 형 집에 숨어서 치료를 받고 있었다. 두 주일이 지나자 그들의 상처는 점점 아물어 가고 시들어 가던 생명은 다시 생기를 띠기 시작했다.

그러나 이 즈음 적은 동북에서 대규모의 도살 운동을 일으키고 있었으니 그것은 한국 독립군에 바친 피 값을 무고한 한국 교포의 피로써 받아 내려는 것이었다. 이 도살 운동은 말할 수 없이 참혹하고 광범위한 것이었다. 아무 저항도 없이 놈들의 총부리에 쓰러진 지린·랴오닝 두 성의 교포는 무려 3만을 헤아렸다.

도살 운동의 파문은 마침내 강, 차 두 동지가 숨어 있는 따오무꼬우 마을까지 밀려왔다.

권총과 군도를 든 적군은 강 동지가 숨어 있는 방문을 들이찼다.

문은 금세 열렸다

문을 연 순간 놈들의 시선은 땅 바닥에 누워 있는 두 구의 시체에 못 박혔다.

죽은 사람의 목에는 칼이 들어간 구멍이 있고 거기에서는 아직도 뜨거운 피가 콸콸 쏟아져 나오고 있었다. 이 피는 그의 죽음이 바로 조금 전의 일이었다는 것을 증명하여 주고 있었다.

두 주검의 다리와 옆구리에는 아직도 채 아물지 않은 상처가 보였다. 이 상처는 그들이 한국 독립군이었다는 것을 말한다.

이 광경을 본 일본 사병들은 모두 옷깃을 여미고 숙연히 머리를 숙였다.

그 거룩한 죽음에 대하여 경의를 표하지 않을 자 누구냐! 마땅히 그들에게 정중한 장의를 베풀어야 할 것이다! 그들의 유족을 모욕하는 놈은 용서치 않을 것이다! 따오무꼬우 백성들을 한 사람이라도 학살하는 놈은 그대로 두지 않을 것이다.

10. 승 리

두 날, 두 밤의 격전 끝에 청산리 혈전은 종말을 고하였다.

이 싸움의 종합적 통계를 보면, 적의 총동원 병력은 우리 국내에 주둔한 2개 사단과 시베리아 파견군 3개 사단의 각 반부 내지 1/3의 도합 5개 사단 규모의 정규 육군 실 병력 5만이 넘고, 이에 항공대까지 붙였을 뿐 아니라 간도 각지에 있는 일본 경찰까지 합친 어마어마한 규모였다.

한편 우리는 비전투원을 합쳐서 약 2천 8백 명이었다. 그러니까 한국독립군 한 사람이 평균 '황군' 20명을 감당한 꼴이 된다.

적의 사상자는 가노 연대장을 포함하여 3천 3백여 명이었고 아군은 전사 60여 명, 부상 90여 명, 실종 2백여 명이었다. (실종자의 대부분은 나중에 부대로 돌아왔다. 그러니까 한국독립군 한 사람의 생명이 평균 황군 20명의 생명과 바꾼 셈이다.)

이것은 세계전사 상 매우 드문 전과였다.

그리고 그것은 오직 만주의 끝없는 삼림과 끝없는 산악의 특수한 지형 속에서만 이룩할 수 있는 전과였다.

무엇이 우리에게 승리를 주었던가?

망국 10년의 치욕이 뼈에 사무쳤던 까닭이다!

우리에게는 우수한 사관청년·학생이 있었기 때문이다!

우리에게는 매우 왕성한 공격정신이 있었기 때문이다!
마을 사람들의 열렬한 협조가 있었기 때문이다!
우리는 홑옷 미투리신으로 민첩한 행동을 할 수 있었기 때문이다!
우리는 그 곳 지리에 통하였기 때문이다!
우리는 전투의식이 적보다 더 강하였기 때문이다!
우리는 지휘력이 적보다 우수하였기 때문이다!
적이 피동적 위치에 있었기 때문이다!
적의 무거운 외투와 가죽구두 차림이 산악전에 불편하였기 때문이다!
민중들이 흉악한 적을 미워하였기 때문이다!

11. 맺 음

일본 신문은 전면 톱으로 청산리 전쟁 뉴스를 보도하였다.

"…… 아군 전물 장병은 가노 연대장 1명, 대대장 2명, 중대장 5명, 소대장 9명, 하사 이하 병졸 9백여 명…… 운운."

또 어떤 저명한 문학박사 한 사람은 김좌진은 과연 어떤 사람이냐 하는 제목의 글을 발표한 일도 있다.

어쨌든 '황군'은 청산리 전쟁에서 치욕의 패전을 당하고 맨주먹의 교포를 공격할 때는 영광(?)의 승리를 거두었다. 그래서 적군은 랴오닝·지린 두 성에서 대도살 운동을 전개하여 무고한 한국 농민 3만여 명을 살해하였던 것이다. 혈채는 면면 부단히 이어간다. 청산리 산천초목은 오늘도 예나 다름없을 것이다. 다만 1천여 명의 시체가 쌓여 있던 삼림 '공지' 부근에는 쓸쓸하고 차디찬 초혼비가 홀로 서 있을 뿐이다. 날마다, 해마다, 황혼의 붉은 햇살이 그 검푸른 글 자국을 어루만져 주고 있을 것이다.

大正 9年 10月 大日本軍討伐不逞鮮人之役戰歿之英靈
(대정 9년 시월 불온 한인 토벌전에서 전사한 일본군의 영령이란 뜻이다. 여기 시월이라 하였음은 양력이요, 본문의 9월은 음력이다.)

12. 민족의 긍지인 역사적 사실을 흐릴 수 없다.

널리 알려져 있는 청산리 대첩은 국망 이래의 민족대일항전 사상 유일한 대규모, 조직적인 전역이었다. 하잘 것 없는 장비, 소수의 군대로 수십 배의 강적과 싸워 수천 명을 섬멸한, 각국 전사 상에도 유례를 찾기 어려운 전투였다. 이것은 민족의 긍지로서 영원히 호기 있게 자랑할 역사적 사실이라 나는 생각한다.

조산(祖山)인 장백산에서의 이 혈전은 '조산의 슬기'가 베풀어준 은혜라고 믿고 싶다. 장백산에서 한(韓)씨 조선은 주조(周朝)와 8백년을 싸운 기록을 역사에서 찾아볼 수 있다. 다시 조산에서 고구려가 수·당과 치른 1백년 방위혈전도 이겼다. 내 나이 이때 스물 하나. 열혈 청년으로 치러 낸 저항 전쟁 – 청산리 전역도 이겼다. 그러나 망국 뒤 설분 한번 제대로 못해 본 우리로서 청산리 싸움은 '조산의 슬기로 크게 이겼다'는 것만으로는 못 다 메울 여백이 푼푼하다. 그것이 소중하다.

그런데 이 엄연한 사실이 그릇된 문서나 날조된 기록에 의해 뒷사람에게 회의(懷疑)를 두게 한다면, 이는 더할 수 없는 유감이요, 또 고통이다. 그래도 적의 왜곡된 문서나 사이비 집단들이 공을 탐하기 위해 만든 기록에 쉽사리 현혹되거나 회의를 갖지 않게 되리라는 민족의 양심과 상식을 신뢰하고 있었다.

그러나 식자를 빈축케 하는 일들이 광복 이후 무수히 나온 것을 볼 때, 죽기 전에 내 증언이 더 자세히 필요한 것으로 느꼈다. 그래서 현재 미국 워싱턴 박물관에 보관되어 있고, 우리 국회도서관에도 복사·보관되어 있다는 청산리 싸움에 관한 기록이 역사적 사실과 어긋난다는 것을 밝혀 두는 것이 나의 책임이라고 생각해서 몇 마디 부언하는 바이다.

작년 미국을 다녀온 국회도서관장으로부터 그가 워싱턴을 방문했을 때, 그곳 도서관에 청산리 전역 당시 일본군이 노획한 허다한 독립군의 무기와 각종 문서 등 사료가 있어, 이를 전부 복사해 왔다는 말을 들었다. 워싱턴에 보관된 그 자료들은 일본 항복 직후 일본 육군성과 참모본부에 보관해 오던 것을 미군이 가져간 것이었다.

언젠가 적당한 시기를 보아 한번 가보려던 참이었는데, 친분 있는 국회의원 몇 사람과 만나 이야기를 주고받던 어느 날, 이 사진들에 대해 언급하게 되었다. 그들은 '우리 독립군이 그때 받은 피해가 얼마나 컸는지 짐작할 수 있다'고 말했다.

상황과 형편을 정확히 하기 위해 우선 우리 민족의 정치면에서의 특성이랄까 민족성의 한 단면을 상기하지 않을 수 없다.

해방 후 미군정 시기에 미소공동위원회 때에 '단체를 상대로 한다'니까, 하룻밤 사이에 수십 개의 정당이 생겨난 것을 회상하면, 실감이 날 것이다. 조국 광복운동의 토대로 삼았던 간도의 교포사회 역시 현재 대한민국의 축소판이라 해도 과언이 아닐 것이다.

그때 우리의 독립운동 단체에는 훌륭한 애국자 유능·유위한 지도자 밑에 결성된 단체도 있었지만 반면에 확고한 신념 없이 또는 일시적 기분으로 성군작당(星群作黨)한 오합지중도 적지 않았다.

그래서 당시 만주엔 ○○단, ○○군 해서, 그 수가 놀랄 만큼 많았다. 질의 우열이 너무나 현저해서, 단체 중에는 간혹 불쌍한 동포들을 괴롭히는 일만 저질러서 민중들이 사갈처럼 여기던 단체도 없지 않았다.

오늘까지 내가 입 열기를 주저한 것은, 애오라지 후세대들에게 실망을 줄까 해서였다. 그네들은 이미 다 사라져 갔고, 그 후손들이 국가의 동력이 되어 자기네 선인들의 지난날을 자랑스럽게 여기고 성장해 나가는 터에, 내가 지나치게 지난 일의 시비곡직을 논급한다는 것이 외람되다는 생각도 들고, 차마 못한다는 마음도 있어 주저해 왔다.

청산리 싸움 직전, 바로 음력 초이렛날 적의 대병력이 속속 포위권을 형성하고 몰려들어오기 시작하니 4개의 독립단체가 대표를 북로군정서로 파견하여 연합작전을 의논케 되었다. 내 기억으로는 국민회, 의군부, 훈춘의 한민단, 의민단 등으로서 북로군정서를 합하여 5개 단체의 연합작전 태세가 이루어졌다. 독립군을 양성한 목적이 일본군과 싸워 이기자는데 있었고, 지금이 바로 천재일우의 좋은 기회라는 대의명분에 공명한 것이다.

국민회에서는 홍범도와 안무, 의군부에서는 최진동 등등이 군대를 데리고 8일 밤 도착했다. 4백여 병력이 온 국민회 군대가 가장 많았고, 의군부에서는 약 2백여 명, 한민단은 약 1개 중대 병력이, 본래 군대가 2백도 채 못 되는 의민단에서는 일부 모험 대원만 보내왔다.

8일 밤 작전회의를 열고 김좌진 장군을 총지휘로, 홍범도, 최명록 두 분을 부사령관으로, 여행 단장이었던 내가 전적 총지휘, 즉 전투 사령관으로 부서를 정했다. 또한 홍범도 부대가 터시고우 방면, 의군부가 무산·간도 방면의 버들고개, 군정서 군대는 중앙의 송림평을 각각 작전지역으로 정했다.

그런데 9일 날 새벽에 보니 아무 연락도 없이 모두들 떠나가 버렸고,

다만 한민단 1개 중대만 남아 있었다. 3개 단체는 아무 말도 남기지 않고 밤의 장막과 함께 사라진 것이다.

나중에 안 사실이지만, 부서와 임무 배당에 불만이 있었다는 것이다. 내가 생각하기로는 불만도 있었겠지만 5만이 넘는 적의 대병력의 기세에 입도당해 전의를 싱실한 게 확실하다.

그래서 군정서는 광전면인 송림평을 전장지역으로 정했다가 갑자기 이를 포기하고, 청산리 골 안쪽의 좁은 지역인 백운평 이북 소수 병력에 적합한 유리한 지형으로 몰려들어가게 되었다.

내가 새벽에 기습한 천수평 싸움이 끝나고 얻은 시마다 대위 보고서 가운데 '마루꼬우 고지의 적을 감시한다.'는 내용을 보고 정세판단이 어려웠다. 나중 전투가 확대되어 마루꼬우 싸움 때 홍범도 부대가 그곳에서 숙영했음을 비로소 확인했다.

홍범도 부대가 이탈한 지 3일째 되는 날, 일군에게 포위당해 물 한 모금 먹지 못하고 추운 밤에 우등불 하나 올리지 못한 채, 굶고 떨면서 운명을 체념하고 그대로 그곳에 있었다는 것이다. 그러던 중 천수평의 적이 우리에게 기습을 당해 포위망이 터진 것이다. 도의적으로 말하더라도 응당, 거기서 책응하여 적을 협격했으면 전과가 더욱 올랐을 것이다. 그러나 운명의 신이 살 길을 터준 줄만 알고 그 격전 틈에서 홍범도 부대는 계속 안도현 쪽으로 궤주하고 말았다.

안도현 입구인 우도양 창 계곡을 빠져 들어가다가 그곳을 경계하던 일군 포위망에 다시 걸렸다. 적은 끈덕지게 추격했다. 이를 모르고 며칠 동안을 굶고 떨다가 이제는 전장을 떠났으려니 안심한 그네들은, 이날 밤 화광이 충천하게 대우등불을 지펴 몸을 녹이며 먹을 것을 끓이는데 추격하던 일군이 모든 자동화기 포를 퍼부었다. 삽시간에 백 수십 명이 아무 저항도 못한 채 떼 죽임을 당했다. 또한 무기의 태반을 잃어 버렸다. 나머지 무기를 가지고 내도산이라는 곳으로 들어갔다. 일군이 청산리 전역에서 독립군으로부터 노획했다는 사진의 무기는 바로 그것이었다.

홍범도 씨는 갑산 금광에서 일어난 한말의 의병으로 성명도 못 쓰는 무식인이었으나 애국심이 강하고 효용한 분으로서 일제의 순사파출소와 수비대를 가끔 습격하여 유격전의 전공을 많이 세운 분이다. 간도로 나와 기미년 이후 다시 독립군을 조직했다. 나이 많고 명성이 알려져 있는 분이어서 국민회에서 그 분을 총사령관으로 옹대했다. 불행하게도 국민희의 젊은 간부들 중에 못된 무리가 많아 행패가 잦아서 가장 큰 대중의 기반을 가졌던 단체이면서 아깝게도 민심을 크게 잃었다. 나중에 북간도에 제일 먼저 조직된 공산당 단체인 적기단의 대부분은 자리를 옮긴 국민회 간부들이었다. 그네는 과거 가졌던 대중 기반을 그대로 송두리째 공산조직화에 이용했다. 중심인물은 김강, 최계림, 마충걸이라는 자들이었다.

다시 이야기를 돌려, 국민회 군대는 흩어지고 얼마의 무기를 땅에 파묻기도 했는데, 지방민의 밀고로 일군이 파낸 것도 적지 않았다. 옛날 의병 출신인 늙은 동지들로 편성된 부대를 영솔하던 홍범도 씨는 의외에 큰 타격을 입고 깨달은 바 커서 나머지 무기를 지청천 장군이 영도하는 신흥사관 생도에게 넘겨주어 장비케 함으로써 지청천 장군의 부대가 비로소 무장하게 되었다. 항간에 흔히 눈에 띄는, 지 장군이 청산리 전역에 직접 관여한 것처럼 기록된 것은 완전한 와전임을 아울러 밝혀둔다.

서간도에서 나와 함께 목총만으로 교육시킨 신흥학교의 도수(徒手) 학생들 약 3백 명을 데리고 지 장군은 남만으로부터 이동해서 백두산 및 안도현 관하 내도산에 들어와 있었다. 청산리 전역 이후 약 3개월째에 군정서 군대를 비롯하여 각 단체별로 흩어졌던 독립군이 밀산에서 모두 회사(會師)해서 대한 독립군이라 개칭하고 함께 러시아로 넘어갔다.

분명히 밝힐 것은 다음 세 가지로 간추릴 수 있다. 첫째는 홍범도 장군이 청산리 싸움에 참여하려다 그만두고 단독으로 행동하다가 타격을 받았다. 둘째는 흔히 사료에 나오는 지청천 장군과 청산리 싸움 운운은 거리가 멀다. 그는 청산리 싸움에 가담한 일이 없다. 셋째로 일인이 사진으로 담은 무기는 홍범도 부대가 집단적으로 뺏긴 무기이다. 또한 격전 속에서 군성서 군대 가운데도 전사자와 실정자가 있었으니 군정서의 무기도 낱개로 일군 손에 들어갔다고는 생각된다. 군정서 군대는 조직이 무너져 집단적으로 일인에게 포로가 되거나 무기를 뺏긴 일은 없다.

후일 홍범도 씨는 러시아 이만 시로 군대가 넘어가자, 러시아에서 이르쿠츠크파의 공산당이 된 사람들의 권유를 들어, 공산당원이 되었다. 허나 그는 그곳에서 할 일도 없었고 이름만 빌려준 셈이 되었다. 그 후 그는 자유시 '브라고베센스크' 부근에서 방황하다가, 병들어 불쌍하게 사망하고 말았다.

이밖에도 전혀 독립군 부대 근처에도 못가보고 일인의 총소리도 못 들어본 사람들의 이름이 독립운동가나 일본이 정보를 얻어 만든 사료에도 많이 나오는데, 나의 책임이 그것에까지 미치지 않으므로 여기에서는 더 이상 언급하려 하지 않는다.

3 애마 무전

무전! 이건 내가 둘도 없이 사랑했던 말의 이름이다. 전장에서 여지없는 참패를 당하고 영고탑으로 떠돌아 왔을 때, 내게 유일한 위안은 이 한 필의 말뿐이었다. 말이 아니도록 수척해진 데다 할 일조차 없는 몸이 된 나로서는 무전의 눈동자 속에서 잃어 버린 모든 것을 따뜻이 느낄 수 있었다. 그 순진한 눈동자에서 오는 체온은, 내 가슴에 때때로 불꽃을 느닷없이 태워 주곤 했다.

러시아 톰스크 고원지방에선 극동의 명마가 많이 났다. 무전도 그 중의 하나였다. 광활한 대지를 네 굽 아래 제압할 듯한 그 기상은 마치 끝없는 벌판의 바람을 한꺼번에 휩쓸어갈 듯한 것이었다. 때문에 나는 무전을 첫눈에 사랑했던 것이다. 그 누구에게 준 사랑이 이보다 더했으랴만, 배반을 모르는 말의 사랑이었기에, 그건 아직도 나의 가슴 아픈 기억 중의 하나로 남아 있다.

여섯 자 두 치의 몸체와 엉큼스럽게 높은 키는 전 시베리아 일대의 어떤 말도 능가하고 남음이 있었다. 하늘로 머리를 치켜 올릴 땐 6척에 가까운 내 몸이 다리를 펴고 바른팔을 힘껏 위로 뻗쳐야만 간신히 턱 밑의 수륵환(水勒鐶)을 잡아볼 수 있었다.

두툼한 기갑 '말갈기가 머리에서부터 시작되어 어깨 죽지까지 이르러 그치고, 그 그친 곳 어깨 죽지는 특별히 높게 융기된 곳', 널찍한 가슴에 불거신 근육, 꼿꼿한 나리, 가볍게 숙어지고 알맞게 벌이진 궁둥이, 힘차게 긴장한 비절(뒷다리), 이 모두가 확실히 내가 무전에게 완전히 빠져 있다는 것을 증명하는 것이다. 머리를 번쩍 들고 두 귀를 앞으로 모으면서 광야를 바라볼 땐 나는 못 견딜 정도로 그놈이 사랑스러웠다. 그 위엄이 넘쳐흐르면서도 의젓한 몸매, 가슴 가득히 부풀어 오르는 흐뭇한 자랑스러움을 나는 언제나 무전 옆에서 느낄 수 있었다.

체구가 유난히 큰 무전은 타는 사람마다 디딤돌이 필요하다고들 했다. 그런 것을 나는 경승으로 수련된 솜씨로 처음부터 발 디딤 없이 그냥 솟구쳐 올라타는 상쾌한 자긍을 느끼게 됐다.

드넓은 호수에 가득한 물처럼, 꼭 그처럼 광활한 대지에 아침 공기가 괴어 있을 때, 무전의 큼직한 코가 벌렁거리면 그 조용하던 질서가 무너지는 듯했다. 무전의 앞가슴이 이 대기를 가득 들이마셔 몸이 가벼워지면, 두 눈에 빛을 거둬들여 번뜩이게 된다.

그것은 웅장한 음악이었다. 정말 그랬다. 머리를 쳐들고 제멋대로 거만스럽게 걷는 것 같지만, 그러나 리드미컬한 스페인 식 걸음걸이(밧사지)엔 율동과 박자가 있었다.

강철의 두 발이 성큼성큼 번갈아 대지를 디딜 때, 처음엔 백팔십 도의 평각이 되다가 나중엔 구십 도의 직각으로 변하고 그러다간 높았다 낮았다 —마치 바다 물결처럼 흔들리며 전진이 시작된다.

'하나, 둘…… 하나 둘……'

근엄한 자세로 조용조용 발을 옮길 때엔 무전은 네 발의 동물이 아니라 하나의 행진곡이었다. 발의 율동은 대기를 젓는 삿대처럼 음악을 일으켰다. 한 번 네 발을 옮길 때마다 교향행진곡의 한 소절이 넘어가듯 무전과 나, 그리고 자연이 모두 들어맞았다. 이런 때면 무전은 온 누리가 그의 발굽으로 밟히는 듯, 사랑스러운 거만을 보이기도 했다. 무전도 그 부리부리한 둥근 눈알로 이런 긍지를 충분히 느끼는 듯했다. 내가 허탈한 마음을 무전으로 인해 위무받을 수 있었던 것도 바로 이 자랑스러운 무전이었기 때문이었다.

사람들 앞에서 무전이 번개처럼 달리며 장애물을 뛰어넘을 때엔 내 심장이 가로 퍼지는 듯한 감을 얻었다. 머리를 쭉 앞으로 뻗고 비수처럼 귀를 세우고 기다란 목덜미의 갈기가 조수처럼 뒤로 휩쓸릴 때, 그 검고 훤칠한 꼬리는 마치 한 묶음의 철사처럼 빳빳하게 버티어지곤 했다. 그래서 머리, 귀, 목덜미, 꼬리 할 것 없이 하나의 직선으로 퍼지며 네 발굽은 번쩍번쩍 화살 달리듯 앞으로 뻗쳐 윙-윙 귓전에 바람을 일게 하면서 장애물을 날아 넘었다.

이럴 때마다, 그 크고 으리으리한 체구는 바람을 타고 공중에 나는 듯했다.

대춧빛 몸을 덮은 붉은 털은 한 덩어리의 불이 되어 타오르는 듯했으며, 더 빨리 뛸 적엔 불꽃이 훨훨 날아다니는 모습이었다. 빙그르 돌면서 하나하나 연결되어 퍼져 가는 불꽃. 그래서 무전이 달릴 때면 온통 불꽃이 여기저기 퍼져 순식간에 온 마장은 금방 들불이 일어날 것 같은 광경을 연출하곤 했다.

한바탕 이런 시범 마술이 끝나면, 떠나갈 듯한 갈채가 쏟아져 마장을 덮었다. 기수는 땀을 씻으며 말에서 내려 부드러운 손길로 말을 쓰다듬어 주고 커피에 넣는 각설탕 몇 조각을 입에 넣어 주곤 했다. 어느새 이렇게 각설탕을 주는 것이 버릇이 되어 버렸다. 한번 말이 단맛을 알게 된 뒤로는 마장에서 달릴 때마다 전보다 훨씬 더 좋은 연기를 보여주는데, 으레 끝나면 각설탕을 얻어먹으려니, 믿는 모양이었다.

무전은 시범 없는 날에는 가끔 설탕이 먹고 싶으면 입을 쫑긋거리고 아양을 부리는 듯한 시늉으로 설탕을 꺼내 주던 군복주머니를 입으로 들추며 가볍게 물어 당기곤 했다.

어느 모로 보나 범상치 않은 명마인 무전은, 체격이 그처럼 대단했던 만치 정력도 엄청났다. 2천 근 이상의 짐을 실은 썰매를 끌 수 있는 힘을 가지고 있었는데, 이는 보통 말 3필에 해당하는 것이었다. 무전이 힘을 다하여 달리게 되면, 한 시간에 오십 리의 속도로 다섯 시간 이상을 달릴 수 있었고 일주야에 오륙백 리의 기록쯤은 무난히 낼 수 있는 지구력을 가지고 있었다. 뿐만 아니라 한 걸음에 2미터 높이나 되는 담장도 뛰어넘을 수 있게 날쌨다.

이런 둘도 없을 무전은 시베리아 전쟁터에서 우연히 만나 사들인 것이었다.

나는 1천 8백 루블의 돈을 주고 샀다. 그러나 지금 나는 매일 5원이면 40근씩이나 살 수 있는 귀밀을 대기도 힘든 신세가 되어 버렸다. 그 걱정은 나날이 더해 갔다. 적어도 하루에 귀밀 40근과 얼마만큼의 마른 풀과 그리고 소금까지 먹이지 않고서는 제대로 정력을 기대할 수 없었기에 그것도 충분히 못 대게 된 내 신세와 처지가 한심스럽게 되어 갔다.

전쟁 마당에서 자라온 전마이기 때문에 전쟁이 끝남으로 해서 꼭 버림을 받아야 된다는 것은 하나의 짓궂은 풍자가 아닐 수 없다고 생각되었다.

'무전에게 차라리 좋은 주인을 얻어 줘야지……'

여러 가지로 무전의 신세를 염려하다가 마침내 나는 내 생각을 냉정히 맺고 이런 결론을 얻었던 것이다. 그러나 이런 결정도 오래 내 가슴에 머물러 있지는 못했다. 곧 냉정한 생각은 풀어지곤 했다. 형용할 수 없는 슬품 같은 것이 잇달아 치밀어 오르게 되면, 누를 길 없이 온 몸이 부르르 떨리고 말았다. '무전과 떨어지다니…… 안될 말이야. 내가…… 내가 도저히 그럴 수 없는 것이 아닌가?' 애꿎게 주먹만 폈다 쥐었다 하면서 말 곁을 못 떠나고 몇 번이고 주변을 빙빙 돌기만 하던 나의 초조로움. 그 모습은 흡사 무엇에 취한 듯한 표정이었으리라.

생각하면, 무전과 함께 걸어온 지난 4년 동안의 내 생활은 너무나 내 생활 전체와 밀착된 것뿐이었다. 그것은 영원히 잊을 수 없는 한 사나이의 추억이다.

내 생활의 대부분은 완전히 무전을 위해 있는 것이나 다름없었다. 그러는 동안, 과장된 표현 같지만, 정말 바다에도 비길 수 없는 정이 무전에게 쏠리게 되었던 것은 사실이다. 내가 혁명의 불길 속에 뛰어들 때, 시베리아의 황막한 광원을 달릴 때, 무전의 등에 업히어 맹렬한 포탄의 탄막을 뚫으면서 생사를 돌격으로 가늠할 때, 그때 내가 믿을 수 있었던 것은 오직 이 무전뿐이었다.

보병이 기병을 대적하는 싸움의 철칙은 사람을 쏘기 전에 말부터 먼저 쏘아 넘어뜨리는 것이기 때문에, 말은 사람보다 몇 갑절 더 '죽음의 신'의 노림을 받게 되는 것. 그러나 무전은 한 번도 겁내어 머리를 떨군 적이 없었다. 그때 내가 거느리던 주력부대는 코사크 기병이었다. 온 세계 기병들이 숭배하리만큼 용맹과 기술을 가진 코사크 기병이었건만, 내가 무전을 몰아서 앞으로 돌진할 때엔 말과 사람의 그 일치된 민첩함과 용맹 앞에 코사크 기병까지도 머리를 굽히지 않을 수 없을 정도였다. 이리하여 코사크의 가장 훌륭한 전통을 나와 무전이 누구보다도 빛나게 해주었던 것이다.

이런 모든 기억들이 내게 강렬한 질투심을 불러일으키는 원인으로 작용했다. 그것은 나 아닌 어떤 이도 무전의 주인이 될 수 없다는 것. 나 이외의 사람이 무전의 등에 올라 앉는다는 것은 마치 사랑하는 연인을 딴 남자가 끌어 안는 것 이상으로 내게는 모욕이고 괴로운 생각이었다. 그래서 반쯤은 미친 사람처럼 이를 악물고 외쳤다.

'아니다. 아니야! 내가 무전을 버리다니…… 절대로 못 버려. 버려서는 안 된다.'

그러나 날마다 귀밀 40근씩을 대는 것은 당장의 큰 문제임에 어쩌랴! 영고탑 거리를 떠돌던 나는 사실 그때 적수공권의 유랑인이나 다름없었다. 난 그때 친구 집 바깥방 신세를 지고 있었는데, 무전은 그 집 대문간 빈 터전에서 겨우 비바람을 피하는 형편으로, 하나에서 열까지 전부를 친구에게 손을 벌리지 않을 수가 없었다.

날마다 하루 종일 거리를 방황하면서 목단강 푸른 물줄기가 동쪽으로 흐르는 것을 바라보며 다리를 쉬곤 했다.

아침이면 태양이 동의 지평선에서 솟아올라 저녁이면 서쪽 지평선으로 저물어 내리는 것을 맥없이 건너다보며 강물에 어리는 노을이 빨갛게 익는 것에서 향수에 젖기도 했다. 그러나 아무리 강가를 지켜도 목단강 강물 위에는 귀밀 한 톨이 떠내려 오지 않았다. 그 번화한 영고탑 거리에는 아무리 돌아다녀 보아도 주인 없는 말먹이감이 없었다. 말이 먹을 만한 풀이 쌓여 있는 곳도 없었다.

깊은 가을 밤. 싸늘한 시름에 젖은 가을 달이 뿌연 빛 물결을 대지에 쏟아 내리는 이국의 밤에 냉랭한 바람이, 가슴이 비좁은 듯이 파고 스며 들었고 천공의 별조차 무리지어 쏟아져 내리던 어느 날이었다. 한없는 공간이 조각구름의 무늬 틈으로 흐르고 밤의 날개가 푸드덕거리며 내게 갑자기 충동을 주었다.

금방 짜낸 석류 즙을 마신 듯 휑한 기운이 몸을 감싸는 기분으로 나는 말에게로 다가갔다. 기다란 그림자가 날 따랐다. 밤은 꽤 깊었다. 아무래도 무전과의 이별이 불가피할 것 같은 예감 때문에 나는 대문간으로 나섰다. 잠 못 이루고 오락가락하는 줄거리 없는 생각에 휘말리다 그날은 참지 못해 기어나간 것이다.

'와삭, 와삭, 와삭!' 그것은 마른 잡초를 씹는 무전의 소리였다. 내가 가까이 가자, 무전은 먹던 소리를 이내 그치고 주인이 오는 것을 발걸음 소리로 알아챘다.

"호호호흥."

그것은 그래도 듣기에 유쾌한 소리였다.

'흐음, 이 귀여운 놈아, 안타깝게도……'

나는 시치미를 떼고 나직이 불렀다.

"무전-."

대문 앞에서 걸음을 멈추고 가만히 귀를 기울여 듣자니, 말은 한바탕 흐흥 거리다가 주인이 보이지 않고 발자국 소리도 없어 실망한 듯이 다시 마초를 씹기 시작했다. 나는 슬쩍 문 안으로 들어섰다. 말은 놀란 듯이 입에 마초를 문 채 다시 호흥 소리를 연거푸 내며 반가워했다.

"에이, 이놈아!"

목덜미의 갈기를 손가락으로 빗겨 주며, 목덜미의 두터운 살가죽을 두어 번 손바닥으로 두드려 주었다. 마초의 풀냄새가 내게는 샴페인 못지않게 향기로웠다. 옥색 치마 같은 달빛이 흙벽이 떨어진 널빤지 사이로 스며들었다. 대문간은 환하게 밝은 달빛에 바래 있었다. 그 속에서 나는 찬찬히 말의 표정을 뜯어 살폈다. 체구가 너무 커서인지 주인을 대하여 반기는 품이 강아지와는 달랐다. 큼직한 덩치에서 풍기는 정은 믿음직스러웠다. 단순하고도 충성되어 보이는 눈빛은 마치 정숙한 아낙네가 사랑하는 남편을 대하는 듯 은근스러운 표정을 담은 것이었다. 귀를 쫑긋거리며 목덜미를 흔들어 목덜미의 탐스러운 갈기가 달빛 그늘에 물결쳤다. 갈기를 자랑하듯 네 발굽을 가볍게 바꿔 놓으며 머리를 내 가슴에 부벼 보기도 하고, 마초를 깨물다가 또 쳐다보고…… 그러는 모습이 사랑스럽기도 하고 슬프기도 했다.

'와삭 와삭 호호홍!'

철사를 가늘게 엮은 마초 둥우리엔 베어 온 뒤 한 번도 비를 맞히지 않은 새파란 풀이 잔뜩 담겨 있어 고개만 숙이면 곧 입에 닿을 수 있건만, 무전은 먹이를 탐내기보다도 심심한 듯이 어찌할 줄 몰라 허둥대는 모습이었다. 무전이 마초를 먹는 소리는 언제나 내게 지난날의 옛 생각을 불러일으키곤 했다.

시베리아 전장을 돌아다닐 때의 일이었다.

큰 마구에는 몇 십 필의 군마를 매어 두었는데, 밤이 길어지면 온갖 소리가 조용히 가라앉고 오직 들려오는 소리는 와삭 와삭하는 소리뿐. 사나운 빗발이 마른 나뭇잎을 어지럽게 두드리는 듯 와스스 일어나다가는 천천히 멎기도 하고, 이어 계속되어 온 밤을 먹어대기도 했다. 그런 날 새벽이면 둥우리는 텅 비고, 그 급한 소리도 멎어 버리곤 했다.

한창 빗소리가 들리는 듯할 때에 마구 앞에 서기만 하면 그 여러 말 가운데서 반드시 한 마리는 풀 씹기를 멈추고 호호홍 소리를 지르고 반가운 시늉을 하는 말이 있었다.

그럴 때면, 어느 놈인가 해서 등불을 가까이 대보면 그때마다 그놈이 무전인 것을 알고 기뻐하곤 했다. 그렇게 되면 빗소리를 듣는 듯한 그 소리에 도취되어 마치 음악을 듣다 잠을 청하듯, 그 자리에 서서 밤을 새우기도 했다.

무전의 오른편 뒤 발꿈치 위에 오리알만한 크기로 두드러진 군혹이 달빛에 돋보였다. 그것도 내겐 추억을 불러일으키는 한 가지였다. 나는 무전에 대해 생각이 안타까워질수록 무전과 더불어 지낸 옛 생각을 일으켜 그

슬픔을 바꿔 나갔다.

  그것은 가장 통쾌하고도 험악했던 전쟁터에서의 일이었다. 손을 펴 다섯 손가락이 보이지 않는 어느 날 밤. 27명밖에 안 되는 나의 기병이 3백50여 명의 적을 포위하고 죄어들 때 적탄이 날아와서 내 허리에 차고 있던 망원경을 깨뜨리고, 더 나아가 무전의 오른쪽 뒷발에 맞아 그때 **뼈**가 부서진 자리에서 군뼈가 튀어나온 것이다. 그 뒤 완치가 되었어도 군혹은 그대로 남은 채 굳어지고 말았다. 그건 아주 명예로운 상처였다.

  다시 말하거니와, 나와 무전과의 사이는 사람과 사람과의 애정 관계도 못 비길 그런 것이었다. 때문에 나는 무전과의 애정에서 나와 동물과의 관계로 생각해본 적이 한 번도 없었다. 오히려 그 이상이었다.

  차라리 말과 나의 영혼의 결합―그 융합의 예술이라고도 하고 싶을 정도였다. 서로의 혈액이 스며드는 것처럼 그 많은 전쟁을 치르면서도 나와 무전의 언제나 신비로울 만큼 일치되는 동작은 마치 관현악의 조화처럼 아름답고 빈틈 없는 융합의 숨결을 이루었다.

  기병의 돌격은 대낮에 하는 것만이 상식적인 원칙이지만, 지형과 지물이 익숙한 곳에선 특별한 정세에 따라 어두운 밤에도 감행해야만 한다. 침침철야, 무연한 벌판에서 말을 달려 칼을 **빼**들고 적진으로 뛰어들 때, 무전은 용하게도 방향을 잘못 잡거나 발 한번 헛딛는 일이 없었던 것이다. 왜였을까? 내 정념은 말의 혈관 속에 깊이 스며들어 있어서 내 지혜와 애정이 무전의 몸에 엉키어 맥박치고 있던 때문이었을 것이다.

  이렇게 무전과 함께 치러 온 지난날을 이것저것 생각하다가, 갑자기 정신을 차려 와삭와삭 풀 씹는 소리가 멈추어진 것을 문득 깨달았다. 머리를 들게 하여 보니 어느 새 풀 둥우리는 텅 비었고 무전은 앞발굽으로 땅바닥을 톡톡 구르고 있었다. 나는 사랑스러움에 넘친 꾸중으로 이렇게 말했다.

"몹쓸 것, 처먹기만 해!"

그러면서 마음이 내키는 대로 한쪽 구석에 간직해 두었던 얼마 남지 아니한 귀밀을 여물주머니에 쏟아, 그 끝을 목에다 걸어 주었다.

"자! 이놈, 실컷 먹어봐! 이렇게 먹이는 것도 몇 날 안 남았다!"

마치 홧김에 분풀이를 하듯, 나도 모르게 퉁명스레 내뱉었다. 주인의 타이름을 알았는지 몰랐는지, 말은 뜻하지 아니했던 여물에 입이 터져라 하고 먹어댔다. 주인에게 고마움을 표시하는 듯 귀를 내 가슴에 대고 비벼댔다. 이것은 언제나 만족을 느낄 때 하는 짓이었다. 그리고 그건 무전에게서만 보는 독특한 버릇이었다. 물끄러미 말을 쳐다봤다.

그때 말도 날 쳐다보는 것이 아닌가? 풀어진 달빛 아래, 네 줄기의 시선은 하나로 엉겨, 그와 나와의 영혼은 한 조각으로 줄어드는 것 같았다.

무전은 이윽고 머리를 구부려 여물주머니를 땅에 마구 부벼대면서 나머지 귀밀을 남김없이 주워 삼켰다. 한참 동안 으적으적하는 소리를 내다가 슬며시 머리를 드는 것이 아닌가?

그러나 그때 내 뺨에 무엇이 흘러내리고 있던 것은 이해할 수가 없었으리라. 헤어지는 것도 하나의 운명이었다.

내가 평소에 잘 아는 정관석이라는 사람이 목릉현에서 농사를 짓고 있었는데, 그해 겨울엔 하도 가난에 시달리다 못해서, 내게 말하기를 말 한 필만 있다면 어떤 러시아인의 목재 회사에 들어가 목재를 운반해 주고 상당한 벌이를 할 수 있겠다고 했다. 그래 나는 정가에게 겨울 동안만 말을 빌려 주어 목재를 운반하는 데 한 몫 보도록 해주기로 마음먹었다.

그렇게라도 해서, 하루에 적지 아니 드는 말먹이 걱정을 해결하리라 기대했던 것이다.

목재를 찍어 내오는 곳은 만주의 원시 삼림지대로 너무나 잘 알려진 타마꼬우 고개 깊은 계곡이었다. 하늘이 못 견디고 찢어질 듯한 백양목이 꽉 들어차 있는 계곡엔 큰 것의 경우, 길이가 몇 백 척을 훨씬 넘고 굵기가 두서너 아름드리씩 되는 것이 꽉 들어서 있었다.

이 백양나무는 어느 나무보다도 불길이 잘 당기는 나무여서 목재회사에선 그 큰 허리만 자르고 다시 성냥회사로 들어가 가늘게 세분되어 성냥알로 해부되는 것이다.

타마꼬우령 산 밑으로는 목릉하라는 물줄기가 감돌아, 세차게 흐르고 있었다. 그러나 겨울엔 밑바닥까지 꽁꽁 얼어붙어, 잘 포장된 고속도로처럼 넓고 튼튼한 미끄러운 한 줄기 은빛 대로로 쓰였다.

찍은 나무는 썰매에 잔뜩 실리어 이 얼음 대로로 상류에서 하류로 옮겨왔다. 하류 지역의 정거장이 있는 곳까지 썰매는 말에 매어 끌게 했다. 그런데 말이 얼음 위를 걷기 위해서는, 톱날같이 생긴 제철(말편자)을 신겨야만 했다.

제철의 톱날 같은 것이 한 걸음씩 나아갈 때마다 꽉꽉 박혀 미끄러지지 않게 되어 있다. 그 머나먼 얼음길 위에서 무전이 고생할 걸 생각한다면, —생각 끝에는 으레 한숨이 딸려 나왔다.

'무전이 썰매를 끌다니…… 한 번도 그따위 일은 해 본 적이 없는데…….'

그러나 참담한 현실은 어찌할 수가 없었다. 정이라는 가난한 농부를 도와 주는 셈도 되지만, 우선 무전의 목숨을 이어 가게 하기 위해 그렇게 할 수밖에 없었다.

"말은 빌려 주는 것이지만, 말세를 받자는 것은 아닐세. 내 비록 궁줄에 들었어도 그렇게까지는 못해……. 그러나 자네, 한 가지 조건만은 꼭 지켜 주어야 하네……. 그게 뭔고 하니, 무전을 절대로 배고프게 해서는 안 되네. 그리고 마구 부려서 과로에 지치게 하지 말라는 것일세. 이 말이 보통 말이 아니라는 걸 자네도 잘 알지 않나? 이 말이 다른 말 3필 몫은 넉넉히

할 터이니, 자네에게 매일 이삼십 원쯤은 더 벌게 하는 것은 문제 없을 걸세. 그러니 귀밀 40근씩은 꼭꼭 사 먹여야 돼!"

말을 빌려 주면서 이렇게 정관석에게 말했더니, 정은 아무 염려 말라고만 했다.

"그렇구 말구요. 하다뿐이겠습니까? 조금도 걱정 마세요. 실컷 먹을 대로 먹여줄 테니까요······."

이렇게 해서 무전은 이끌려 가고 말았다. 끌려 가는 모습을 내, 일부러 보지 아니했다.

그렇게도 순종하던 대춧빛 붉은 체구가 눈에 어른거리고 깊은 밤이면, 비오는 듯 풀 씹는 소리가 귀에 아련했다. 내 가슴에는 확실히 채울 수 없는 하나의 빈틈이 생기게 됐다.

가죽 고삐를 잡아 늘 말 조종에 익숙해졌던 그 빈 손은 더 없이 쓸쓸해, 그저 쥐었다 폈다 하기에도 맥이 없었다. 간지러운 듯한 한가로움이 손바닥에 놀았고 말의 옆구리를 끼기에 버릇이 된 두 다리는 점점 힘이 빠져 가는 듯했다.

전쟁에서 버림을 받았을 뿐만 아니라 사랑하던 말에게도 버림을 받은 양, 대문간 앞을 서성거릴 때마다 깊은 밤은 나를 외롭게 만들었다. 멀리 생각만이 달려가는 곳, 그곳은 백양목 깊은 숲이 파도처럼 어른거리는 곳이요, 눈 쌓인 타마꼬우령 계곡. 바라보아 끝없이 흰 눈빛으로 깔린 흑룡하의 빙판이 가로질러 달려간 곳이다.

그곳에서도 닭은 새벽을 알려 주었다. 닭 울음소리와 함께 일꾼들은 산 속으로 들어가 하나하나 찍어 쌓아 놓은 백양목을 옮겨다 썰매에 싣고 묶은 다음, 말을 두 원간(轅桿) 사이에 들이세우고, 누각(무거운 짐이 말 어깨에 눌리는 것을 막기 위해 활처럼 통나무를 깎아 말에 얹어 주는 것. 여기에다 장식도 한다. 그건 말의 어깨 폭 너비만 하며, 원간의 가죽고리에 집어넣어 꿴다. 앞다리에 힘을 줄 수 있도록 되어 있어 짐의 중압을 덜어 주는 작용을 한다)의 끈을 죄어 주고 그리고는 긴 채찍을 높이 휘둘러 허공에 딱 딱 소리를 연거푸 울리면 빙판에 말이 달려, 백양목을 하류로 내려 보내는 작업이 분주히 시작되는 것이다. 이렇게 산에서 일하는 사람과 썰매꾼을 모두 합치면 천여 명이 넘어 겨울이면 목릉하 계곡은 나무 찍어 넘기는 소리, 그들이 지껄이는 말소리, 떠들썩하게 시끄러운 소리 등으로 가득 찼다.

이렇게 산 계곡에서 한데 어울려 계곡에 울리는 소리는 산의 특유한 소리와 함께 신비로운 소리가 되어 들렸다. 그것은 마치 러시아 볼가강의 얼음이 풀릴 때 줄지어 흐르는 뗏목과 뗏목, 그리고 뗏목과 얼음장, 또 얼음장과 얼음장이 서로 맞부딪쳐 일어나는 소리와도 비슷했고, 또 저 유명한 볼가강 선부들의 구성진 뱃노래의 음률과도 비슷하게 들렸다.

눈과 얼음만의 알래스카나 그린란드에서는 흔히 개가 썰매를 끄는 것으로 알려졌지만, 이곳에선 말에게 썰매를 매어 끌게 하였다. 내가 보기엔 어디서나 사람이 동물을 혹독하게 대접하는 데 다름이 없었다. 둥그런 가죽으로 된 토버(말의 어깨걸이)를 말에게 씌우는 것은 마치 형틀을 목에 씌우는 것과 흡사해 말의 위엄을 손상시키는 것이며, 말의 심령을 방해하는 것이었다. 토버를 말이 쓰고 나면, 그건 십자가를 진 것이나 다름없고, 영혼조차 못을 박아 쓰러지게 하는 것과 다름이 없어 보였다. 말의 입장에선 얼마나 괴롭고 또 단조로운 그날그날의 연속이겠는가? 단조롭기란 눈길, 백양목의 숲, 빙판들이 모두 한결같기 때문이다. 거기에 고생에 쪼들린 정관석의 소행인들 말할 것도 없었다.

이 모든 것을 무전은 참고 견딜 수가 있을까—하는 생각이 나면 가슴이 뭉클뭉클 메워지는 것이었다. 내게선 단 한 번도 채찍의 모욕을 받아보지 못했던 무전이 나를 떠난 뒤부터 날마다 채찍에 시달리는 그 굴욕을 참아내는 무전의 모습이 자꾸만 눈에 보여 괴로웠다. 이런 생각이 치밀어 오를 때면, 온몸의 근육이 조여드는 듯하여 스스로 고통을 불러 안타까워하곤 했다. 그것은 무전으로 하여금 그 굴욕을 받게 한 것이 바로 나 자신이라고 하는 후회와 죄책감이었다.

이런 한이 되는 마음의 고통과 그 뉘우침이 깊어 가는 사이 영고탑의 겨울도 하루 이틀 물러가, 어느새 봄기운이 감돌기 시작했다. 내가 어떤 애증에 사로잡혀 마음이 조여드는 것과 반비례해서 자연은 차차 풀리기 시작했다. 계절을 타고 햇볕이 차차 따스해지자, 영원히 녹지 않을 듯이 쌓여 있던 산속의 첩첩설빙도 아지 못하는 사이 놀랍게 녹아 내려서 천만 줄기의 시내가 되고 폭포가 되어 아래로 아래로 흘러 모였으며, 그 물줄기는 밑으로 내려올수록 굵어졌다. 그것은 놀라운 계절의 흐름이요, 자연의 신비가 아닐 수 없었다.

겹겹으로 두껍게 얼어붙었던 강 얼음이 부드러운 바람결에 녹아 차차 투명하게 엷어지고 마침내 물살을 드러내는 것은 마치 한 층 한 층 흰 얼음 옷을 벗어버리는 여인과 같았다. 춤추는 여인이 엷은 옷을 한 겹 두 겹 벗어버리는 그 자태와 조금도 다를 바가 없었다.

봄을 맞는 목릉하의 빙판 위에 얼음덩어리가 둥둥 섞여 떠내려 오게 되면 말이 그 위를 걸을 수 없으니, 자연 썰매도 멎고 그렇게 시끄러운 온갖 소리도 하나씩 가라앉아 계곡은 다시 조용해지는 것이었다.

2월 그믐께인가. 정관석으로부터 무전을 돌려보내겠다는 통지가 내게 왔다. 내가 무전을 마중하러 나선 것은 음침하게 흐린 날씨의 이른 봄날이라고 기억된다. 태양을 볼 수 없는 날의 영고탑의 교외는 사막같이 황량해 보였다. 도처에 눈에 띄는 것은 옹기종기한 고총뿐이며 양달진 언덕엔 눈이 녹아 진흙이 축축이 드러나고 응달진 곳엔 그대로 눈이 더럽혀진 채 남아 있어 눈의 사막같이 보였다.

고향의 봄처럼 꾀꼬리 울고 나비 춤추는 교외와는 달랐다. 그 대신, 수백 수천 마리의 무리진 갈까마귀 떼가 요란스럽게 날아다녔다. 그런 갈까마귀는 사람을 겁내지 않았다. 아주 나직이 떠서 꼬리를 저으며 새까만 주둥이로 까악 까악 하고 짖어대어, 그 소리는 봄의 기대를 망쳐 놓기가 일쑤였다. 때론 한두 마리의 솔개가 험상궂은 원을 그리며 공중을 시위하며 스쳐 가는 것이 이들과 달랐다.

산이라고 하는 것은 겨우 올망졸망한 것으로 높지도 않은 채 끝없이 이어나간 것, 멀리서 보면 천군만마를 풀어 놓은 듯이 수없이 뻗고 서고 앉고 사리고 하였다. 거기에 겨울에도 잎이 지지 않는 활엽수들이 꽉 들어차 있어 여름엔 푸르고 겨울엔 붉은 빛으로 변하였다.

그때 산은 음산한 하늘 밑에 하늘에 맞추어 서글픈 빛을 머금고 멀리 보였다.

장터거리는 멀리 겨우 보일락 말락 하였고 가까운 곳엔 몇 집 안 되는 오붓한 마을이 있었다. 이것은 대지주들이 모여 사는 마을로 알려져 있었다. 마을 둘레에는 높고 두터운 진흙색 투피(흙벽돌)담이 빙 둘러져 군데군데 망을 보는 포대가 설치되어 있었다. 덩그마니 높이 올려 놓은 태갈(총 중에 구경이 제일 큰 것으로 총구로 장악하는 구식임) 구멍에 기다란 막대기를 꽂아 놓았다. 이것은 18세기의 양식 그대로였으며 막대기 끝에는 붉은 수건을 높이 달아 비적을 물리친 승리의 표시로 해놓은 것이다. 이것은 일종의 시위로서 언제나 달아 둔다.

음침한 하늘 밑, 쓸쓸한 포대 위에 날리는 붉은 수건은 더욱 보기에 불길스러웠다.

밭이랑이 쭉쭉 뻗은 가운데 얼어 있는 눈덩어리가 여기저기 남아 있고 눈이 녹은 곳엔 검푸른 대지의 근육이 동전잎처럼 튀어나온 듯 돋보였다. 오랜 깊은 잠에서 솟아오르는 흙냄새 풍기는 곳은 양지 바른 쪽, 어린 싹이 푸른 옷을 입고 고개를 쳐드는 것도 있었으며, 산언덕엔 마른 풀이 검푸른 색으로 엉켜 있었다. 내가 이렇게 마을 주변을 샅샅이 살펴본 것은 무전이 돌아온다는 그 지루한 시간을 보내기 위해 둘러본 때문이었다. 마침내 한낮이 기울 무렵, 영고탑 서쪽 교외로 나는 적지 않게 걸어 나왔다.

나로서는 안타까운 기다림의 끝이라고 할 수 있었고 그리운 기다림이라 아니 할 수 없었다. 나답지 않게 고여 오는 흥분을 느끼면서도 걷잡을 수 없이 피어오르는 불안을 달래느라 애써 침착함을 기했다. 그래도 마음이 설레었다. 금방 무거운 회색빛 하늘이 내려앉을 듯이 지루했고 그것을 버티며 기다리는 마음은 음침한 공기에 짓눌리기만 했다. 황량한 주변의 경색이 더 침울했다.

언덕 위에 한참 주저앉았다간 벌떡 일어나서 서성거리고 그러다간 또다시 주저앉고…… 이렇게 일어서고 앉고 하면서 아침 한나절을 보냈다. 이젠 도저히 안정을 기할 수가 없게 되었다.

하늘의 구름이 약간 엷어지는 듯하며 다소 명랑한 빛이 감도는 듯하더니 한낮이 기울기 시작하면서 빛은 다시 사라지고 가려진 구름-회색 뒤로 어둠이 짙어져 갔다. 침침한 그 봄날의 오후 2시쯤, 시계를 몇 번이나 꺼내서 겨우 2시가 가깝도록 기다린 것이었다. 내 친구 성일소가 분명히 정오경에 올 것이라 한 말이 자꾸 귀 바퀴를 돌았다. 초조해졌다. 말한 것이 틀림없는 것 같았기에 더욱 애가 타는 것이었다.

성일소가 60리 밖의 한 정거장에서 전화를 빌려, 오늘 한낮이면 무전이가 영고탑에 도착할 것이라고 알려준 것이 바로 어제의 일이었기 때문이다. 그는 쓸데없이 거짓말을 할 사람이 아니었다. 그래서 혹시 도중에서 무슨 일이라도 생긴 것이 아닌가 하는 염려가 앞서기 시작했다. 한 주일 전에 정관석으로부터 말을 돌려보낸다는 통지를 받고 나는 곧 친구 성일소를 목릉현으로 보내 데려오도록 한 것이었다. 이 성일소라는 사람은 아주 낙천주의자의 한 사람이었다. 그의 이름의 한 일자, 웃음 소자 바로 그대로였다. 시름이나 슬픔, 눈물 따위는 전연 그의 생활 속에 섞여 있지도 않았고, 온 세상의 행복을 모두 자기 가슴에 담고 있는 듯 살아가는 사람이었다. 그런데 그런 낙천주의자가 전화로 알려 주던 목소리에 맥이 풀려 있었던 기억을 새삼스럽게 생각하게까지 되었다. 그러나 그는 별다른 얘기가 없었고 그저 간단히 도착될 것이라는 시간만 알려왔다.

　말로 표현할 수 없는 미묘한 불안감이 자꾸 떠올라서, 나는 날짜와 거리를 꼽아 보기도 했다. 목릉현에서 영고탑까지는 2백 40리 길, 그런데 무전이 떠났다는 날짜는 이미 엿새째나 되었다.

　'2백 40리 길을 엿새나 걷다니……' 아무리 생각해 봐도 까닭 모를 일이었다. 그 전에 한 시간에 50리를 달리던 말이니, 아무리 늦는다 해도 이틀이면 넉넉히 오고도 남을 무전이었다.

　'설마 무슨 일이야 없겠지. 정관석의 편지에도 잘 있다고 했는데…….'
　이렇게 혼자 위안도 해 보았다. 그러나 좀처럼 초조는 가시지 않았다. 말 한 마리에 대한 사나이의 애태움이 아니라, 무전은 외로운 황야에서의 나의 사랑이었다.

　'중도에서 지체되는 것이겠지.' 애써 그럴듯한 생각만 간추려 가져 보려 해도 지체할 까닭이 무엇인지 몰라서, 따져 보는 생각만 엇갈렸다. 끝내 도중에서 지체할 이유란 찾지 못했다. 아니 찾을 수가 없었다.

　불길하게도 내 시선은 무심히 한 곳에서 멎었다. 그것은 한 낡은 무덤, 언덕바지에 외로움이 뭉쳐 처량하기 그지없었다. 예감이 나빠, 왜 하필 그곳에 무덤이 있었는가를 원망하게 되었다.

　자세히 보니 그 중에는 새로 흙을 덮은 것도 있었다. 의혹은 가슴 한구석의 끈질긴 부정에도 불구하고, 치달렸다. 덩그러니 드러난 봉분 위에 타다 남은 재와 지전, 그리고 은지 등도 너저분했다. 땅 속에 묻힌 그 어떤 죽음, 아마도 얼마 전에 고독을 버리고 간 영혼이 잠든 것이라고 생각했다. 그래 산다는 것은 고독한 것이었고, 죽음이란 그 고독의 끝맺음이란 의미로 사생관이 감상적이 되지 않을 수 없었다.

어떤 무덤은 여러 해 손질을 안 해 씻기고 패이고 또 평평하게 굳어져, 흔적만 겨우 남아 숲 속에 숨어 버린 것도 있었다. 그것이 무덤이라는 증언은 기울어진 비석만이, 일찍이 어떤 하나의 영혼이 잠들어 썩어졌음을 보여줄 뿐이었다. 이런 퇴락한 비석은 한두 곳이 아니라, 군데군데 여럿이나 되었다.

마치 어떤 고집을 부리듯 그것들만이 서 있는 것이 왜인지 내겐 몹시도 언짢고 싸늘해 보였다. 육신도 영혼마저도 모두 스러져 사라지고 없는 곳, 언덕 숲 비탈에 그래도 남아서 무덤의 흔적을 지키는 주인 모를 비석들! 그것을 그래도 장하다고 보아야 할 것인가? 비석에서 풍화되어 가는 글자는 어느 석수의 정성일까? 한 자, 한 자, 한 획 한 획에 그 가족, 후손들의 마음이 새겨진 것이겠지만, 바람·서리·눈비에 할퀴인 뒷날에는 무슨 공이니, 비니 하는 자국조차 어렴풋하여 겨우 알아볼 정도 생명은 살아서 보람을 남겨야 하고 살아 있는 동안 일해야 한다. '내가 조국을 위해 이 이국땅 한 구석에서 내 젊음이 시들고 있다면, 그렇다! 살아 있는 동안에 그 무엇인가를 해야 하겠다.' 이런 생각이 잠시 동안 무전에 대한 사랑을 잊게 했다.

넘어진 비석, 풀숲에 넘어져 어느 시름 없는 발길에 채일 때, '깨어진 비석이 있군!'하는 정도밖에 아무것도 아닌 하나의 돌덩어리. 그것뿐이다.

이곳에 많은 백양목은 무덤 주변에도 꽤 많았다. 꺼칠한 피부의 백양목 사이에 혹느티나무가 서 있었고, 그 밑에 오래된 낙엽이 썩고 있는 것은 그때 내 눈에 더할 수 없는 서글픔이었다. 거기 묻힌 죽음들이 갑자기 일어서서 날 내쫓듯이 아우성을 쳤다. 나의 시선은 현기증에 사로잡혀 갔다.

머리를 획 돌려 길을 다시 바라보았다. 날씨가 맑지 못한 때문인지, 그 날따라 오고가는 사람도 드물었고, 굽어 길게 도는 길만이 뻗어 고요함을 다스리고 있었다.

길 따라 우묵하게 눌린 두 갈래 수레바퀴 자국이 날 이끌어 길로 인도했다. 그 두 줄기 자국이 날 절망의 눈으로 쳐다보는 듯했다. 그 수레바퀴 자국에서 무거운 짐을 끌고 간 말을 연상했기 때문이었다. 바퀴 자국이 우묵하게 패일 정도면 그 말의 고생스러운 모습을 충분히 그려볼 수 있는 것, 마부가 긴 채찍을 휘두르며 몰았을 테니…….

"웬일이야? 무전이 아직 안 오니?"

나의 혼잣말은 하나의 외침이 되어 입 밖으로 튀어 나왔다.

하늘은 어느새 어두움을 빨아들였고 나는 참을 수 없어 담배를 피워 물었다.

'후우!' 하고 힘껏 연기를 뿜어 올렸건만, 생각대로 연기는 공중으로 퍼져 오르지 아니하고 오히려 정반대로 밑으로 가라앉아, 흩어지지 않고 발 밑에서 엉키고 있었다. 기압이 낮은 탓이었다. 필경 봄눈이라도 날릴 듯 검게 엉킨 구름이 그냥 내리덮여서 땅 속까지 기어들 것 같았다.

아까까지도 광야를 지나가던 바람조차 어디에서인지 막혀서, 자꾸 뿜어내는 담배 연기는 흩어질 줄을 몰랐다.

담배 한 대를 다 태우고 그리고 연이어 또 피워 물었다. 가슴 속의 우울하고 갑갑한 것을 담배 연기에 섞어 뿜어 볼 생각이었으나, 그조차 헛된 생각이었다.

실망에 젖은 눈은 시야에 닿는 끝까지 멀리 더 멀리를 자꾸 훑어대었다. 움직이는 것은 아무것도 보이지 아니하는 무연한 길이었건만, 시력은 애써 길을 더듬었다. 종래 말은 그 길 위에 나타나지 아니했다.

'에이 참, 무전은 어쩐 일인가? 무전! 네 주인이 이렇듯 애태우며 기다리는 것을 너는 아느냐?' 혹시 무전이 날 애석하게 여겨 일부러 그러는지도 모른다는 엉뚱한 생각에 후회도 씹어보고 혼자 벌컥 화도 내보고 했다.

그러나 그 누구 하나 들어줄 사람이 없었다. 무덤과 비석과 백양나무를 상대로 나는 이야기를 하는 것이었다.

차차 대지는 어두워졌고, 처참하게 날은 저물어갔다. 밭 한가운데 이삭만 잘라가고 줄기는 그대로 서 있는 수숫대들이 허수아비처럼 버티고 있었고, 그것들이 날 조롱하듯 커졌다 작아졌다 했다.

느티나무, 백양나무 밑에 어지럽던 해묵은 낙엽들이 한 장씩 날아와 내게 한마디씩 무엇이라고 던지고 가는 듯했다. 가지고 왔던 담배를 한 개비도 남기지 않고 다 태워도 나의 사랑 무전은 나타나지 아니했다.

"무전아! 무전 — 어디 있니? 무전!"

어두운 공기가 내 고함소리에 밀려 저만치 물러났다가는 이내 돌아오고 했다. 캄캄한 대기는 나와 싸움을 하는 듯했다. 공기는 액체류 동물처럼 날 에워싸고 적막함이 두께처럼 쌓였다.

그 속에서 불현듯 무전과의 옛 시절이 날 휘감았다. 날쌔고 의젓한 그 자태. 아, 그 대춧빛 붉은 털가죽에 땀기가 흘러 윤이 나던 무전! 아 무전! 생사를 함께 하던 그 더운 체온. 삶과 죽음을 순간에서 순간으로 뛰어넘고 호흡을 같이 하며 겨루던 싸움터의 한 장면 장면—. 어느 날 새벽부터 중·소 국경 소지영(小地營)에서 시작된 격렬한 작전은 종일토록 계속 되었다. 끝내 나는 총탄을 머리에 맞고 중상을 입고 말았다. 퉁퉁 부어오른 머리를 인도인처럼 겹겹이 싸매고 칠흑 같은 밤을 이용해서 부대를 이끌고 급히 진지를 옮기던 때였다. 수십 길 깎아지른 듯한 절벽 위의 길을 택해 6백여 보병과 2백여 기병이 정신없이 이동을 하고 있었다.

그때 돌연한 일이 벌어졌다.

'털썩'하는 소리가 갑작스레 들리는 그 찰나에 언덕이 무너지고 있었고, 그 순간 무전은 앞발을 헛디디게 되어 흙더미와 함께 막 내리 쏠리는 바람에 그대로 미끄러져, 어디 발을 붙여 볼 사이도 없이 낭떠러지로 쏜살같이 밀리며 떨어지게 되었다. 뒤따르던 전 부대도 일시에 혼란을 일으켰다.

벼랑은 60도 이상의 급경사로, 멀리서 보면 거의 평지와 직각으로 교착되다시피 된 곳인데, 무전은 어쩔 수 없이 밀려 내려가면서도, 최대한의 노력으로 어떻게든 발을 붙이고 몸의 중심을 잡아보려고 애를 쓰는 아슬아슬한 순간. 그때 무전은 무전으로서 사력을 다 했다. 그렇지 않아도 나는 상처를 입은 데다가 이렇게까지 되고 보니, 일체의 고통조차 잊어버리고 돌덩어리처럼 신경이 굳어진 채 꼼짝도 할 수 없었고, 다만 두 다리에 있는 힘을 바싹 주어 말의 갈빗대가 부러져라 하고 힘껏 끼고 있을 수밖에 없었던 처지였다. 이런 경우 나와 무전은 완전히 한 덩어리가 아닐 수 없었다. 캄캄한 밤이 모든 것을 다 삼켜버려, 아무것도 분별할 수 없는 그 속에서 몇 번이나 구르며 내리 밀리는 동안 무전은 마침내 기진맥진해서 그 이상 더 힘을 지탱할 수 없다는 듯이 앞발의 맥을 풀고 운명에 맡겨버리는 듯했다. 이것이 내 죽음의 최후 순간인가 하는 생각이 들자마자 나는 전력을 다해 허리를 재이면서 중심을 말 궁둥이 쪽으로 옮기고 재빨리 고삐를 힘껏 위로 채 올렸다. 생사를 겨누는 마지막 한 순간의 동작이었다. 고삐를 힘껏 위로 치켜 채는 순간, 말은 전류가 통하는 듯 바람처럼 날쌔게 기민한 지혜를 부렸다. 최후의 용기를 다하여 사뭇 날기라도 하듯이 어둠 속에서 무작정 펄쩍 뛰었다. 얼마나 솟아 얼마나 내리 뛰었는지, 발길이 닿는 곳은 무사히 평지에 떨어질 수 있는 곳이었다. 이렇게 해서 무전은 날 구해준 것. 심상하게 잊어버릴 수 없는 기억이요, 추억인 것이다.

내 어찌 이런 무전을 잊을 수가 있으랴!

그 언제나 스페인식 밧사지 걸음을 하며 재주를 부릴 때 무전 특유의 그 자태― 웅장과 거만스러움이 배어 있는 모습이 내겐 크나 큰 자랑이요, 매력이었던 것. 자나 깨나 내 눈에 선했다. 이런 생각은 꼬리를 물어 무전과 함께 지내던 갖가지 기억이 소용돌이쳤다. 그때 나는 갑자기 쇠뭉치로 얻어맞은 듯 소스라쳐 깨어났다.

저 멀리 보일락말락한 검은 두 점이 내 시력에 닿는 그곳에 나타났기 때문이었다. 그리고 그 그림자 같은 동작은 차차 가까이 오듯 커지기 시작했다. 나는 무엇보다 움직이는 것이 내 시야에 들어왔다는 그 사실만으로도 반가웠다.

'오! 무전!'

나는 가까이 보지 않고도 일종의 영감으로 그것이 바로 무전이라고 믿었다. 생각 없이 무전이라고 확신하고 싶었던 기대 때문이었을까? 즉각적으로 나는 알아차렸다고 믿었다.

'틀림없는 무전이다!'

수천 관중 앞에서 우레와 같은 박수갈채를 받고 개선하는 군마처럼 나는 무전을 받아들이고 싶었다. '모든 말을 압도할 수 있는 무전이고말고! 나와 함께 수십 차례나 전투에 참가한 무전인데…… 시베리아 광막한 벌판을 달리던 너!'

온 몸의 피가 곳곳에서 폭포를 이루었고 심장은 몸 밖에서 뛰는 듯했다.

전신이 부르르 떨리며 얼굴이 화끈거림을 스스로 감지할 수 있었다. 너무나 반가웠다. 천만 갈래의 빙하가 풀려내리듯 나의 가슴은 한없이 가볍게 녹아내렸다.

"오, 정말 무전이 돌아오는구나."

고함 소리를 따라 나는 흥분 속에 마주 달려나갔다. '그래! 무전이 틀림없이 왔구나!'

무전은 백양 숲을 돌아 나왔다.

무전은 밭 기슭을 지났다.

무전은 바로 느티나무를 지났다.

무전이 무덤을 지나온다.

'오, 무전! 좀 더 빨리 달려오려무나!'

가슴은 또 하나가 된 듯 걷잡을 수가 없었다. 내 눈이 갑자기 흐려졌다. 아른아른거리는 것이 가렸다.

'번쩍 눈을 크게 뜨고 무전을 봐야지!'

'아! 날씨는 왜 이다지도 침침한가?'

'저 구름이 활짝 걷혀 주었으면!'

'아, 좀 더 일렀다면 좀 더 똑똑히 보일 텐데…… 좀 더 밝아주었으면…….'

그러는 동안에 무전은 점점 다가왔다.

하나, 둘, …… 아홉, 열 번째의 무덤을 지났다. 마침내 성일소와 함께 말은 돌아왔다. 이렇게 해서 애타게 기다리던 무전은 내 앞에 돌아와 서 있다.

그러나…… 무전은 옛날의 무전이 아니었다.

와락 달려들어 어루만지고 쓰다듬으며 두드려주고 싶었건만, 짐짓 발길이 떨어지지 않았고 팔이 굳어져 버렸다. 그것은 무전의 모습이 너무나 달라졌기 때문이었다.

팽팽하던 전체 근육은 앙상하게 깎이고 우뚝 솟았던 눈두덩은 계란이라도 감추어질 만큼 꺼져 들어가 있었다. 둥그스름하던 궁둥이는 살이 빠져 뿔이 난 듯이 비죽비죽 뼈가 두드러져 있었다.

얼마나 고된 일이었기에 저 꼴이 되었으며, 얼마나 굶주렸기에 말라 엉클어진 가을 풀밭처럼 기름기 없이 시들하단 말인가! 돌아온 것은 시체보다 더 무서운 뼈의 무전이었다. 지난날의 대춧빛으로 윤기 흐르던 가죽은 마른 대추처럼 주름 잡혔고, 검푸른 빛깔이 어둠 속에서 마치 비루먹은 강아지 꼴이 되어 있었다.

그렇게도 또렷하고 생기 빛나던 눈동자는 마치 마른 샘구멍처럼 패였고 언제나 뻗쳐 기경과 정력을 과시하던 두 귀는 좌우로 늘어질 대로 처졌다.

탐스럽던 목덜미의 갈기도 엉클어진 채 축축 늘어졌고, 나라는 듯이 번쩍 치켜올려 흘겨 보던 머리는 옛 주인을 대하기 부끄러운 듯이 수그린 채, 다시 쳐들 줄을 몰랐다.

하늘도 검은 구름으로 자기 눈을 가려, 지상의 모든 것을 보지 않으려는 듯 황혼도 아주 꺼져버린 뒤였다.

백양과 느티나무들도 성긋이 가지를 흔들어 무엇을 말하려는 듯, 벌판에 일기 시작한 바람은 자못 호곡처럼 소리쳐 불어왔다.

사나운 비바람 속에 선 듯이 나는 어찌할 바를 몰라 했다. 나는 나 스스로를 지탱하기 위해 미친 듯 무전의 목을 덥석 끌어안았다.

정신을 차렸을 땐 낙천적이던 성일소조차 흐느껴 울고 있었다. 그가 무엇이라고 중얼거리는 소리가 제일 먼저 내 귀에 들렸다.

"할 말이 없소이다. 당신이 그 얼마나 귀여워하고 사랑했는데…… 어느 친구보다 더 사랑했던 이 말을, 글쎄 어쩌자고 이렇게…… 내 말 좀 들어봐요, 정가란 놈의 집에 척 들어서니까, 마구간이 바로 눈에 띄었는데 금방 내 눈에 눈물이 돕디다. 글쎄 하루에 네 번씩이나 목릉하를 오르내렸대요. 보통 말이면 두 번 내왕도 힘이 드는 일인데…… 1백 60리 길을 두 차례는 사람을 태우고, 두 차례는 목재를 끌게 했다니…… 한 번에 2천여 근의 나무를 실었다는 거예요……."

"그만 그만…… 제발 좀."

나는 성일소의 입을 막았다. 더 이상 듣고 있을 수가 없었다. 차라리 안 들었으면 좋았을 것이라고 생각되었다.

"고약한 놈이 얼음이 풀려 더 이상 부려먹을 수가 없으니, 노상 말을 굶겼습디다."

게다가 엿새나 길을 걸었으니 기운이 있을 리 없었다. 처음엔 좀 타고 오려고 했으나, 비틀거리는 꼴을 보고 차마 타고 올 수가 없어서 같이 엿새 동안이나 걸어왔다는 성일소의 말이었다.

태마거우령을 넘을 때엔 네 번이나 넘어져서 헐떡이는 숨결을 보고 꼭 죽는 줄만 알았다는 얘기-.

그러나 무전은 끝내 비범한 놈이었다. 다시 일어나고 일어나곤 해서, 하루 30리 길을 겨우 끌고 왔다는 사연이고 보면, 내 더 무어라 할 말이 없었다.

짐승까지 속여 먹는 세상이 되었으니, 망할 놈의 세상이 아니고 무엇이랴!

"그까짓 정가란 놈 욕할 것도 없어. 그저 모두가 살기가 어려워진 탓이겠지……."

성일소는 끝내 이렇게 한마디를 더 하고 나서야 입을 다물었다.

무전이 도착한 그날 밤은 무전이 어떻게 지냈는지 잘 모르겠다. 완전히 미친 정신으로 새운 그 밤이었기에. 있는 옷가지를 모조리 전당잡히어, 귀밀 2백 근과 소금이며 마초를 잔뜩 사다가 실컷 먹도록 주었다. 한 입 두 입 먹이다시피 하면서, 쓰다듬고 빗겨주고 빗겨주다 어루만지면서 나는 모든 것을 잊을 수가 있었다.

일주일이 지나서야 무전은 겨우 원기를 회복하는 듯했다. 여러 가지로 생각한 끝에 어떤 큰 장사꾼에게 팔아넘길 생각을 하고 말았다. 왜냐하면 그 장사꾼은 말을 무척 사랑할 줄 아는 위인이었기 때문이다. 나는 여기서 그 장사꾼을 구태여 밝히려 하지 않는다.

무전을 보면 볼수록 나는 참을 수 없는 분노에 혼자 끓어야 했고, 그것을 가라앉히는 노력은 무척 힘이 드는 자학이 아닐 수 없었다. 한 마디로 말한다면, 정가만이 미운 것이 아니라 나 자신까지 미워졌기 때문이었다. 또 다른 이유로는 도저히 무전을 계속 먹일 도리가 없었던 것이다. 그것은 나날이 고통으로 커져갔다.

사랑하는 무전과 아주 인연을 끊는 것이 차라리 나을 것 같다고, 다시 기운을 차려가는 무전을 바라보고 나는 결심했다. 정가에게 위탁하는 형식은 그대로 마음에 여운을 남기는 일이었기에 나는 작위적으로 마음을 끊을 생각을 매듭지었던 것이다.

이 쉬운 듯한 결심이 차곡차곡 쌓여 수성암처럼 가슴에서 굳어지기까지 나는 더 할 수 없는 마음의 괴로움을 눌러야만 했다. 내 일찍이 한 명마를 만나 사랑을 부어 결과한 것이 이리도 큰 마음의 부담이 될 줄은 꿈에도 생각지 못했던 것이다.

그만큼 정이란 무서운 것이었고, 사랑이란 끈질긴 것이었다. 나는 이 사실을 동물에게서조차 체험한 것이다.

일생을 통해 잊지 못할 사건을 누구나 몇 개쯤은 가지고 있겠지만, 내 경우 무전을 아주 장사꾼에게 팔아버린 날도 내게는 잊을 수 없는 기억의 하나이다.

그날 오후 나는 정신없이 술을 들이켰다. 목에다 술을 들이붓듯이 마셔서 곤드레만드레 취한 채 어느 중국 극장에 들어갔다. 어떻게 해서 들어왔는지, 무얼 공연하는지조차 모르고 그냥 들어온 것. 그런 것을 알 리 없었다.

발길 닿는 대로 웅성거리는 틈에 끼어들었을 것이리라.

무대 위에 무엇이 벌어졌는지 알 바 아니라는 듯이 의자에 펄썩 주저앉아 빙빙 도는 정신을 가다듬으려 했을 뿐.

아무것도 볼 생각이나 겨를이 없었다. 눈을 지그시 감은 채 생각나는 대로 이것저것을 뒤척이며 시간을 보내자는 셈이었다.

머릿속에는 폭풍우가 휘몰아치고 있었고, 그 소리는 요란하게 내 귀에 들렸다.

'쾅! 쾅! 쾅!'

하는 징소리에 놀라 혼곤을 깨웠다.

눈을 떠 보았다. 징소리가 멈춤과 동시에 붉은 장막이 좌우로 우르르 걷히면서 무대가 드러났다. 쓸쓸한 한 촌의 주막이 도사린 무대ㅡ.

깡깡이 소리가 들렸다고 기억된다. 우울하고 처량한 곡조였다. 잡답한 극장 안은 별안간 죽은 듯이 조용해졌다.

검은 옷을 걸친 젊은 배우가 침울한 인상으로 나타나서, 아래턱에 흐트러진 구레나룻 수염을 쓰다듬더니 별안간 머리를 번쩍 치켜들면서 목청을 돋우었다.

"여보, 여관주인, 내 누렁 말을 끌고 오시오……."

그것은 창이었다.

연극은 옛날 진경이라는 장수가 실직한 뒤 오래 묵고 있던 여관 빚 때문에 자기 애마를 빚 대신으로 쳐 넘기는 고사를 내용으로 한 것이었다.

나는 어느새 내가 일어나 있는 것을 깨달았고 그때는 '철거덕!' 하고 차 주전자가 바닥에 내동댕이쳐진 뒤였다.

쨍그랑 하고 찻잔은 계속 박살이 났다. 미친 듯이 나는 잡히는 것을 집어 던졌다. 걸상을 걷어차고 주먹으로 부수고…… 사람이 있건 없건 간에 마구 내던졌다.

멋모르고 놀란 관객들이 영문을 몰라 하다가 성을 냈으나 나중에 무섭고 겁에 질렸는지 소리를 지르며 피해 몰려 나가, 극장은 곧 아수라장이 되어 버리고 말았다.

무대 위의 공연도 물론 중단돼 버렸다.

이리 저리 몰리는 관객의 고함소리가 어지러웠다.

"야, 미치광이다. 미치광이!"

나는 아무 말도 않고 또 걸상을 들어 던졌다.

"이놈, 어디서 온 미친놈이야!"

나는 갑자기 속으로 우스워지는 것 같아 웃고 싶었다.

'…… 그래 난 미치고 있다. 미치고 싶어…….'

이런 생각 때문에 나는 웃고 싶었다.

그 순간 누군가 나의 팔을 휘어잡았다. 힘깨나 쓰는 사람들이 뒤에서부터 합세해서 내게 달려들었다. 뒤로 깍지를 끼운 나는 꼼짝도 못하고 잡히고 말았다. 나는 연상 고함만 질러댔다.

"이놈들! 나를 업신여기는구나! 날 업신여겨…… 날 업신여겨……"

나는 나중에 계속 외친 소리가 이런 것이었음을 알게 되었다.

"날 업신여기다니…… 이놈의 세상, 어서 멸망해 버려라! 날 미치게 하는 못된 세상! 어디! 멸망 안 하는가 두고 보자!"

이렇게 외쳐대며 끌려 나갔다고 일러줄 때, 나는 처음 부끄러움을 알 수 있었던 것이다.

4 情懷錄

1. 思 母 錄

　나는 아까부터 외삼촌의 눈치만 힐끔힐끔 살피며 공부방에서 빠져 나갈 궁리만 골똘히 강구하고 있었다.
　나는 외삼촌의 제자였다. 그에게 한문을 배우고 있는 것이었다. 나의 외삼촌은 이른바 신학문을 배운 인텔리였는데 무슨 까닭으로 나이 8세의 선머슴이자 개구쟁이 망나니인 나를 강제로 붙들어 앉혀 놓고 한문을 가르치는 것인지 알 수가 없었다.
　게다가 그의 교육열은 대단한 바 있어, 아무리 장난이 괴수인 나라 할지라도 그의 서당 안에서는 고양이 앞의 쥐가 되지 않을 수 없었다.
　그것은 아마 그의 누이이자 나의 생모였던 분이 이태 전에 세상을 뜨자 고인에게 향하는 지극한 애정이 고인의 혈육인 나에게 의무감으로 쏟아지는 것인지도 몰랐다.

나의 엄친은 조선왕조 말엽 궁내부 농상공부의 정삼품, 지금의 행정부처의 비서실장격인 관리였다.

직업이 관리인 탓도 있었겠지만 성품이 원래 몹시 엄격하여 어머니가 안 계신 나는 가정의 따뜻한 맛을 모르며 자라는 외로운 소년이었다.

나는 우리 집의 4대 독자였다. 그러나 무녀 독남이라는 뜻은 아니고, 위로 누님 두 분을 가진 외독자였다.

웬일인지 소년 시절의 나는 여자들을 경멸하는 버릇이 있어서 누님들에게 이렇다 할 정을 느끼지 못했고 내 사정이 그러하니 자연 그들에게서도 정을 바라지 않았다.

다만 내가 끔찍이 아끼고 좋아하는, 아니 그것은 사랑한다는 감정으로도 능히 표현할 수 있었으리라—사나이 하나가 있었는데, 그는 우리 집에서 해방된 노복이요, 내 벗이요, 보호자요, 스승이기도 한 정태규라는 이름의 총각이었다.

태규의 나이는 갓 스물이었다. 나는 태규 없는 세상은 잠시도 살 수 없을 것만 같이 태규가 좋았다.

나는 태규에게서 꼭 도련님이라는 존칭으로 불리며 존댓말로 위함을 받았고 나는 어린 나이에 그를 태규 태규라고 이름자를 놓아 불렀지만 그런 것은 모두 외형상의 언어 습관일 뿐이고 그와 나의 유대는 훨씬 강한 애정과 의리로 결속되어 있는 사이였다.

태규는 대대로 우리 집에서 종살이를 하던 사람의 아들이었는데 우리 집에는 태규 말고도 몇 명의 노비가 더 있었다.

그러나 내 엄친은 동학당원은 아니었지만 동학당들이 실력으로 종 문서를 불사르고 노비를 해방한 것에 진심으로 동조하는 개화사상의 소유자였던지라 남보다 먼저 자신의 노비를 해방시켰다.

그러나 태규는 해방을 거부하였다.

"저는 갈 곳 없는 사람입니다. 설혹 갈 곳이 있다 하더라도 도련님을 두고 갈 수는 없습니다."

태규의 어조는 단호하였다.

엄친은 할 수 없이 당시 국방군의 대대장이던 오 참령에게 당부하여 그를 오 참령의 직속 부하가 되게 하였다.

태규는 군복을 입은 군인이 되었다.

군복을 입은 태규는 세상에 다시 없는 미남자처럼 보였다.

나는 금빛 단추가 번쩍이고 바지에는 넓적한 붉은 동을 단 검정 군복에 탄탄한 몸을 감싼 태규의 모습을 얼마나 자랑으로 알았던가. 태규는 틈만 있으면 나를 만나러 집으로 왔다. 나는 그가 올 적마다 떼를 써서 그의 군복을 입어 보며 군인 놀음을 해 보는 것이었다.

군복을 입은 태규는 나에게 가장 남성적인 갖가지의 얘기를 들려주는 데 인색하지 않았다. 나는 군복을 동경하였다. 그것은 혈기 왕성한 소년의 꿈을 일깨워 주는 데 충분한 역할을 담당해 주었다.

나는 태규 없는 날은 오로지 태규 만나는 날의 기쁨을 위한 어쩔 수 없는 공백 기간처럼 여기며 감내하곤 했다.

오늘은 그 태규가 온다는 날이었다. 지금 벌써 집에는 태규가 그 빛나는 군복 차림으로 와서 나를 기다리고 있을지도 모른다.

나의 조바심은 아랑곳없이 외삼촌은 나에게 책을 읽힌다. 정신이 딴 데가 있는 나는 올곧게 글을 읽을 수가 없다.

살을 파고드는 물푸레 회초리가 나에게 날아온다.

나는 치미는 역정을 가까스로 참는다.

시간은 자꾸 간다.

외삼촌은 글공부를 멈추려 하지 않았다.

시간이 넘어 태규가 기다리다 못해 그냥 돌아가 버리면 어쩌나! 그러

자 나는 갑자기 나도 모르게

"외삼촌!"

하고 소리를 버럭 질렀다.

외삼촌의 눈이 화경처럼 벌어지며 나를 보았다. 나도 내 자신의 소리에 스스로 놀라 버렸다. 외삼촌은 잠시, 아니 꽤 오래 나의 눈 속을 지그시 바라보았다. 그리고는 느닷없이

"가여운 것!"

하고 눈길을 돌려 버리는 것이었다.

나는 의외였다.

불벼락 같은 호통이 날아올 것으로 알았던 것이 의외로 외삼촌은 측은스런 표정이었다는 게 신기하리만큼 묘하게 느껴졌다.

나는 막연하게 어떤 불길한 예감 같은 걸 품었다. 외삼촌은 다시 엄격한 선생으로 되돌아가 나로 하여금 글공부를 계속하지 않을 수 없게 잡아 놓는 것이었다.

이미 태규를 만나는 것은 허사가 되고 말았다고 자탄할 무렵에야 나는 기어코 해방이 되었다.

나는 정신없이 집을 향해 뛰어갔다.

행여 태규가 아직까지 기다리고 있을지도 모를 일이었다.

'오! 부처님.'

나는 뛰면서 빌었다.

'부처님, 관세음보살님, 천지신명님, 태규를 집에 있게 해 주소서.'

집 앞까지 오자 대문이 열려 있었다. 떠들썩한 사람의 소리와 웃음소리. 그것은 모두 나직나직한 것이기는 했지만 무언지 들뜬 잔치 기분을 느끼게 했다.

나는 안으로 뛰어 들어갔다.

태규의 모습은 안 보였지만 그곳에는 어떤 낯선 젊은 여인이 흑단 같은 머리를 곱게 쪽진, 날아갈 듯한 흰 옷을 입고 살포시 나에게 미소 지었다.

누군가가 나에게 말하는 것을 나는 꿈결처럼 아늑하게 들었다.

"너희 새어머니다."

우리나라에는 자고로 계모에 대한 인식이 편파적이다.

전설에 나오는 계모상은 열이면 열이 모두 간악하고 권모술수에 능한 야차 같은 마음씨의 소유자였다.

무슨 연유에서 그렇게 되었는가 하는 문제를 따져 본다면 그것을 가지고도 훌륭한 민족 심리의 분석의 일단을 이룰 수가 있을 것이지만, 여기서는 그런 잠재의식을 밝혀 보자는 의도는 없고 다만 나는 예외 없는 계모기피증에 걸려 있던 소년이었다는 얘기만을 해 두어야겠다.

계모가 새로 오자 우리 집은 은연 중 밝은 분위기에 휩싸이는 것이지만 나는 종전보다 더 장난질에 골몰하는 세월을 보내게 되었다.

새어머니는 나에게 늘 상냥하고 다정하였지만 나는 본능적으로 그를 경계하는 것이었다.

그러나 그것은 아무도 모르는 내 잠재의식이었을 뿐, 생모의 사랑을 받을 기회 없이 자란 나는 새어머니의 부드러운 손길이 닿을 때마다 마음속이 밝아 오고 무엇인가 가슴속이 꽉 차지는 듯한 충만감을 느끼곤 했다.

아직도 나는 새어머니의 참모습을 보기 전이었으므로 어머니에게 마음이 끌리면서도 끌리는 마음을 스스로 다구잡곤 하였던 것이다.

그러나 차차 날이 감에 따라 나는 새어머니가 보통의 부인네가 아니라는 것을 알게 되었다.

그이는 정식으로 학교를 다닌 적도 없는 분이었지만 학문 지식이 비범했다. 나는 외삼촌에게서 배운 한문 공부를 호롱불 밑에서 바느질하시는 새어머니 곁에서 복습하면서 틀린 곳은 어머니께 수정을 받곤 했다.

그뿐 아니었다. 어머니는 여인으로서는 드물게 보는 향학열의 소유자였다는 것을 안 것도 그 무렵이었다.

어머니는 양잠을 배우고 방직을 배웠다.

마당에 벌통을 놓아 거기서 나오는 꿀을 손수 떠서 나에게 먹이셨다.

"이건 약이란다. 가슴이 아리지?"

"꿀이 무슨 약이에요. 그리고 난 건강한데 왜 약을 먹어요."

때로는 공연히 그래 보기도 하였다. 물론 그때의 어머니는 꿀의 성분을 가려서 설명하신다거나 시쳇말로 로얄제리니 하는 말을 안 하셨고 또 모르시기도 했겠지만 좌우간 민간 보약의 하나로 꾸준히 계승되어 내려오는 꿀의 효험을 믿고는 나에게 강요하다시피 먹이는 것이었다.

어머니가 손수 떠주시는 천연 꿀의 덕택이었는지 나는 한 시도 가만히 못 있는 장난꾼이어서 어머니께 이만저만한 심로를 끼친 게 아니었다.

나는 아홉 살이 되었다

그러자 내 아버지는 강원도 이천 땅에 군수 발령을 받게 되었다.

우리는 모두 이천으로 이사를 했다.

이천이라는 곳은 함경도와 평안도와 접경을 이룬 강원도의 최북단이요, 첩첩산중의 고을이었다.

그렇게 산세가 험한 곳이었지만 왜놈들 발 안 닿은 데 없다고 그곳에까지 그들은 침입해 있었다.

보통학교에 전학이 되자 나의 전매특허 같은 장난은 더욱 극성을 부리게 되었다.

아까도 말했듯이 이천이란 첩첩산중이었다. 나의 생활무대는 거의 집 뒷산에서부터 시작한 산야를 뒤덮었다. 내가 나중에 수렵에 큰 흥미를 가지게 된 것도 따지고 보면 그때 그 험준한 산야를 바람처럼 치달리며 산짐승을 쫓던 때에 비롯된 흥미라는 걸 알 수 있다.

그 당시 나의 유일한 무기는 고무총이다. 나는 고무총의 명수였다. 고무총으로 새를 잡고 토끼 사냥을 했다.

어떤 날 나는 거리를 걸어가고 있었다. 기억에는 없지만 필경 무슨 신나는 장난거리가 없나 하면서 부지런히 걸어가고 있었을 것이다.

그런데 길모퉁이를 돌아 누군가가 당나귀를 타고 이쪽을 향해 오는 것이 보였다.

자세히 보니 그는 금융조합의 일본인 이사장이었다.

나는 회심의 미소를 지었다. 나에게는 금융조합의 이사장에게 뾰족한 감정이 있거나 원한이 있는 것도 물론 아니었다. 다만 내 이유 없는 총구가 내 목적하는 표적을 찾아 겨냥했을 뿐이었다. 총구란 물론 고무총이요, 탄환은 이름 없는 조약돌에 불과했지만.

내 저의를 알 리 없는 당나귀는 주인을 등에 태우고 방울소리 해맑게 속보로 가는 중이었다.

나는 길가에 선 큰 느티나무 뒤에 숨어서 표적에 겨냥하였다. 내 표적은 당나귀의 국부였다. 숨을 조절하며 목적물을 겨냥하던 나는 드디어 고무줄을 탁 튕겼다.

고무총의 총알이 팽팽한 공기를 째면서 직선으로 달려 나갔다 하는 순간 내 눈에는 당나귀가 금세 죽기나 하는 듯 발광하는 모습이 보였다.

명중!

나의 기쁨은 정말이지 말로는 형언할 수 없었다. 그러나 그것은 일순간 눈 깜박할 사이의 일이었다.

잠시 후 나는 당나귀 등에서 어이쿠 하는 외마디 소리를 내지르며 길바닥에 쓰러 박힌 당나귀 주인을 목도하지 않을 수 없었던 것이다.

거품을 물고 길길이 날뛰는 당나귀의 발 밑창에 깔린 채 당나귀 주인은 두개골이 깨어져 출혈이 낭자하지 않은가.

다행히 그는 목숨에는 지장이 없었으나 그 대신 우리 집에서는 그의 치료비를 무느라고 적지 않은 산재(散財)를 어쩔 수 없었음은 부연할 필요조차 없다.

그런가 하면 나는 서민 생활에 흥미가 있어 끼니때마다 인력거꾼이나 노동자 집을 찾아다니며 밥을 얻어먹곤 하였다.

이것도 새어머니의 입장으로는 몹시 언짢은 일이었을 것이다. 마치 당신이 지어주는 밥이 싫어서 구차한 남의 밥을 얻어먹으며 다니듯 생각한다면 그렇게 상상할 수도 있는 일이었다.

또 어떤 날은 임진강에서 자라를 잡아 왔다. 나는 자라가 모가지를 빼고 오므리고 하는 것에 신기한 흥미를 느끼며 자라를 잠시도 손에서 놓지 않았는데 어떤 서슬에 나는 그만 내 혓바닥을 자라에게 물리고 말았다.

모가지가 들어간 채 나오지 않는 것을 나오게 해 보려고 그놈을 두 손으로 받쳐 들고 혓바닥으로 놀리다가 잠깐 방심하는 사이에 자라에게 복수를 당한 것이다.

본래 자라의 이빨은 놋젓가락도 끊는다. 다행히 이놈은 밤새도록 줄낚시에 걸렸던 덕으로 혀끝이 잘리지는 않았지만 몹시 아팠다. 그때에도 내 어머니는 자라에게 영원히 잘릴 뻔한 내 혓바닥을 정성껏 치료해 주셨는데 그때의 어머니 눈빛은 몹시 서글퍼 보였다. 물론 내 잘잘못에 대해서는 여느 때처럼 한 마디의 말씀이 없었던 것이다.

그때까지만 해도 나의 어머니에 대한 심리 상태는 첫째, 나는 나의 계모에 대해 반발할 이유가 발견되지 않으므로 반발하지 않는다. 둘째, 그이가 나를 싫어하는 것 같지 않으니 나도 싫어하지는 않겠다는 그런 다분히 공리적이며 소극적인 이해타산으로서 어머니를 대하고 있을 뿐이었다. 그러나 어머니와 나를 철석같이 뭉쳐 놓을 하나의 계기는 드디어 오고 말았다.

그 당시 이천 농가에서는 소계(牛契)가 유행이었다. 아니 그것은 유행이라기에는 너무 심각한 실생활의 문제와 직결돼 있는 하나의 제도였다.

가난한 농가에서 소를 사기란 좀처럼 쉬운 일이 아니었다. 그들은 관의 협조를 얻어 계로써 소를 장만하였다

그 당시 소 한 필의 가격은 58원이었다. 소 한 필이 농가 한 집의 경제를 크게 좌우하는 만큼 농부들은 심각할 수밖에 없었다.

그즈음 나는 또 하나의 신기한 장난을 하나 창안하였다. 그때 나는 웬만한 장난에는 싫증을 느껴 어린애 장난 같기만 한 상식적인 놀음에는 재미를 붙일 수가 없었다.

임진강에서 뱀장어를 산 채 잡아 가지고 오는 길이었다.

우연히 들판을 건너오자니 소계용의 소 한 필이 한가하게 풀을 뜯고 있었다.

나는 잠시 망연한 마음으로 그 소를 바라다보았다. 망연히 라고는 하지만, 그것은 내 외형의 묘사를 하자면 그리 될 것이지만 속으로는 재빨리 또 무슨 창안을 꾸며내느라고 바빴다.

잠시 후 나는 흔연한 미소를 머금고 소에게 다가갔다. 물론 수삼 명의 내 악우들이 동반하고 있었다.

우리는 소에게로 갔다. 듬직한 소잔등을 두어 번 툭툭 쳐 보기도 하였다.

그리고 우리는 우리의 계획을 실천으로 옮겼다.

나는 꿈틀거리는 미끌미끌한 뱀장어를 교묘한 방법으로 소의 항문에다 집어넣었던 것이다. 뱀장어는 미끄러지며 소 항문으로 들어갔다.

우리는 시선을 서로 모으며 다음의 귀추에 주목하였다.

그러자 얼마 후, 멀쩡하던 소는 벌떡벌떡 뛰고 뿔을 받고 하면서 미쳐 버리더니 얼마 후 그만 죽고 말았다.

나는 소의 발광하는 모습이 그렇게 참혹하리라고는 상상조차 할 수 없었고 뱀장어로 소가 죽어버리리라고는 짐작조차 하지 못하였던지라 그 참변은 나에게 어떤 큼직한 충격마저 끼쳐 주었다.

그때처럼 기혹한 죄책을 느껴 보긴 처음이었다.

풀이 죽어서 나는 집으로 돌아왔다. 어머니는 대청마루에서 여느 때처럼 방적(紡績) 중이셨다. 어머니는 일손을 멈추지 않은 채 나에게 무어라고 말을 건넸지만 내 귀에는 그 소리가 들리지 않았다.

나는 안방으로 들어가 죽치고 앉아 버렸다. 남의 소를 죽였다는 죄책감은 나중의 일이고, 생명 있는 것의 최후를 목도한 데 대한 충격이 가슴이 저리도록 다가오는 것이었다.

그때 갑자기 대문소리가 요란스럽게 나며 노기충천한 아버지가 돌아오셨다.

"이놈 어디 갔어?"

아버지의 강경한 서슬에 어머니는 길쌈의 손을 멈추고 자리에서 일어났다.

안방에 있던 나도 후다닥 일어났다.

"이 고얀 녀석. 남의 귀한 소를 죽여 버린 이 고얀 녀석. 죽여 버리고 말 테다."

아버지는 나를 보시자 노기를 참을 수가 없었던지 다급하고 분한 김에 어머니의 방직기 지렛대를 빼들었다. 그것은 그대로 쇠뭉치였던 것이다.

아버지는 지렛대를 나에게 던졌다.

그러나 나는 육중한 쇠뭉치가 날아오기 전에 어머니의 몸으로 감싸여진 것을 느꼈다.

어머니는 쇠뭉치보다 앞질러 내 몸을 감싸고 말았던 것이다.

"악!"

하는 순간 나는 흰 무명치마 밑으로 줄줄 흐르고 있는 아찔하도록 붉은 피를 보았다.

지렛대에 맞은 어머니의 복숭아뼈는 박살이 나 있었다.

"어머니!"

나는 나도 모르게 소리 지르며 어머니의 으깨진 복숭아뼈를 눈물로 흐려진 눈으로 똑똑히 보았다.

"오냐, 어디 다친 데 없느냐."

그이는 당신의 발을 감추며 나에게 그렇게 묻고 있는 것이었다.

그날 이후 어머니는 곡기를 끊고 마셨다. 그것도 사람들 눈에 띄게 단식하는 게 아니고 내가 유심히 살펴본즉 어머니는 물밖에 입에 대시는 게 없다는 것을 알게 되었다.

그뿐 아니라 어머니는 밤에 잠도 안 주무시는 것이었다.

무슨 영문에서인지 어머니는 아버지 방에서 유하지 않고 나와 더불어 한 방을 쓰시는 것이었다.

사흘째 되는 날 나는 한밤중에 문득 눈을 떴다.

어머니는 아직도 안 주무시고 바느질을 하고 계셨는데 가만히 보니 어머니는 울고 계시는 것이었다.

그제야 나는 참을 수 없어 이불을 박차고 일어나 앉으며,

"어머니 왜 우셔요?" 하고 물었다.

어머니는 깜짝 놀라 눈물자국을 닦으시며,

"울긴 내가 왜 울어. 어서 자거라." 하였다.

"아니에요. 어머니는 우셨어요. 난 다 알아요. 요즘 진지는 왜 안 잡숫죠? 내가 소를 죽였기 때문이죠? 이제부터 그러지 않을게 울지 마세요."

나는 나도 모르게 울먹이며 그렇게 말했다. 그러자 어머니는 쓸쓸히 웃으며 내 머리를 쓰다듬고,

"네가 아무리 잘못해도 나는 소리 한번 지르지 못하지 않니? 내 소리가 밖으로 나가면 동네 사람들이 계모라서 저런다고 말들 하지 않겠니? 또 너의 아버지께서도 너를 잘 키우라고 나를 데려오셨는데 큰 소리만 지른다고 오죽 심기가 상하시겠니? 사실 나는 너의 계모다만 너를 진심으로 의지하며 살아오는 거다. 한데 네가 하는 짓들을 보니 하나같이 싹이 노랗기만 하구나. 네가 그 모양인데 내가 밥을 먹고 살면 뭐 하겠니?"

어머니는 나를 품에 안고 머리를 쓰다듬으며 나직한 목소리로 그렇게 술회하셨다.

그 순간 나는 뼈저린 감동을 느꼈다. 그때 나는 내 어머니가 바로 인자한 분임에 틀림없다고 뉘우치며 어머니의 치마폭에 머리를 묻고 한참을 울었다.

그렇게 기분 좋은 눈물을 흘려 보기는 처음이었고, 그렇게 많은 눈물을 흘려 본 것도 처음이었다.

그날 이후 나는 놀랄 만큼 다른 아이가 되었다.

나의 학교 성적은 쑥쑥 올라가고 드디어는 모범생이라는 소리까지 듣게 되었고 보통학교를 졸업할 때는 전 강원도에서 세 명 뽑히는 최우등생으로 뽑혀 당시 총독이던 데라우찌의 총독상을 타고 지금 경기고등학교의 전신인 제일고보에 무시험으로 입학이 허용되었다.

내 어머니의 만족스러운, 그렇게까지 행복스러운 얼굴을 나는 그때 처음으로 보았다.

어머니는 내 중학교 입학을 기념하여 7원짜리 니켈 회중시계를 사주셨다.

나는 중학생이 되자 남에게 빼앗긴 내 나라에 대한 생각에 밤을 새울 때가 많아졌다.

그것은 언제나 정태규의 죽음과 직접 연관이 되어 있었다. 정태규의 전사를 내 눈으로 똑똑히 보았던 내 소년 시절의 일이 나의 뇌수에 각인처럼 새겨져 있었다.

내 나라가 망한 것은 내 나이 열한 살 때의 일이었다. 그리고 정태규의 죽음은 내 나이 여덟 살 되는 가을인데 내 어머니가 우리 집에 오시고 얼마 후의 일이었던 것이다.

그때 우리나라는 완전히 합병이 되기 전이었지만 사실상 한국은 이미 일본의 속국이었던 것이다. 그들은 을사조약의 준비 단계로 우선 우리 국방군의 무장을 해제키로 결정하고 1만 5천여 명의 군대를 강압적으로 무장 해제시켜 버렸다. 융희 황제의 재가를 얻어 3천 명만 남겨 놓고 정식으로 국방군을 해산시킨 날, 그 치욕의 날, 시위대의 박성환 대대장은 치욕적인 나라의 멸망을 저지시키지 못한 책임을 느꼈노라 하고 자결해 버렸다.

대대장의 죽음에 분개한 군인들은 무기고를 때려 부수고 탄약을 나눠 가진 다음 한 일본인 대위를 사살해 버렸다.

그리하여 우리 서소문 안 군대는 무장 해제를 완강히 거절하고 일군에 대항하여 시가전을 벌였다. 그 사건에 자극을 받아, 해산된 군인들은 경향 각지에서 의병을 일으켰다. 그러나 우리 군대는 구식 무기에 녹이 슬고 지휘관은 없었다. 결국 충성은 짙었지만 실력이 없었고 거기다가 간악한 배신자가 속출하였던 것이다.

의병이 잡히면 손바닥을 뚫리고 철사로 매어 끌려가서 사형당하였다. 오 참령의 부하였던 정태규는 박성환 대대로 전속되었다가 무장 해제를 당하던 굴욕적인 1907년 8월 1일 전투에서 중상을 입고 우리 집 앞까지 와서 목숨이 끊긴 것이다.

정태규의 시체에 매달려서 얼마나 목 놓아 울었던가. 사람들이 강제로 뜯어 말리지 않았던들 나는 그의 시체에서 떠나지 않았으리라.

정태규는 왜놈의 총에 맞아 죽은 것이었다. 왜놈은 내게서 정태규를 **빼**

앗아 갔고 나라마저 빼앗아 갔다.

중학교에서 내 지각이 서서히 생기자, 나는 내 소년 시절의 저 멀리서 그토록 나에게 생의 보람을 안겨 주었던 정태규 생각에 골몰해 있는 나 자신을 발견하곤 하였다.

나는 내가 가야 할 길이 무엇인가를 밤 새워 생각하는 청년이 되었다.

경기 3학년 여름 방학에 한강 마포 쪽으로 수영하러 갔다가 나는 내 역사의 전환을 가져다 줄 인물 한 사람과 우연한 해후를 하게 되었다. 그이는 여운형 씨였다.

좌우간 그때의 일을 자세히 적자면 한정이 없다. 지금의 나는 내 어머니의 이야기를 바삐 서둘러야 한다. 잠깐의 여름휴가를 끝내고 여운형 씨가 다시 압록강을 건너 대륙으로 향하자 나는 몇 날 몇 밤을 뜬눈으로 새웠다.

그리고는 나는 드디어 결심하였다.

학업을 버리고 독립운동에 뛰어들기로. 그리하여 마침내 나는 출분(出奔)하였다.

목적지는 멀고 먼 상해.

나는 그 광활한 천지에서 오로지 여운형 씨의 이름만을 유일한 길잡이로 삼으며 조국을 떠났다.

조국이여 광복의 그날까지 잘 있으라.

실상 내가 조국을 떠날 때 나는 내 미지의 앞날에 대한 숨 막힐 듯한 모험심과 조바심과 공포심마저 깃들어 내가 떠난 후의 어머니 생각에 머리 써 볼 여유가 없었다.

그러나 검붉은 대륙 땅에 첫발을 내디딘 순간 나에게 엄습해 오는 것은 참을 길 없는 어머니에 대한 모정(慕情)이었다.

그러나 모든 것이 낯선 새 생활이고 보니 자연 어머니 생각에도 골똘히 잠겨 있을 여유조차 없었다.

그러나 나를 떠나 보낸 내 어머니는 하루인들 눈물 마르는 세월을 보낸 적이 없었다.

이것은 뒷날 알게 된 일이지만, 유일한 삶의 기둥으로 알고 있는 아들이 독립군에 들었다는 소식을 풍편으로 들었을 뿐, 그 생사 안위조차 감감히 모르고 지내야 하니 그 심정은 오로지 갑갑하고 우울하기만 하였겠는가.

게다가 어머니는 당신의 소생이 없었다. 자연히 아버지와의 사이는 더욱 격조해지고 여인으로서 공규를 지키는 세월만이 늘었다.

게다가 어머니는 아버지에게 말 못할 죄책감을 느끼며 살았다. 4대 독자인 내가 독립군에 끼어 버렸으니 나는 어차피 없는 자식으로 젖혀 놓아야 할 판이었다.

명문 이씨 댁의 손을 끊게 한다는 강박관념이 주야로 어머니를 괴롭혔다. 생각다 못한 어머니는 어떤 얌전한 아가씨를 아버지에게 천거하게끔 마음이 굳어 버렸다.

그러나 어머니도 여인이다. 어찌 목숨보다 중한 당신의 지아비를 남에게 넘겨주고 마음이 편했겠는가.

나는 그때의 어머니 심정을 생각하면 지금도 저절로 눈물이 뺨을 흐른다.

손을 잇기 위해 새장가 든다는 것은 어쩌면 한국 남성의 허울 좋은 구실이다. 내 아버지는 얼마간의 주저 끝에 못 이기는 척 어머니가 천거한 여인과 새 가정을 꾸미고야 말았다.

인생의 외로움과 허무감을 주체할 길 없던 어머니는 드디어 불문에 귀의하여 독실한 불교신자가 되셨다.

1920년경에 이르자 동북 만주에 있는 한국 독립군 수는 급증하였다. 우리의 무기는 주로 노령(露領) 블라디보스토크를 위시한 노령 자유시장에서 염가로 방매하는 것을 재력이 닿는 대로 구입하니 독립군 일개 군단을 편성하리만큼 되었다.

나는 북로군정서에 속하여 김좌진 장군을 도와 여러 차례의 격전을 겪고 청년 군사가로서의 명성을 굳힌 다음 저 유명한 청산리 전역 후에는 러시아로 건너가 동지들과 더불어 고려혁명군을 조직하였던 것이다.

그러니까 우리가 고려혁명군을 금방 조직하고 나니 흑하사변이 일어난 것이다.

흑하사변이란 한 마디로 말하여 소련의 배신에 대항하는 우리 독립군의 항전이다.

우리 독립군은 다음과 같은 대가를 얻기로 밀약한 후 러시아의 혁명에 가담하여 백계군(白系軍)을 격멸하였다.

1. 세계 평화를 위해 소련 정부는 일본의 식민지가 된 한국을 먼저 해방할 것을 주요 정책으로 함.
2. 소비에트는 조선 독립을 위한 독립군 양성에 원조 및 보호를 함.
3. 소비에트 영토 내에서 한국 독립군의 자치와 자유로운 행동을 인가함.
4. 독립군 양성을 위하여 무관학교를 건립하여 주기로 함.
5. 치타 정부는 한국 군인 양성 기간 내에 한하여 무기를 무상으로 대부키로 함.

그러나 어떠하였던가. 러시아혁명이 완수되자 그들은 오히려 흑룡강 자유시에 있는 대한 독립군에게 무조건 무장해제 통지를 내린 것이다.

그때 독립군은 이미 소련군에게 포위되어 버렸다.

우리는 최후의 1인까지 싸워 흑하수를 피로 물들일 각오로 싸웠던 것이다.

이뿐이랴. 흑하사변 이후 전 시베리아에 걸쳐 소련은 우리를 배신했고 무장을 해제했고 학살을 자행했다. 나도 배신한 붉은 악마와 싸우다가 적탄이 내 이마를 맞힌 것이다. 나는 천우신조로 생명을 건졌다.

나는 동지들에게 둘러싸여 치료를 받고 있었다. 몽롱한 의식이 가물가물한 속에서 나는 역력히 내 어머니의 초상을 보았다.

아 그리운 어머니!

나는 갑자기 가슴이 답답해지며,

"어머니!"

소리를 부르짖으며 눈을 번쩍 떴다.

그때 나는 하나의 기적을 보았다.

그곳에는 정말로 내 어머니가 그 자비로운 모습으로 와 계셨던 것이다. 나는 내가 꿈을 꾸는 것인 줄만 알았다. 그러나

"범석아. 어미다. 어미가 왔다."

하시는 역력한 어머니의 음성을 들었다.

우리 모자는 덥석 끌어안고 통곡을 터뜨리기 시작하였다.

"어머니. 웬일이십니까. 꿈이 아닙니까. 어머니가 어떻게 이곳에까지……"

나는 주름지고 햇볕에 한껏 끄슬린 어머니의 얼굴을 넋 빠진 것처럼 쳐다보면서도 이것이 생시라고는 믿어지지가 않았던 것이다.

그러나 얘기를 자세히 들어 보니 나는 그제야 내가 내 어머니 품안에 안겨 있다는 실감이 나기 시작하였다.

어머니는 나를 찾아 만주 땅을 헤매셨다.

어머니는 압록강을 무사히 건너기 위해 일본 여자의 복색을 하고 떠나 왔다. 그러다가 어머니는 마적에게 잡혀 버렸다.

그때 만주의 마적에는 여러 개의 성격이 있어서 일군계의 마적, 독립군계의 마적 등 각양각색이었던 것이다.

마적에게 사로잡힌 어머니는 깡요거우로 끌려가서 총살을 당하게 되었다. 행색이 일본 여자니 총살감이라는 것이었다.

어머니는 마지막 소원이라고 하며 그 유식한 한문으로 '내 아들은 조선 독립군 대장 이 아무개다. 죽기 전에 한번 만나 보게 해 달라'는 사연을 적어 마적의 수령에게 간청을 했다. 그러자 수령은 깜짝 놀라면서 갑자기 평신저두(平身低頭)하면서 말하였다.

"누구신 줄 모르고 이런 참변을 끼쳐드렸습니다. 저는 범석 형과 의형제를 맺고 있는 아우입니다."

그는 즉시 마차로 내 어머니를 모시고 부대의 호위를 붙여 나 있는 곳까지 단숨에 달려왔던 것이다.

몇 년 만에 상봉한 모자의 정은 필설로 적기에는 너무나 벅찬 감회였다.

나는 어머니의 손으로 부상을 치료받았다. 나처럼 행운아가 어디 있으랴. 그때 생각은 늘 그렇기만 하였다.

어머니는 강원도 강릉에 있던 당신 몫의 전답을 모조리 판 돈 1천 7백 원을 가지고 오셨다. 그것을 나에게 주시면서, "이젠 언제 죽어도 여한이 없다." 하셨다.

나는 어머니가 주신 돈으로 총을 사고 폭탄을 사서 광복운동에 더욱 힘을 들였던 것이다.

아들을 만나보시고 귀가하신 어머니는 당장 종로서에 호출을 받아 가셨다. 독립군 대장의 어머니에게 그들이 자행했을 일이란 짐작이 가고도 남는다.

그러나 어머니는 시종 일관 광녀의 연기로서 그들에게 아무런 기미도 주지 않았다. 어머니는 유리창을 깨며 허튼 웃음을 지으며 형사들 앞에서 위장하였다.

마침내 정신병자라는 누명을 쓴 채 종로서에서 풀려 나온 어머니는 만 2년간을 강원도의 산사들을 순례하셨다.

오로지 나를 위하여 불공을 드리기 위함이었다.

2년 후 서울 천연동 집에 돌아오시자 어머니는 10년을 약정하고 1년에 백일기도를 8년간 하시다가 돌아가셨다.

어머니는 백일기도를 위하여 어떤 고된 일이 있거나 눈비가 쏟아지나 아랑곳없이 밤 열두시에 영천 약수 물을 떠다가 나를 위해 백일기도를 올리셨다.

백일기도를 올린 지 8년째 되던 해, 기도가 끝나는 날이었다.

어머니는 음식을 장만하여 일가친지들을 모두 불러다 풍성한 잔치를 베푸셨다.

때가 되어 손들이 모두 흩어져 갈 때 어머니는 내 출가한 누님을 부르시며,

"오늘은 여기서 묵고 가거라."

하시매 누님이 모처럼 친정어머니 곁에서 유할 양으로 뒤처졌다.

누님을 앞에 앉히신 어머니는 평상시의 말투로,

"내가 오늘은 떠난다." 하셨다.

누님은 어머니가 또 만주로 떠나신다는 말씀인가 생각하는데 어머니는 이어,

"내 마음은 범석이 보고 싶은 생각밖에는 없다. 10년 기도를 다 못 드리고 가는 게 한이다만 내가 죽더라도 아예 땅에 묻지 말고 화장한 뒤 추린 뼈를 갈아 한강에 뿌려다오. 뼛가루나마 날아가서 범석일 보아야지."

하시더니 벽에 기대어 눈을 감으셨다. 그리고 그것이 나의 새어머니의 마지막 순간이었다.

나중에 누님은 어머니가 자살하신 거나 아닌가 했으나 결코 그렇지는 않은 순조로운 자연사였다고 한다.

광복 후 나는 오매불망 그리던 고국에 돌아왔다. 그러나 고국에도 어머니는 이미 아니 계셨다.

어머니의 무덤조차 없었다.

이 세상에서 무엇이 제일 고귀하다고 해도 어머니 사랑 같은 것이 다시 있을까.

어머니 생각만 하면 지금도 그 아련한 과거, 어머니가 슬픈, 보드랍고 인자한 눈매로 나의 핏자국을 닦아 주시던 모습이 눈에 떠오르듯이 선하다.

흑단같이 고운 머리에 노상 희고 단정한 무명옷의 어머니. 내 어머니는 계모셨지만 세상에 다시 없는 훌륭하고 슬기로운 사랑으로 충만된 자랑스러운 어머니셨다.

2. 기적을 만든 여인

나는 지금도 눈만 감으면 역력히 떠오르는 그녀의 모습을 생생히 볼 수가 있다.

완전한 여인의 모습을 안팎으로 지녔기에 나의 눈에는 예나 지금이나 정녕 진·선·미의 화신으로만 여겨지는 여인.

그는 학교 교육도 제대로 받지 못한 삭막한 만주의 변경 지방에서 땅을 일구며 사는 선량하고도 우직한 농부의 이름 없는 아내였다.

　지금도 나는 훤칠하게 키 크고 살갗 흰 그녀가, 겹겹이 쌓인 눈 산의 샛길 저쪽에서 자기 집 문을 힘차게 열고 날래게 뛰어나오는 모습을 볼 수가 있다.

　그녀는 하룻밤 사이에 일어난 믿을 수 없는 기적을 나에게 알리려고 뛰어 나온다.

　기적을 만든 여인.

　그것은 그녀의 가슴 속에서 항시 끝없이 훈훈히 살아 있던 사랑의 힘으로 말미암았던가.

　아니면 밤새껏 그녀를 위해 기도했던 나의 정성 때문이었을까. 나는 아직도 그 원인을 모른다.

　그녀를 내가 알게 된 것은, 광막한 만주에서, 시베리아에서 매일같이 포연탄우를 뒤집어쓰며 온갖 고난과 전승의 영예를 함께 나누던 나의 애마로 인해서였다.

　지금도 나의 애마를 생각하면 뜨거운 것이 목 줄기를 가로막아 말문이 막힌다.

　내가 그 어려운 독립군 시절에 1천 8백 루블의 대가를 지불하고 구입한 나의 전마.

　그것은 보통 말 세 필에 해당하는 힘과 속도를 자랑하는 영리한 명마였다.

　그것은 용감한 지휘관을 태우고 전장을 휩쓸어 이김으로써 개선장군을 자랑스럽게 태우고 돌아오기 위해 태어난 말이었다.

　개선군의 선두에서 입성할 때마다 승리의 영예에 도취되어 말발굽도 가벼이 목공일체(目空一體)의 교오(驕傲)를 뽐내며 유유하고 늠름하게 걸어 가던 한없이 아름답던 그 명마가, 먹고 살기 위해서 하루 2천 4백 근의 백양목을 끌고 심산유곡의 얼어붙은 계곡의 빙판을 8십 리씩이나 치달려야 되는 짐말로 전락한 과정이란 문자 그대로 짓궂은 운명의 장난이라고 밖엔 할 말이 없다.

뿐만 아니다. 그것은 또한 남에게 빼앗긴 내 조국을 찾아보려고 군도를 휘두르며 적진을 향해 돌진하다가 마침내 부상해 쓰러진 사이에 적의(敵意) 없는 제3국에 의해 무참히 무장 해제를 당한 채, 전우를 잃고 광막한 전장에 홀로 남겨진, 나의 가슴을 천 갈래 만 갈래로 찢고 짓이겨 놓았던 뼈아픈 사연이기도 했다.

만일 나에게 사랑하는 사람 있어 그이를 남에게 맡길 때의 심정이 그러했을까.

남의 손에 맡겨진 그이의 아름다운 옛 모습 찾을 길 없이 된 몰골을 눈여겨 보았을 때의 심정이 그러했을까?

아마 거기 비해 더하면 더할지언정 덜하지 않았으리라.

그러나 나는 그 형편없이 된 내 애마의 몰골을 찾아갔다가 잊을 수 없는 그 여인을 만났던 것이다.

1918년, 러시아혁명(1917년)이 터지자 광활한 만주 땅에 산재해 있던 우리 독립군은 한 가지 목적으로 새로 편성 집결하여 시베리아로의 국경선을 넘었다.

우리는 러시아혁명을 촉진시키는 일만이 우리나라 독립의 첩경이라 믿었기 때문에 혁명을 일으킨 적계로군(赤系露軍)을 도와 시베리아의 동부에서 일제 침략군과 백계로군(白系露軍)을 섬멸하는 데 천신만고와 더불어 혁혁한 전고를 세웠다.

우리는 그들 러시아혁명이 기치 높이 치켜 올린 반제국주의 일념에 호응했고, 그들이 혁명 과업 완수 후에 이루어질 군사협정을 위해 싸웠던 것이다.

그 협정의 내용이란 대체로 간추려 보면 소비에트는 조선독립에 필요한 독립군 양성을 위한 원조 및 보호는 물론, 만·소 국경 삼각지대를 독립군에게 군사기지로 양도한다는 조약이었던 것이다.

그러나 결국 독립군은 교활한 배반자에게 덜미를 잡히는 배신을 당하고 말았다.

지금까지의 역사가 그것을 웅변으로 지적해 주듯이 저들 적계로인들은 필요할 때 마음대로 남을 이용할 줄만 알았지 그 후에 이행할 인간적인 의리나, 온갖 정치 도의는 물론 정략적으로 정식 체결한 국제적 협정까지도 헌신짝처럼 차버리는 참으로 파렴치하고 후안무치한 도당들이었다.

저들의 혁명을 도와 살벌한 시베리아의 들판에서 아까운 청춘을 묻어 버린 수많은 우리 독립군의 피가 채 마르기도 전에 그들은 우리에게 약속했던 협정을 이행하기는커녕 도리어 무조건 무장해제를 강권하기에 이른 것이다.

아무리 나라 잃은 독립군과의 협약이라도 이럴 수야 있겠는가. 헐벗고 굶주려 피곤과 절망이 극도에 달해 있던 우리에게 1917년 이후 저들이 전 세계를 향해서 소리 높이 외치던 소리―전 세계 피압박 민족을 해방시키며 타 민족을 노예화하고 타 국가를 식민지화하는 일체의 제국주의 및 군국주의 국가에게 용감하게 도전해 나가겠다던 저들의 허울 좋은 선전 문구는, 우리네처럼 침략자에게 나라를 빼앗긴 채 절망의 나락 속에 깊이 빠져 있던 자들에게는 마치 천국에서 울려 퍼지는 희망이 넘치는 아침 종소리와도 같았던 것이다.

이리하여 우리는 목숨을 걸고 저들의 혁명을 도와, 수많은 꽃다운 생명을 시베리아 넓은 벌판에 선혈로 뿌리며 그들이 감히 이기지 못하는 일본군을 도처에서 쉴 새 없이 습격해서 괴롭혀 마침내 저들의 땅에서 철병시

켰으며 백계를 소탕 축출했던 것이다.

그러나 철석처럼 믿었던 우방은 일조일석에 음흉 잔인한 배신자로 표변한 것이다. 그리하여 배신한 저들은 우리로 하여금 공산주의가 무엇임을 뼈 속 깊이 일깨워 주었고, 러시아혁명의 정체를 노정(露呈)하여 그로 말미암아 저들과 영원히 적으로서 대치하는, 결별에의 숙명을 안겨다 주었던 것이다.

혁명을 일으킨 적로군은 동쪽 시베리아로 쫓기는 백로군을 휘몰아 물밀 듯이 석권해 왔다.

우리 독립군은 적로군의 밀사와 협약하여 쫓기는 백로군의 배후를 차단하고 공격을 가하기 위하여 바이칼 호를 향해 거슬러 올라갔다.

그때 김좌진 장군과 내가 생각하기는 우리는 독립운동의 수단으로 적로군을 돕는 것이지 러시아혁명에 가담하기 위해 싸우는 것은 아니라는 점이었다.

그런데 바이칼 호를 향해 독립군이 시베리아 깊숙이 들어간다면 우리의 무대인 만주와는 너무나 거리가 뜨게 된다.

그렇게 되면 결국 우리는 러시아의 손발이 되어 우리의 독립 과업과는 어긋난 와중에 휘말려 버릴 위험이 많다.

우리는 기어코 러시아의 이익을 위해 싸우는 사람들이 아니기 때문에 그런 전조를 예측하면서까지 시베리아 안쪽으로 들어갈 수는 없었다.

그런 속에서도 러시아에 공을 세우려는 자들은 독립군으로 하여금 신속히 바이칼 호 방면을 향한 진군을 종용했던 것이다.

나는 그 의견에는 결단코 반대였다.

결국 나는 동지 다섯 사람과 깊고 찬 우수리강을 헤엄쳐 만주 땅으로 다시 건너왔다.

동지 두 사람은 강 속에서 총탄에 맞아 죽고 김좌진 장군은 우리보다

한 발 나중에 우수리강을 넘었던 것이다.

만주에 남은 우리 독립군은 또 다시 적로군이 파견한 밀사와의 교섭이 성립되어 우수리강 근처와 니꼬르스키 동남쪽으로 몰리는 백계와 연합군(영·불·중·일)으로서 시베리아 동부에 출병하여 만주병탄의 야욕을 품고 아직도 철병치 않은 채 수개 사단의 군사력을 시베리아에 갖고 있는 일군을 공격하게 되었다.

그 결과 일군은 최종 후미만을 블라디보스토크에 남긴 채 철병을 시작했고 백계도 우리와 적색 러시아 유격대의 협동작전에 패전하여 거의 다 만주를 향해, 몽고를 향해 몇 갈래로 나뉘어 러시아 국경 밖으로 추방되었다.

이리하여 러시아의 적색혁명 세력은 시베리아를 거의 완전 장악하기에 이르렀던 것이다.

이때다.

러시아의 태도가 백팔십도로 표변한 것은.

우리와 협약한 약속을 이행하기는커녕, 그리고 우리가 흘린 피에 대한 감사를 주기는커녕. 이런 파렴치한 정치 도의가 대체 세상 어디에 존재하는가.

승리에 취해 동진하는 적로 제2군은 우리 독립군에게 완전 무장 해제를 강요하면서 니꼬르스키에 진주하였다.

그 당시 만주에 있던 우리 독립군은 총사령부를 시베창에 두고 총사령관 김규식(임정의 김규식 박사가 아님) 장군의 지휘 아래 대오도 정연히 각기 부서에 들어가 싸웠다.

나는 수위훈(綏芬) 지역의 사령관이었다.

싸움에 지쳐 있던 우리가 그들의 무장 해제 요구를 들었을 때는 분으로 이가 북북 갈렸다. 니꼬르스키까지 진출한 소비에트 러시아 원동 제2군은 한쪽으로는 무장해제를 강요하면서 비밀리에 우리의 측면과 배후로 전략적 우회를 시작하였다.

우수리 이남 지역을 확보하고 있던 우리도 여지없이 포위당하고 말았다.

게다가 니꼬르스키에 사령부를 둔 러시아 원동 제2군의 초청을 받고 니꼬르스키로 들어간 독립군의 총사령관 김규식 씨는 마침내 그들의 인질로 잡혔다.

총사령관이 인질로 잡히자 우리에게는 더 이상 은인자중할 아무런 이유도 없어졌다.

때마침 우리의 전투태세를 정찰하기 위해 아군 지역에 잠복해 들어온 첩자가 잡혔고 그 첩자가 다시 탈출한 것을 계기로 우리는 러시아군에게 향한 포문을 일제히 열고 말았다. 나의 부대는 우수리강 이남에서 약 2주일에 가까운 저항을 하다가 마침내 만주 길림성 동녕현 소위분 소지영을 경유해서 남쪽을 향해 후퇴하기로 하였다.

그러나 어느새 우리의 배후를 차단한 러시아군은 우리의 탈출구인 소지영 서쪽 고지를 점령하고 얼어붙은 유분하(綏芬河)를 건너려는 우리 부대에게 기습을 가해 왔다.

고지 위에서 내리 쏘는 총탄 앞에서야 어떤 용맹한 군대라 할지라도 별 도리가 없었다.

칼자루는 적이 쥐고 만 셈이었다.

게다가 우리 부대로 말한다면 오랜 동안의 전투에 시달린 몸이 보급조차 없어 추위와 허기와 피곤의 3박자가 우리로 하여금 기진맥진하게 짓이겨 놓고 있었다.

그러나 목숨을 내걸고 있는 우리는 악에 바쳐 미친 듯이 싸웠다. 여기저기에서 전우와 전마가 피를 흘리며 쓰러져 갔다.

그러나 우리는 빗발치듯한 총탄을 뚫고, 죽어간 동지를 그대로 놔둔 채 강을 건너지 않으면 안 되었다.

이제 나의 눈에 보이는 것이라곤 아무것도 없었다. 다만 싸움뿐이었다. 진두에서 나는 아귀처럼 내 부대를 지휘하였다.

그러던 어느 순간이었다.

나는 갑자기 정신이 아찔하면서 강 언덕에서 굴러 떨어졌다.

적이 점령한 고지의 정면에 해당하지만 강 언덕이 사각을 이루어 적이 퍼붓는 총탄은 우리의 머리 위로 횡횡 날아갔다. 적탄은 내 이마의 두개골을 깨고 골막을 스쳐간 것이었다.

피가 줄기찬 샘물처럼 솟구쳐 흐르는데 나는 만사를 체념해 버리기로 했다.

이대로 신음하다가 빈사상태에서 죽느니보다는 단김에 죽어버리는 게 나로서는 편했다.

나는 나의 유품으로서, 또 나의 지휘권을 넘겨 준다는 의미에서 내 허리에 차고 있던 2십 연발 권총을 힘없는 손으로 더듬어 내 부관에게 건네주었다.

그리고 나는 내 호신용으로 항상 품고 다녔던 벨기에제 권총을 끄집어내어 빈사 상태에 빠진 나를 향해 방아쇠를 당기려는 찰라,

"사령관님 안 됩니다!"

하고 대들어 빼앗으며 말리는 내 전우들의 아우성과 호곡 소리에 뜻을 이룰 수가 없었다.

"여보게들! 날 고이 가게 해주게나. 나는 이젠 틀렸어!"

나는 애원하듯이 말하였다. 사실 그렇게 말할 기력조차도 없었다.

펑펑 쏟아지는 피는 구호병의 응급 치료도 아랑곳없이 마구 흘러내리며 얼어붙어서 나는 마치 큼직한 혈판을 이고 있는듯이 보였다고 나중에

들었다.

"사령관님. 죽기도 살기도 같이 하자던 사령관님이 이러시면 남은 저희는 어떡하란 말입니까!"

전우들은 눈물로 애소한다.

나는 최후의 힘을 다하여 물었다.

"누가 내 머리의 총 자리를 들여다보게."

구멍이 빠끔하게 뚫렸다면 나는 살 가망이 없지만 엇비슷이 길게 스쳐간 것이라면 구사일생으로 죽음을 모면할 방도가 나설지도 모른다는 생각에서였다.

누군가가 잽싸게 내 흉터를 들추어 보더니

"비스듬히 나 있습니다." 했다.

옳다. 그렇다면 다시 한 번 해보리라.

붕대를 터번처럼 감은 나는 마지막 힘을 다하여 일어섰다. 흘린 피가 눈에 스미고 눈이 다시 얼어 내 등에 붙어 마치 피 보료를 짊어진 것 같았다.

우리는 자멸을 원하였다.

나는 군도에 붙이고 다니던 붕대포를 끌러 머리에 다시 또 감았다. 그리고 얼음 위에서 마비돼 버린 나의 몸을 주무르게 했다.

그 사이에 나는 머릿속으로 작전을 짰다. 적이 점령한 고지에는 두 갈래 길이 나 있었다.

나는 그 큰길에 30여 기의 기병으로 하여금 갑자기 뛰어 오르게 한 다음 나머지 군세로 또 하나의 길로 우회하여 공격토록 하였다.

마비된 몸에서 피가 돌기 시작하자 나는 전우의 부축을 받으며 말에 올랐다. 뜯어낼 수 없는 혈판이 병풍처럼 내 후두부에 붙어 있었다.

나는 반사적으로 군도를 빼들고 말을 몰아 적진으로 향하여 돌진했다.

어떤 신의 가호인지 우리는 그곳에서 결과적으로 승리하였다.

전투가 끝나자 나는 인사불성에 빠져 나도 모르는 사이에 전우의 손으로 썰매에 실려 영고탑으로 옮겨졌다.

영고탑은 우리의 전투 지역에서 4백 리나 떨어진 먼 곳이었다.

내가 의식을 회복했을 때 나는 아는 집의 요 위에 누워 있었다.

그보다 앞서 내가 부상한 뒤 부대 지휘권은 남씨라는 한말 시대에 중대장을 지낸 바 있던 이에게 넘어가 그는 기진맥진한 우리 부대를 휴식시키고 재정비할 기회를 갖기 위해서 우리나라 사람이 많이 모여 살며 민족국가 의식이 투철한 독립 유지들의 도움을 받을 수 있는 팔면통으로 가는 수밖에 없다는 생각에서 팔면통으로 진발을 명령하였다.

머리의 부상도 어지간히 치료가 되자 내 마음은 팔면통을 향해 치달렸다.

나는 기어코 팔면통으로 부대를 찾아갔다.

그러나 팔면통에서 나를 기다리고 있는 것은 4, 5명의 군인들과 갈비뼈가 앙상히 드러난 나의 전마 한 필뿐이었다

게다가 군인들은 모두 남루한 군복을 걸치고는 있었으나 무기가 없었다.

나는 무엇보다 말을 만난 것이 기뻤으나 전우들의 모습을 보자 형언할 수 없는 불길한 예감에 사로잡혔다.

"무기는?"

나는 단도직입으로 물었다.

그들은 죄 진 사람처럼 고개를 수그리면서 말했다.

"면목 없습니다."

"무슨 일이야? 팔면통으론 제대로 돌아왔는가?"

"팔면통으로만 바로 왔다면 왜 이런 꼴을 당했겠습니까? 저 말은 중국

군 장종창 장군이 사령관님께 예의적으로 보내 드리는 겁니다."

"아니 장종창이라면 중국군 총사령관 말인가? 내 말을 장종창이 보내 다니 무슨 영문이야?"

"예, 결국 우린 그들에게 무장 해제를 당하고 말았으니까요."

"뭐?"

눈에서 불이 번쩍 일었다. 그 장비는 다 어떻게 구했으며 또 내 아끼던 군인들은……?

결국 자세히 듣고 보니 이런 경위였다.

우리 동포들이 많이 몰려 사는 대부락 팔면통을 향해 가던 우리 부대는 길을 잘못 들어 난데없이 중동철도 연변에 다다랐다.

중동철도는 중국과 러시아의 합작철도인데 1900년 이후 러시아가 끈덕진 만주 침략의 야망을 가지고 부설한 철도다.

중국이라는 한 개 주권국가의 지역 안에서 아무런 외교적 도경을 밟지도 않은 타민족의 무장 군대가 철도 연변으로 진출하니 비록 악의는 없으나마 그것은 하나의 남의 나라에 대한 국토 침입 행위로 간주할 수 있다.

철도 연변을 경비하는 중국의 말단 지휘관들에게 우리 독립군의 무장 활동을 정치적으로 눈감아 달라고 기대한다는 것은 한낱 어리석은 달콤한 기대였다.

우리 입장으로는 우리가 독립될 때까지의 군대 활동의 무대는 만주 이외의 아무 곳에도 있을 수 없다는 것은 너무나 분명한 사실이었다.

장래에 대한 희망이 있고, 우리 부대 이외의 독립군 부대에 대한 책임감에서 우리는 러시아군에게와는 달리 중국군에게 포문을 열 수는 없었다. 결국 우리 8백여 명의 군대는 무장이 해제되고 그밖에도 여분으로 갖고 있던 5백 명분의 장비와 보급품 일체가 그들에게 접수되고 말았다.

그들은 귀향 여비를 발급하고 우리 군대의 단시일 내의 완전 해산과 일체의 조직 활동 금지를 동시에 요구해 왔다.

본래 말은 장비의 일종이어서 모든 말들이 접수되었으나 당시 중국 측 총사령관인 장종창 장군이 내게 대한 예의적 대우라 해서 말을 돌려준 것이었다.

"왜 이 사실을 영고탑으로 알려 주지 않았어?"

나는 공연히 죄 없는 전우에게 호통을 쳤다.

"사령관님의 성격을 알고 있는데 어떻게 알려드린단 말입니까? 만일의 경우 일을 또 저지르시면 뒤에 남은 저희들은 그야말로 끈 잃은 뒤웅박이 되고 말게요."

나는 긴 한숨을 뿜어내었다.

팔면통에서의 모든 일은 꿈의 자취를 더듬는 것처럼 허무한 일이긴 했다.

나는 말없이 나의 애마 있는 쪽으로 걸어갔다. 말 못하는 나의 애마는 오랜 만에 만나는 주인 가슴에 그의 머리를 문질렀다.

만 가지의 회포가 그와 나 사이를 오갔다.

"너만이라도 돌아오니 반갑다."

나는 내 애마의 머리를 쓰다듬으면서 하늘로 눈길을 돌렸다.

무심하게 구름만 떠 있었다.

팔면통에는 3백 호 가까운 우리의 정착 농민이 살고 있었다.

나는 그곳에서 다시금 흩어진 군인들을 모아 부대를 조직할 기회를 기다려야만 했다.

이번 나의 계획은 독립군의 게릴라를 양성하여 백두산 속을 헤집고 장백산맥의 골짜기를 깊이 달려 인왕산까지 직접 내려가고 말리라 했다. 나는 당분간 친지의 집에 머물며 때를 기다리기로 했다.

나의 의식주 문제는 따로 걱정할 게 없었다. 그러나 큰 난문제는 나의 애마의 사육 문제였다.

　말의 하루치 사료는 5원 어치에 해당했고 당시 5원이라면 한 사람 한 달치에 해당하는 돈이었다.

　당시의 나로서는 애마의 사육 문제를 해결할 수가 없었다. 나는 이 문제를 의논하기 위하여 애국심이 강한 의병 출신의 팔면통의 정명석 씨를 찾아갔다.

　그러나 그에겐들 무슨 뾰족한 방안이 있을 수는 없었다.

　다만 나는 말 사육 문제에 대한 그의 명안을 당부해 놓은 채 숙소로 돌아왔다.

　며칠 후, 명석씨가 나를 찾아왔다.

　"한 가지 방도가 나서긴 했는데……."

　나는 귀가 번쩍 뜨이며,

　"그래 어떤 수가 있습니까?"

　하고 물었다.

　"결코 만족할 만한 방법은 아니외다. 귀중한 말을 굶겨 죽일 수야 없지 않겠어요?"

　"물론이지요. 우선 살리고 봐야지요. 나중에야 산수 갑산을 가더라도……."

　머뭇거리면서 입을 연 명석 씨의 방안이란 듣고 보니 너무 처참한 방법이었다.

　명석 씨에게 아우 하나가 있는데 그는 형과는 달리 교육도 없이 땅을 파먹고 사는 소박한 농부였다. 이름은 관석이라 했다.

　관석은 농사를 지을 수 없는 겨울철을 이용하여 목릉현 삼창계곡 속에서 벌채하는 아름드리 백양목을 목릉역까지 운송하는 일을 맡아 돈을 벌고 싶은데 계곡의 얼음판을 말이 썰매로 목재를 끌면 말의 사육문제는 쉽게 해결된다는 것이었다.

아무리 말이라 하더라도 그 일은 너무나 중노동이었다.

그렇더라도 명석 씨 말마따나 우선은 살리고 봐야 하지 않겠는가.

나는 몇 날 몇 밤을 뜬 눈으로 새우며 생각하던 끝에 드디어 말을 관석에게 맡기기로 하였다.

목릉역은 중동 철도의 동부 지선의 큰 역인데 그곳에는 백계 러시아인이 경영하는 성냥공장이 있었다.

그 공장에서 필요한 백양목은 목릉역에서 80리 들어간 삼창계곡의 벌채장에서 나왔다. 그 백양목의 통나무를 나의 애마는 한 번에 2천 4백 근을 끌고, 한 차례만 하면 25원을 받고 4십 리 길을 두 차례 운반하면 하루에 5십 원을 번다.

벌기에 욕심이 지독한 관석이나 두 축을 으레 한다고 봐야 할 것이 아닌가? 그러니 나의 말은 하루에 평균 1백 6십 리 길을 달려야 하는데 8십 리는 2천 4백 근의 무게를 끌며 빙판을 내리 달려야 한다.

이렇게라도 하지 않으면 말은 굶어 죽을 수밖에 없는 것이었다.

나는 눈물을 머금고 말을 빌리러 온 정관석에게 내 사랑하는 말을 건네주지 않을 수 없었다.

사랑하는 사람을 남에게 의탁할 때의 기분이 그런 것일까?

하여간 그런 경위로 나의 말은 목릉역을 향해 떠나갔던 것이다.

먹고 살기 위해 정관석을 따라 목릉으로 옮겨진 나의 말은 이루 헤아릴 수 없는 고난과 싸워야 했다.

그 말은 타는 말이지 짐 끄는 말이 아니었다.

그것은 마치 농구 선수나 마라톤 선수에게 지게를 지우는 일이나 마찬가지였다.

말에도 자존심이 있다면 나의 말은 결코 관석의 짐을 끌지는 않았으리라.

아니다. 나의 말에는 자랑스러운 자존심이 있었다.

그러나 살아야 한다는 명제 앞에서는 나의 말도 어쩔 수가 없었던 것이다.

나의 말은 겨울 밤 닭이 두 홰째 우는 것을 기다려 거친 사료가 먹여졌다. 그리고는 몸에 붙지 않는 썰매를 끌고 겨울의 심산유곡 얼어붙은 빙판을 단숨에 내달려 4십 리를 가야만 했다.

벌채장에 다다르면 다시 숨 돌릴 사이도 없이 2천 근이 넘는 목재를 썰매 가득히 싣고 다시 4십 리 길을 돌아온다.

러시아 도량형으로 80부도푸를 끌면서 나의 말은 겨우내 그 중노동을 겪어 내야만 했다.

북만의 겨울은 길다.

겨울은 양력 4월 초 얼음이 해빙될 때까지 계속된다.

그 세월 동안을 나의 말은 줄곧 그 중노동에 시달려야만 했다.

말은 날이 갈수록 과중한 노력을 강요당하매 그 자랑스럽던 체력은 날로 떨어지고 봄이 가까워 오면서 얼음이 덜 미끄러워지니 썰매는 무겁기 마련이다.

그때마다 무자비하게 후려치는 새 주인 정관석의 채찍은 마침내 영리한 말로 하여금 자존심을 잃게 만들었고, 운명을 체념케 만들어 버렸다.

그뿐인가.

그 비단결같이 곱고 불빛같이 찬란하던 가죽은 누더기처럼 헐었다.

그 부드럽게 물결치던 동체는 갈빗대가 수대로 팔뚝처럼 불거져 나오고 우묵하게 골 졌던 등뼈는 칼날처럼 솟아났다.

오만하게 두드러졌던 눈두덩은 물이 한 잔이나 고일 만큼 움푹 꺼져 버렸고, 그 형형히 빛나던 두 눈동자에는 부옇게 안개가 끼어 버렸다.

그뿐인가. 조그만 동정에도 민첩하게 움직이던 생기 있던 두 귀도 좌우쪽으로 축 늘어져 버리고 말았으니…….

산다는 게 무엇인가.

결국 내 말은 먹고 살기 위해 폐마가 되어 버렸다.

그것은 나의 죄였을까.

나라 없는 백성으로 태어난 자의 운명이 그게 아니고 무엇이었을까.

나는 내 모습을, 사랑하는 나의 말을 통해 보았던 것이다.

말을 관석에게 맡긴 후의 나는 매사에 손이 붙지 않았다.

나는 겨우내 공연히 초조하게 팔면통에서 영고탑으로 수없이 오락가락 거리며 살았다.

하루에도 몇 번씩 말이 보고 싶어 목릉으로 가고 싶었으나 참았다. 내가 간다고 해야 마음만 더 아팠지 말로 하여금 고역에서 모면하게 해 줄 아무 힘이 없을 바에야 차라리 참았다.

그러나 4월이 오자 나는 더 이상 참을 수가 없었다.

게다가 나는 여러 사람에게 전해들은 바가 있어서 그 이상 말을 그대로 내버려 둘 수도 없었다.

나는 애마를 찾아 목릉으로 갔다.

목릉이란 곳은 중동철도 연변에 산재한 여러 촌락이 다 그렇듯이 중국인과 러시아인의 혼합 거주지였다.

유분강역에 사는 중국인들은 모두 약간의 러시아 말을 섞어 쓰는데 목릉도 그 예외가 아니었다.

목릉에는 철도원의 사택이 있고 러시아인의 성냥공장, 병원, 상점들이 많아 같은 만주에서도 러시아적 이국정서가 많이 깃들어 있는 고장이다.

나는 내가 알고 있는 러시아인 집에 숙소를 정하고 정관석의 집을 찾아갔다.

나는 정관석이라는 사람이 나의 말을 선뜻 보여주지는 않으리라는 예감을 품고는 있었다.

그러나 혹시 먼발치라도 말을 볼 수 있을까 싶어서 찾아갔던 것이다.

나는 이리저리 수소문 끝에 드디어 관석의 집을 찾아내어 문을 두드렸다.

문이 열리며 나온 것은 뜻밖에도 어떤 젊은 아낙네였다.

그녀는 훤칠하게 키가 크고 살갗이 희고 함경도 사투리를 쓰는 미인이었다.

나는 즉각적으로 그녀가 바로 정관석의 부인임을 알아차리고 나의 내의를 전하였다.

여인은 반색을 하며 나를 안으로 인도하려 하였으나 나는 들어가지 않고,

"주인께서 아직 안 돌아오셨습니까? 말을 한 번만이라도 볼 수 있을까 하고 왔습니다만……"

"어머나 어떡하지요? 그이는 밤 열한 점 가까이나 돌아와서 닭이 두 홰째 울 때면 벌써 집을 나가는 걸요. 집에 돌아오기가 무섭게 피곤하다고 쓰러지는데 말이야 오죽하겠어요."

그러니 말을 보려면 집에 들어와서 기다려야 된다는 것이었다.

"아닙니다. 그럼 나중에 다시 오지요."

"아니 숙소를 저희 집에다 정하지 않으시고 어디다……?"

"예, 마침 아는 러시아인 집에다 정했습니다. 걱정 마십시오."

"아니 왜 그러셨어요? 저희 집을 두시고……."

여인의 말소리는 공연한 인사치례가 아니었다. 그녀의 말 속에는 진정이 알알이 스며 있었다.

"찬은 변변찮지만 저희 집에서 유하셔요."

"아닙니다. 사양하는 게 아니라 나는 편한 데로 정했으니 마음 쓰지 마십시오."

나는 직업이 군인인 데다 오랫동안 전장을 뛰어다니다 보니 젊은 여인 앞에서는 더욱 말씨조차 무디어졌다.

나는 애당초 내가 찾아감으로써 어떤 심리적인 혼란을 그들에게 줄까 걱정이었고 둘째는 말 주인인 나를 대접하려고 서두를 것이 싫어서 미리부터 숙소를 정했던 것이다.

"그러시면 저희들 마음이 편안하지가 못한 걸 어떡합니까? 그 말 덕분에 저희는 작년 흉작의 영향도 받지 않았고 도리어 집칸까지 마련하지 않았겠어요? 게다가 앞으로 살 생활 밑천도 얼마만큼 모았는데요."

여인의 말투는 솔직하고 신선하고 투명했다.

"그거 듣던 중 다행입니다."

"그 대신 말을 보여드릴 염치가 없군요. 저희로서는 힘껏 거두느라 거두었지만 원체 일이 고된 일이고 겨우내 한 번도 쉬어 주질 못했으니 말의 형편이 말이 아니에요."

나는 여인의 너무나 순진스러운 말투에 형편이 없어졌다는 말의 얘기를 들어도 그것이 별로 실감이 나지 않았다.

"그러니 선생님께서 저희 집에 오시지 않으시면 저희 마음이 어떻겠어요? 진지 한 끼라도 안 잡숫고 가시면 어떡하십니까?"

여인은 마냥 진지한 눈빛으로 나에게 강요하려 들었다.

마침내 나는 껄껄 웃으며

"정 그러시다니 내일 아침을 먹으러 오겠습니다."

"꼭 기다리겠습니다. 주인도 모처럼 내일은 쉬시라고 해야겠어요 그러면 선생님도 맘껏 말을 만나 보시고……."

나는 그러마고 약속하고 나의 숙소로 돌아왔다.

숙소로 돌아온 나는 연거푸 담배를 피워 대면서 방금 만나고 온 여인 생각을 자꾸 머릿속에 띄우고 있었다.

그녀는 한낱 이름 없는 농부의 아내였지만 나는 그때까지 그렇게 균형 잡힌 몸매와 개성적인 용모와 표정과 언어에 꾸밈이 없으면서도 선량하여, 차라리 교양미가 넘쳐흐르는 여인을 만나 본 적이 없었다.

아름다운 여인이란 남의 부인이거나 남의 어머니이거나를 가리지 않고 아름답기 마련이었던 것이다.

다음날 마침 아홉 시경에 나는 아침 대접을 받기 위해 숙소를 나왔다. 바깥은 아직도 추웠다.

때때로 눈발도 흩날리고 길 양쪽으로 눈 더미가 길길이 쌓여 있었다.

어쩐지 신이 나고 마음이 가벼웠다. 아름다운 여인이 만든 음식을 먹는다는 일도 기뻤고 그보다 말을 본다는 기대 때문에 더욱 그랬다.

관석의 집 문 앞에 다가오자 나는 신발 밑창에 낀 눈을 터느라고 탁탁 발을 굴렀다.

그 소리를 듣고 문이 열리며 그녀가 나왔다.

그러면서 대뜸 하는 말이,

"선생님. 어젯밤, 주인이 늦게 왔는데 선생님이 오셨다고 하니까 무척 놀라면서 의당 기다려서 뵈어야 하지만 얼음길이 좋지 않아서 싣고 오던 나무의 절반을 중간에다 부려 놓은 것을 실으러 꼭 가야 한다고 그 시간에 나갔어요. 회사와 약속을 어길 수가 없어 가니 부디 용서하시라면서……."

나는 갑자기 어깨죽지의 힘이 쏙 빠져 버리는 것을 느꼈다.

적잖이 시무룩해지면서 나는,

"그래요? 할 수 없지요."

하고 오던 길을 되돌아가려는데 그녀는,

"아침 식사는 저희 집에서 하시기로 하셨잖아요? 준비해 놓고 있었어요."

하고 한사코 자기 집으로 나를 끌어 들였다.

나는 약속한 말도 있었고 지나치게 거절하는 것도 오히려 실례가 된다 싶어 방으로 들어갔다.

내가 방으로 들어오자 그녀는,

"잠시만 기다려 주세요."

하고 잽싸게 부엌으로 갔다.

부엌에서는 그녀가 새로 숯불을 피우는 소리가 들렸다.

그러던 얼마 후 갑자기 탁 하며 숯불이 튕기는 소리와 함께 나직하게

"아이쿠!"

하는 비명 소리가 났다.

나는 와락 불길한 예감을 느끼며 부엌 쪽으로 얼굴을 내어 밀고

"어디 다치셨습니까?"

하고 물었다. 그녀는 한 손으로 한 쪽 눈을 온통 가린 채,

"아무것도 아녜요."

하며 내 쪽으로 얼굴을 돌렸는데 미소 지으려는 입모습은 고통으로 일그러지고 목소리는 떨렸다.

나는 아무 생각도 할 겨를 없이 부엌으로 뛰어가며,

"어디 보십시다."

했다.

"괜찮아요. 정말 괜찮아요."

그녀는 몇 번이나 연거푸 말하면서도 손을 눈에서 떼지 못하는 것을

보고 나는 그녀의 손을 가린 눈에서 떼어내며 줄줄이 흐르는 눈물 사이를 비집고 눈 속을 들여다보았다.

그 순간, 깜짝 놀랐다.

이 무슨 변고인가. 그녀의 눈동자가 새뽀얗게 멀어 있지 않은가. 그 영롱하게 반짝이던 한쪽 눈이……

그 순간에 받은 나의 충격이란 영원히 잊을 수가 없으리라.

그 순간의 나의 머릿속에 오가던 만 가지 생각들이 한 뭉치로 얼어붙은 채 나는 오로지 모진 죄책감과 책임감 속에서 몸 둘 바를 몰랐다.

남의 꽃다운 젊은 여성이 나로 말미암아 한 쪽 눈을 잃은 불구자가 됨으로써 끼쳐질 온갖 영향에 대해 생각하지 않을 수 없었다.

나는 그들의 행복한 가정이 깨어지는 소리를 듣는 것만 같았다.

나는 무엇인가. 그 순간 나는 나의 운명을 저주했다.

나는 실의에 찬 독립운동의 낙오자였다. 자신의 몸 담을 곳조차 막연한 무능력자였다.

그럼으로써 목숨처럼 아끼던 말조차 거둘 수 없어 과거의 그 찬란하던 스빠스까야, 니꼬르스키 등의 공략전에서 싸워 이긴 늠름하던 전마를 목재를 끄는 짐말로 전락시킨 무뢰한이었다.

애마를 희생시킨 대가로서 일개 노동자의 조반 식객이 되어 버린 나는 또다시 젊은 남의 아내까지 불구자로 만들었단 말인가.

어찌 나의 존재를 저주하지 않고 배기리.

나는 나를 저주했다. 나라 없는 망명 혁명가의 신세를 저주했고, 전쟁에서 죽지 못한 운명을 저주했다.

이루 헤아릴 수 없는 괴로움의 덩치를 태산같이 안아 버린 나는 뽀얗게 멀어 버린 그녀의 눈 앞에서 어찌 하리.

그러나 그 사이에도 그녀는 연신 나를 안심시키려고 마음 쓰는 데만 골몰해 있었다.

"염려 없을 겁니다. 안심하십시오. 내가 약을 얻어 올 테니 진정하고 기다리십시오."

나는 그렇게 힘을 주면서,

"눈에는 눈물이 있으니 불똥이 들어가도 별일 없을 겁니다."

거짓으로 위안을 주었다.

그녀는 내 말을 믿는 듯 연신 안심하라고만 한다.

나는 단숨에 뛰어 나갔다. 눈길을 달려 역전 철도병원의 문을 두드렸다.

규모가 작아서 안과의 전문의가 있는 것도 아닐 터인데 나는 그들을 구세주처럼 믿고 싶었다.

"데인 눈에 넣을 약을 주시오"

하면서 나는 불필요할 만큼의 자초지종을 고해 바쳤다.

의사는 내 난처한 처지에 동정을 했음인지 아무 대꾸 없이 간장같이 검은 물약과 점안기를 주었다.

내가 다시 그녀의 집으로 달려갔을 때에도 그녀의 눈물은 여전히 흘러 멈추지 않았고 나를 대해 웃어 보이려는 입모습도 변함이 없었다.

나는 의사의 지시대로 약을 넣어 주었다. 그리고는 계속해 간호해 주고 싶었으나 도리어 피차 불편할 것만 같아 그 집을 하직하기로 했다.

"절대로 별일은 없을 겁니다. 두 시간마다 약을 넣으십시오."

열 번 스무 번 같은 말을 되풀이하며 그 집에서 나왔다.

숙소로 돌아온 나는 담배를 벗하며 하룻밤을 고스란히 뜬 눈으로 밝혔다.

기나긴 한 밤을 지새우며 나는 존재 모를 신에게 심령 깊은 곳에서 우러나오는 정성 어린 기도를 만 번 천만 번이나 계속 올렸던 것이다.

인간이란 이렇게도 연약한 존재였던가를 느끼면서 나는 나의 무력을 새삼 깨우치며 오로지 전능한 신에게 의지하려 하였다.

다음날 날이 새기가 바쁘게 나는 관석의 집으로 달려갔다.

초조한 내 발자국소리가 방안까지 들렸는지 그 집 문이 갑자기 활짝 열리며 날쌔게 뛰어나오는 그녀의 모습이 보였다.

그녀의 얼굴은 상쾌한 아침 바람처럼 희색이 넘쳐 있었다. 그녀는 바람처럼 내게로 달려오더니 거의 무의식적인 동작으로 한 손으로 내 어깨를 끌어안고 다른 한 손으로 자기의 멀었던 눈을 벌려 보였다.

"이거 보세요 아무렇지도 않아요."

그녀는 속삭이듯이 목소리를 낮추어 말하면서 손으로 자기 집 쪽을 가리키다가 그것으로 자기 입을 꼭 가려 보이며 나에게 눈짓으로 아무 소리 하지 말라고 손을 좌우로 흔들어 보인다.

눈에 관한 얘기를 아무 소리 말라는 뜻인 것을 깨달으며 나는 짐짓 놀라운 눈으로 그녀의 눈을 보았다. 그것은 곧 기적이었다.

뽀얗게 멀었던 그녀의 눈은 단 하룻밤 사이에 감쪽같이 맑게 나아 있었다. 아무리 그 약이 명약이었댔도, 이런 신효가 어디 있겠는가?

결국 그녀는 쓸데없는 일로 남편의 피곤한 마음을 아프게 해주고 싶지 않다는 뜻에서 아무 소리 말라는 것이었다.

그로부터 많은 세월이 흘렀다.

그런 사건 이후 나는 한 번도 정관석 내외를 만날 기회가 없었다.

그러나 나에게는 완전한 여성미의 심벌로서 잊을 수 없는 여성상이 내 속에서 만들어졌으니 그것이 곧 정관석 부인의 모습이다.

그녀는 설혹 높은 교육을 받은 바 없는 농부에 불과했지만 선천적으로 균형 잡힌 몸매는 내재적인 그녀의 온갖 후천적 자질, 즉 소박, 성실, 어짐, 선량, 게다가 풍부한 이해력, 그리고 무엇보다 깊이 있는 감정, 사랑 등을 기민하게 발휘하며 타인으로 하여금 끝없는 안식과 즐거움과 계발을 주었다. 그녀가 기적을 만들어 낸 것은 다름 아닌 그녀의 사랑의 힘이라고 나는 지금도 믿고 있다.

3. 광야의 갈리나

"이젠 돌아가자."

나는 나의 수종병인, 중국 병사들에게 중국어로 말하면서 타고 있던 말머리를 돌렸다.

이곳은 만·소의 국경선. 1925년 이른 봄이었다. 봄이라고는 하지만 아직도 외투를 벗기까지는 얼마를 있어야만 하는 그런 때였다.

나는 그때 유녕진수사(綏寧鎭守使)로서 만주와 소련 변경 지역의 경비를 담당하고 있는 중국의 군벌, 장종창 장군의 막료의 한 사람으로 국경선에 배치된 병력상황을 순시 차 이곳에 왔다가 다시 사령부가 있는 뽀끄라니나야로 돌아가기 위해 말머리를 돌린 것이었다.

수삼의 수종병을 뒤에 거느린 채 나는 말없이 말 잔등에서 흔들려 가고 있었다.

우울하였다.

수위푼 지역의 전투에서 배신한 러시아 혁명군과 대전하다가 내가 부상당해 영고탑으로 이송된 사이에 부대의 재정비를 위해 팔면통으로 가던 우리 독립군은 길을 잘못 들어 중동철도 연변에 다다랐다가 마침내 악의 없는 중국군에 의해 무장 해제를 당하니 부대는 뿔뿔이 흩어져, 내가 다시 팔면통에 갔을 때는 하나의 국적 잃은 유랑자의 신세가 되어 있었다.

나는 다시금 군대를 규합할 시기를 기다리지 않으면 안 되었으나 군대의 편성이란 일조일석에 간단히 성사를 보게 되는 일도 아니었고 보니 그 동안의 호구책을 마련할 방법을 모색하지 않으면 안 되었다.

게다가 나는 항상 일제 군경의 추적을 당하고 있는 독립군의 괴수여서 그저 편안히 시민 생활을 보낼 수도 없는 처지인 데다 내 성격이 원래 조용히 있기를 마다하는 동적 인간이요, 직업이 군인이라 내 자력으로써 최저한의 생활을 유지하면서 끈덕지게 재기의 기회를 기다리려면 군대 사회밖에는 적당한 은신처가 없는 처지였다.

때마침 나의 그런 저런 처지를 소상히 알고 있는 사람을 만나 그의 힘을 입게 되었으니 그의 이름은 안여반이라고 하였다.

안여반은 장종창 장군의 처남뻘 되는 우리 동포였다. 그가 한국 사람으로서 어찌 중국인의 처남이 되었던가.

당시 중국의 군벌사회에서는 일부다처의 풍습이 성행했는데 그 가운데서도 장 장군의 다처는 유명했다. 그의 제7 부인이 한국여성이었고 그녀의 동생이 마침 안여반 군이었던 것이다.

나는 안여반의 힘으로 장종찬 장군의 막료가 되었다.

중국 군대 안에서의 나의 생활은 그럭저럭 안온한 것이기도 했다.

그러나 나에게는 목적하는 이상이 있는 한 중국 군대 안에서의 일시방편의 생활에는 신이 나지 않았다. 그저 답답하고 우울한 나날이었을 뿐이다.

그 무렵 나는 주량이 늘고 술 없이는 하루도 견디어 내기가 힘들 정도였다.

나는 윤형권이란 변성명을 쓰고 있었지만 한국 사람이라는 걸 숨기지는 않았다.

그 당시의 만·소 국경선에서는 러시아 공산주의혁명을 성공시켜 의기충천해 있던 러시아 원동군의 군력이 부단히 만·소 국경 침범사건을 빚어내어 외교적 분규를 위시한 크고 작은 군사적 충돌이 그칠 사이 없이 빈발함으로써 두 나라를 언제 전쟁의 도가니 속으로 몰아 넣을지 모를 일촉즉발의 위험에 직면해 있었다.

국경선을 순시하고 이상 없음을 확인한 나는 사령부를 향해 말머리를 돌리고 말에 흔들려 가면서 다시금 나의 처지를 새삼 간절한 고독감으로 되씹어 보는 것이었다.

조국 독립의 염원이 집념처럼 되새겨진 우리가 오로지 독립군의 국제적 지원을 조건으로 러시아 혁명군에 가담하여 백계 노군과 때로는 일군과 수없이 거듭한 전투에서 이긴 대가가 하루아침의 밤이슬처럼 온데간데없이 그들에게 배신을 당할 때의 분노가 다시금 생생히 되살아나는 것이었다.

온갖 고난을 같이 하며 사선을 돌파하던 어제까지의 전우가 갑자기 불구대천의 원수로 표변하여 우리 눈 앞에 있을 때 나는 그들을 향한 영원한 복수를 맹세했던 것이다.

나의 반공사상은 그렇게 뿌리 깊이 박혀졌던 것이다.

우리는 어제의 전우와 치열한 포화를 교환하는 비극 속에서 전투를 하면서 국경선을 넘어 다시 만주로 넘어왔으나 우리를 기다리고 있던 것은 억울하기 그지없는 무장 해제였던 것이다.

튼튼히 쌓아 올렸던 모든 계획은 여지없이 붕괴되고 우리의 생활은 백팔십도의 근본적 변화를 일으켰다.

오랫동안 해 내려왔던 군대 생활, 무장 활동, 군중과 맺었던 친화의 유대, 이 모든 것을 삽시간에 상실당했을 때 나는 천애이역 만주의 벌판에서 오로지 고독한 방랑자였을 뿐이다. 그리하여 26세의 열혈 젊음이 우로

(雨露)를 막을 집 한 칸 없는 초라한 신세가 되어 지금은 우리 군대의 무장해제를 강행했던 중국 군대 안에서 호구를 의지하고 있다. 이 어찌 서글픈 사실이 아니랴.

말은 서모돈(西毛屯)의 인가 없는 황야에 다다르고 있었다.

그날은 달이 교교히 밝아 달리는 말들이 길을 찾는 수고를 겪지 않아도 되었다.

북지의 봄 달은 달무리조차 없이 마치 가을 달처럼 유난히 밝았다.

달이 밝으니 처량한 내 신세가 더 한층 처절히 느껴지는 감상조차 곁들여지는 것이었다.

그때 나는 무엇엔가 문득 놀라면서 말을 멈추었다.

그리고 귀를 기울였다.

황야를 스치는 바람결을 타고 여인의 울음소리가 들리는 것 같았기 때문이다.

처음엔 나의 환청으로만 여겼다. 그러나 그 울음소리는 점점 가까워 오고 있다.

"저 소리가 들리나? 여자의 울음소리 같은데……"

나는 수종병을 뒤돌아보며 물었다.

"예. 들립니다."

수종병도 의아한 눈초리로 대답한다.

"웬 여자일까. 이 밤중에."

그러자 나는 저만큼 구릉진 황야의 지평선상에 나타나는 검은 그림자를 발견하였다.

"저기 보입니다."

수종병 하나가 소리치는 것과 함께 우리는 말을 일제히 몰아 그쪽을 향해 달려갔다.

달빛 아래 울며 걸어오는 것은 20대 묘령의 러시아 여성이었다.

그녀는 긴 머리를 풀어 헤치고 흐느껴 울며 우리를 쳐다보았다.

마상에서 그녀를 내려다보던 나는 적이 놀라지 않을 수 없었다.

풀어헤 친 머리를 뒤로 넘기며 나를 쳐다보는 그녀는 달빛 때문이었던지 나에게는 이 세상 사람이 아닌 것처럼 아름다워 보였다.

저렇듯 젊은 미모의 여성이 무슨 까닭으로 이 인기척 없는 삭막한 황야를 흐느끼면서 혼자 걸어간단 말인가.

착잡해지는 감정과 짙은 호기심을 억제치 못하면서 물었다.

"당신은 누구이며 무슨 일이 있었기에 이렇게 울며 가시오?"

러시아 말로 묻자 그녀는,

"저의 이름은 갈리나라고 해요. 니꼬르스키에서 오빠를 찾아왔어요."

갈리나는 그렇게 대답하면서 다음과 같은 자기 얘기를 북받치는 오열로 간간이 막히면서 나에게 하는 것이었다.

갈리나의 오빠는 백계군 중대장이었다.

그는 적계군과의 싸움에서 패배를 거듭하면서 퇴각하다가 마침내 국경선을 넘어 부대를 이끌고 뽀그라니치나야 방면으로 도피하였다고 한다.

그 소식을 풍문으로 듣고 갈리나는 뽀그라니치나야로 따라왔건만 오빠의 소식은 묘연하였다.

갈리나는 뽀그라니치나야 역 근처에 유숙하면서 사방에다 오빠의 소식을 탐문하는 중이라 했다.

"그런데 오늘 스보보드까의 파티에만 안 갔더라도……."

갈리나는 또 다시 울기 시작한다.

스보보드까의 러시아인 마을에서 파티가 열렸는데 망명 러시아인들이 잠깐의 향수를 달래려고 그 근방에 흩어져 살던 사람들이 모두 그 파티에 모여들었던 모양이다.

갈리나도 그 파티에 나갔다. 러시아인끼리 모이는 장소이니만큼 혹 오빠의 소식을 들을 수 있을지도 모르기 때문이었겠고, 또는 오랜 만에 러시아인 속에서 그동안 객지에서의 향수와 고독도 풀어 보고 싶었으리라.

실의에 차 있던 갈리나는 파티에서 사람들이 권하는 술잔을 사양하지 않고 받아 마시고 만취해 버렸다.

그 사이에 누구의 집이었는지 갈리나가 비밀리에 은닉해 두었던 1년을 쓰고도 남을 막대한(갈리나로서는 전 재산) 돈을 깡그리 도둑맞았다는 것이다. 그녀는 그 돈을 입고 있던 외투 깃과 소매 부리 속에 봉입해 두었던 것이다.

귀신도 모르게 감쪽같이 몸에 지니고 다니던 그 돈을, 술이 어지간히 깨어 보니 일전 한 푼 남기지 않고 모조리 도난당했다는 것이었다.

"이것 보세요. 꽁꽁 꿰매 두었던 것이 이렇게 되지 않았겠어요?"

그녀는 실밥이 구지레하게 너덜거리는 외투 깃과 소매 부리를 내 눈 앞에 펴 보이는 것이었다.

그녀의 외투는 가죽으로 되어 있었다. 나는 그 사고무친한 이역 땅에서 갖고 있던 돈을 깡그리 도둑맞고 황야에서 만난 낯선 이방의 사나이에게 순진스럽게 자기의 딱한 처지를 하소연하는 소녀가 측은해서 견딜 수가 없었다.

더구나 엊그제까지 거친 말 콧김을 뿜으면서 군도를 빼어 들고 추적에 추격을 거듭하면서 그들에게 숨 돌릴 겨를도 주지 않았던 백계군의 누이라는 소리에 나는 한없는 민망과 뉘우침을 느꼈다.

저 티 없이 물결치는 부드러운 머릿결하며 저 무구한 살결, 저 순진한 큰 눈이 온갖 삶의 두려움을 함빡 담은 채 초조롭게 떨고 있구나.

살벌한 광야에 핀 한 떨기 백합. 나는 모든 면으로 처지가 비슷한 그녀에게 정 깃든 동정심이 무럭무럭 솟구치는 것을 느꼈다.

"저는 정말 어떡하면 좋을지 모르겠어요. 어떻게 돈을 찾을 방도는 없을까요?"

나는 그녀에게 곧 중국 경찰에 신고하도록 권했고 일깨워 주었다. 그러나 솔직한 말로 신고를 해 보았자 도둑맞은 그녀의 돈을 다시 찾을 확률은 십 분의 일도 안 되는 정도라는 것을 나는 알고 있었다.

"전 이 지방에 아는 사람이라곤 한 사람도 없는 형편이에요. 제가 돈을 찾을 때까지 돈을 찾을 수 있게 도와 주실 수 없을까요?"

순진한 갈리나는 그렇게 묻는 것이었다.

오 갈리나여! 네가 만난 것이 내가 아니고 어떤 흉악한 도적의 마음을 지닌 사나이였다면 너는 어떻게 되었으랴.

갈리나는 결코 나의 동포가 아니었다. 그녀는 시베리아의 얼어붙은 대지를 일구며 살아온 슬라브의 후예이다.

나는 한동안 나의 필요 때문에 적의도 없는 백계군과 총구를 겨누던 그녀의 이민족의 한 망명 투사다.

그러나 그 순간 그런 온갖 장벽을 단숨에 뛰어넘어 그녀가 마치 나와 피를 같이하는 누이동생과도 같은 친밀감을 느꼈던 것이다.

"그럼 지금 곧 경찰서로 가겠어요."

갈리나가 말하자,

"이봐요 아가씨. 지금은 안 되오 벌써 시간은 열두 점이 가깝고 또 이곳은 국경과 5킬로 거리도 안 떨어진 곳이라오 지금 이 고장은 살벌한 저기압이 떠돌아 젊은 여성들이 나다닐 곳이 못 되는 데다가 그대 입에서는 아직도 술 냄새가 가시지 않은 듯싶으니 오늘은 집으로 가시오 그리고 내일 어려운 일에 부닥치면 나를 찾아오시오."

나는 내 부대의 주소를 그녀에게 알려 주었다.

그녀는 나의 말뜻을 예민히 받아들이면서,

"선생님 부탁이에요. 오늘은 너무나 심한 충격을 받았어요. 그래서인지 세상의 모든 게 온통 불안과 공포뿐이에요. 아까는 술기운 때문에 큰 소리로 울 수도 있었고 혼자 걸어갈 수도 있었나 봐요. 지금은 무서워 죽겠어요. 선생님 저의 숙소까지 바래다주실 수 없을까요? 부탁합니다."

그녀의 큰 눈은 달빛 속에서도 얼마나 큰 공포에 휘말려 있는가를 역력히 읽을 수가 있었다.

"숙소가 어딥니까?"

잠시 후 내가 물었다.

"모스꼬브스까야 울리챠 18번지!"

갈리나여! 지금도 나는 너의 주소를 똑똑히 기억하고 있다.

나는 말에서 내려섰다. 우리의 말귀를 알아듣지 못한 채 어리벙벙하게 바라보던 중국인 수종병의 하나에게 나는 내 말을 맡기고,

"나는 지금 근무 중입니다만 사정이 그러시다니 바래다 드리겠소"

하였다.

갈리나는 감사에 어린 눈으로 나에게 천만 번 고맙다는 인사를 아끼지 않았다.

그녀의 숙소까지 걸어가는 동안 갈리나와 나는 서로의 신상에 관한 얘기들을 솔직하게 주고받았다. 그러니까 그녀는 내가 한국 사람으로서 중국 국군의 장교가 되어 있는 사정도 이해할 수가 있었던 것이다.

그녀의 숙소 앞에서 나는 그녀와 헤어졌다.

다음날 오후.

나는 위병의 안내를 받아 나의 판공실에 들어온 어떤 미녀를 보고 놀랐다.

자세히 보니 그녀는 어젯밤의 갈리나였다. 그러나 어젯밤 황야에서 머

리를 흐트러뜨린 채 정신없이 울던 그 갈리나와 같은 갈리나라고는 좀처럼 믿어지지 않을 만큼 그녀는 어젯밤과는 다르게 아름다웠다.

어젯밤의 갈리나도 내 마음을 사로잡을 아름다움을 내뿜고 있었지만 오늘의 갈리나는 아름다움의 각도가 달랐다.

어제의 갈리나를 야생의 갈리나로 친다면, 오늘의 갈리나는 지성미 넘치는 숙녀로서의 갈리나였던 것이다.

한 여인이 그렇게 각도가 다른 이질의 아름다움을 공유할 수도 있다는 실례를 나는 그때 갈리나를 통해 처음 알았던 것이다.

단정한 옷차림에 세심한 화장으로 몸을 가꾼 갈리나는 동작이 민첩하고 자연스러워 몹시 세련된 여성미를 느끼게 했다.

그녀는 내가 시킨 대로 경찰에 신고했다고 전하고는 어젯밤의 도움에 대해 다시금 감사한다고 말하면서,

"선생님이 아니셨다면 어떻게 됐을지 아침에 눈을 뜨고 생각하니 등골이 오싹해지더군요."

하고 해맑은 미소를 짓는 것이었다.

"여자가 이런 곳에 찾아온다는 것이 마음에 쓰였지만 감사하다는 말씀을 다시 한 번 드리고 싶었어요. 그리고 선생님 사무실이 어떤 곳인가 와 보고도 싶었고요."

갈리나는 어제의 비참일랑은 깨끗이 잊은 사람처럼 어젯밤의 불행에 대해서는 일체 입 밖에 내지도 않았다.

"저 취직이 될 것 같아요."

갈리나의 말에 나는 선뜻 반응을 숨기지 않으며,

"오. 그 제일 듣기 좋은 소리군요. 그래 어떤 곳에?"

"무작정 역으로 가 보았더니 마침 타이피스트 자리에 결원이 있다지 않겠어요?"

"잘됐군요. 그래 타이프는 잘 칩니까?"

"뭘요. 그저 좀 하지요."

나는 그녀의 언어 동작의 세세한 부분까지 마음에 흡족하고 모든 것이 내 텅 빈 가슴을 그득 채워 주는 것을 느꼈다.

그녀는 짙은 커피 색깔의 윤기 나는 머리와 브라운 색깔의 큰 눈을 가진 입술의 윤곽이 조각의 그것처럼 선명하게 예쁜 아가씨였다.

우리의 해후는 그것이 곧 사랑의 시작이자 와중이었다면 과장일까!

결국 우리는 사랑을 담기 위한 빈 그릇을 안은 채 서로 알맞은 대상으로 만난 외로운 이성들이었던 것이다.

그때의 상황으로는 우리 사이의 애정이 그렇듯이 경각에 불붙어 버린 것은 오히려 자연스러운 일이라고 여겨진다.

나는 내 생활환경을 잃고 혈혈단신 이역 땅에서 실망에 찬 매일을 보내고 있는 망명객이오, 그녀 또한 나라에서 추방당한 채 혈혈단신 방황하는 젊은 실향민이 아니었던가.

같은 처지에서 고독과 싸우는 젊은 남녀가 한 자리에 모였고, 더구나 우리는 서로 이성으로서 견인당하며 견인하는 사이였던 것이다.

마침내 우리는 그녀의 주소인 모스꼬브스까야 울리챠 18번지에서 함께 지내는 애인 사이가 되어 있었다.

그녀는 또한 타이피스트로 취직이 되어 세상에서 자기처럼 행복한 여자는 없다는 듯한 얼굴로 매일을 살았다.

바야흐로 열중의 세월이었다. 석 달 동안 두 사람의 사랑의 정염은 온갖 이해와 타산을 뛰어넘어 오로지 불평 없고 구속 없는 몰입 속에서 북지의 얼음을 녹일 듯이 근 백일을 지냈다.

그러나 세상만사에는 끝이 있기 마련이다.

그녀와 나 사이도 마찬가지였다. 다만 그것은 너무나 갑자기 우리를 찾아왔다.

어떤 날이었다.

갈리나를 사랑하는 일에만 골몰해 있던 나의 판공실에 전보 한 통이 배달되어 왔다.

영고탑에서 김좌진 장군이 보낸 것이었다.

급히 상의할 일이 있으니 곧 오라는 요지의 내용이었다.

나는 그가 영고탑에서 무슨 일을 추진하고 있는지 알고 있었다. 그것은 곧 우리 해산당한 독립군의 재생 문제였다.

그뿐 아니라 내가 믿는 바의 그의 성격으로 본다면 꼭 나여야만 되는 일이기에 나에게 전보를 친 것이지 아무라도 되는 일이라면 결코 나에게 전보를 치지는 않았으리라는 점이다.

나에게 있어 또 하나 확실한 점은, 내 자신이 어떤 환경에 놓여 있건 그와의 약속을 어겨 그와의 의리를 배반할 내가 아니라는 점이다.

결국 어떠한 삶의 삼매경 속에서 감미로운 사랑에 파묻혀 있다 한들 뼈골에 새긴 내 사명을 희생할 나도 아니라는 점이다.

김좌진 장군이란 곧 나의 사명을 수행하는 데 없어서는 안 될 선배요 동지니, 그가 곧 나의 길이자 횃불이었던 것이다.

단 석 달 전만 하더라도 나는 얼마나 생동하는 의욕으로 장종창의 예속을 뿌리치고 영고탑을 향해 단숨에 달려갔을 것인가.

그 앞뒤가 꽉꽉 막혀 버린 듯한 절망 속에서 얼마나 신나게 탈출해 갈 수가 있었으랴.

그러나 지금의 나에게는 갈리나가 있다.

갈리나를 남겨두고, 그녀를 떠나가야만 하다니…….

갈리나여! 외롭고 아름다운 그대를 남겨 둔 채 나는 가야만 한다.

그러나 그대를 남겨 두고 어찌 나 혼자 떠나 갈 수가 있으랴. 사랑하는 갈리나여!

나는, 내 안에 도사리고 있는 또 하나의 나 자신과 치열한 전투를 벌이지 않으면 안 되었다.

이지(理智)의 나와 정염의 나의 투쟁이 삽시간에 나를 딴 사람의 몰골로 만들어버렸음이 틀림없다.

그러나 나는 기어코 정염의 나를 이겨내야 한다는 것을 알고 있었다.

연약한 갈리나를 뒤에 남기고 떠나 갈 생각을 하니 온 몸의 피가 마르는 것만 같았다.

갈리나에게 그녀가 찾는 오빠라도 어딘가에 살아 있다는 보증만 있었대도 나는 그처럼 괴롭지는 않았으리라.

지금 갈리나가 의지하고 믿는 것이라곤, 이 넓은 천지에, 오로지 피가 다른, 이민족의 나뿐이었던 것이다.

그러나 결심은 기어코 추상처럼 내려지고야 말았다.

나는 떠나야만 했다.

그러나 갈리나의 얼굴을 보고 이별을 고한다는 일은, 나로서는 도저히 감당해 낼 수 없는 재주임이 통감될 뿐이었다.

다만, 단 한번이라도, 그녀의 얼굴을 보고 떠나고도 싶었다.

그러나 역시 그것은 안 될 소리였다. 갈리나를 보는 순간 내 자신이 어떻게 변할지 예측할 수가 없었다.

마침내 그녀를 보지도 않고 떠나 갈 결심을 하지 않을 수 없었다.

그것은, 마치 스빠스까야 전역에서 천 2백 개의 기병을 몰고 적진을 향해 돌진하기 전에 내리던 결심이나 진배 없는 처절한 결심이었다.

갈리나를 버려둔 채 뽀그라니치나야를 떠났다.

해림(海琳)까지 다섯 시간 남짓의 시간이, 기차 속의 나에게는 5년이나 지난 것처럼 무섭게 길었다.

해림역에서 내린 나는, 세 필의 말이 끄는 탕차를 집어타고 영고탑을 향하였다.

해림에서 영고탑까지는 탕차로 불과 네 시간이 걸리는 거리였지만, 그 역시 기차 속과 다름없이 지루한 괴로움의 연속이었다.

내 머릿속에는 갈리나의 생각밖에는 없었다.

한쪽으로는 갈리나에게로 치닫는 미련과 연정으로 가슴에 화상을 입는 것이었지만, 또 한쪽으로는 끊기 어려운 갈리나와의 인연의 줄을 단숨에 끊어버린 나 자신에 대한 비통한 만족감을 느낄 수도 있었다.

그러나 변함없이 나 자신을 못 견디게 단근질하는 것은, 씻을 길 없는 갈리나에 대한 죄의식이었다. 일조일석에 한마디 말도 없이 자취를 감춘 나를, 갈리나는 결코 용서하지 않을 것이다.

인생을 얼마 살지 않은 젊은 여성이기에 나의 처지를 결코 이해할 길이 없겠으니, 이해 없는 곳에 무슨 용기가 있으리오.

갈리나는, 그 백합꽃의 화판같이 때 묻지 않은 가슴에, 나로 인해 멍든 상처를 피 빛으로 얼룩 들여 가지고 기나긴 낮과 밤을 무슨 힘으로 살아갈 수 있을 것인가.

그녀가 순결무구한 소녀가 아니었대도 나의 죄의식은 다소 덜했을지도 모를 것을······.

때는 봄철에 접어들어, 깊이 얼었던 북지의 땅이 그제야 얼음이 녹아 풀려서, 그 탄력성 있는 진흙 구덩이 속으로 탕차의 바퀴는 몇 번씩 들어가 박히곤 하였다.

그 진흙의 흡인력 속으로 휘말려 들곤 하는 탕차의 바퀴는, 그대로 갈리나의 추억 속에서 빠져 나오려고 허우적거리는 나의 모습, 바로 그것이었다.

영고탑에서의 김 장군의 일은 7할 가량의 진척을 보인 채 답보 상태에 빠져 들고 있었다. 그 답보 상태에서 벗어나려고 김 장군은 나를 그곳으로 불러들인 것이었다.

나는 급기야 김 장군의 바른팔 역할을 십분 충당한 보람이 있어, 드디어 동녕현 삼차구 일대에 군관학교를 세울 소지를 마련할 만큼 일을 성취시켰다.

그 사이에, 어느새 이럭저럭 3개월가량의 세월이 흘러 있었다.

마침내 일에 성사를 보게 된 김 장군과 나는 군관학교를 세워서 군대를 훈련시킬 만한 지대를 보러 가기 위해 길을 떠났다.

우리가 거쳐야 할 길은, 내가 뽀그라니치나야를 떠나 영고탑으로 오던 그 길을 거꾸로 되돌아가는 코스였다.

그때의 나의 출발지는 오참이었지만 지금 우리의 목적지는 육참이었고, 육참에서 오참까지는 불과 60리밖에 안 떨어진 곳이다. 우리는 이불과 보따리 하나씩을 들고 여정에 올랐다.

갈리나의 생각을 그토록 하며, 오던 길을 다시금 거슬러 가자니, 마음속 깊은 곳에 앙금처럼 가라앉았던 갈리나의 추억이 지체 없이 고개를 치미는 것이었다.

그러나 세월은 명의라고 누가 말했듯이, 그토록 알알하게 아프던 갈리나의 추억도 이제는 회상의 향유가 되어, 내 답답하고 뻐근한 가슴을 부드럽게 매만져 주는가 싶었다.

육참에 도달하기 전에 그 중간 지역인 마교하역에서 우리는 일단 기차를 내리지 않으면 안 되었다.

우리는 그곳에서 우리 일의 연락책임을 맡고 있는 허 씨라는 동포를 만나야 했기 때문이다.

마교하라는 고장도 목릉처럼 러시아 사람들이 많이 몰려 사는 고장이다. 마고하역 근방에는 러시아인의 백화점, 바, 음식점 등이 여러 곳 있었다.

허 씨 집에서 요담을 마치고 저녁을 먹은 후였다. 김 장군이 느닷없이,
"여보 철기, 우리 어디 바 구경이나 갑시다."
하였다.

그때의 나는 갈리나의 일이 있기 전부터 독한 술을 상당히 먹었지만 김 장군은 약주라곤 전혀 입에도 못 대는 형편이었던 것이다.

김 장군의 제의에는, 길을 떠나온 나그네들 특유의 그 슬그머니 가슴 속을 적시는 여수를 한껏 부푼 낭만적인 여행 기분으로 풀어보자는 속셈도 있었지만, 전에 없이 어딘지 모르게 기분이 침체돼 있는 내 흥을 돋우어 주자는 배려였음이 틀림없다.

나는 오래간만에 맘껏 취해 보고 싶었다.

우리가 찾아간 곳은 역전 가까이 있는 한 러시아인의 바였다.

바 안으로 들어간 우리 일행은, 그 휑하니 넓은 홀의 너무나도 썰렁한 분위기에 뒷걸음처지는 느낌이었다.

"왜 이리 썰렁할까요?"

혼잣소리같이 한 내 말에 그는,

"뭘, 아직 6점 반밖에 안 됐걸. 아직 술 먹을 시간이 안돼서 그런 모양이지. 한 잔 청해 먹는 사이에 손님도 많아지겠지."

하며 먼저 자리에 앉는 것이었지만, 그의 기분도 좀 이상한 것 같았다. 술꾼들이 바를 찾아가는 것은 술만이 목적이 아니라 술 먹는 분위기가 아쉬워 찾아가는 법이다.

그런데 그 집에는 우리 말고 두셋의 손님이 있을 뿐 썰렁하여 도무지 술 마실 기분이 나지 않았다. 우리는 겨우 반 병짜리 윗카와 쉐라만을 청

했다.

얼른 한 잔 마시고 돌아가자는 속셈이었다.

러시아인의 중년 마담이 우리가 주문한 것을 가져가라고 안에다 대고 소리를 질렀다.

얼마쯤 후, 윗카와 쉐라 접시를 얹은 쟁반을 든 한 수척한 젊은 여인이 이쪽을 향해 걸어오는 것이 보였다.

그녀는 누가 보아도 바의 여자임을 알아차리게 화려한 색깔의 옷을 입고 있었지만, 그 표정이 어찌나 어둡고 암담한지, 마치 상복을 입고 있는 과부처럼 비참해 보였다.

희망을 잃은 눈동자는 힘없이 쟁반을 향해 내려뜨려져 있었고, 화려한 옷에 비해 어울리지 않을 만큼 아무렇게나 꿍쳐 올린 머리가 공연히 서글펐다.

그녀는 넓고 텅 빈 홀 안을 가로질러 우리의 테이블 쪽을 향해 걸어오고 있었다.

그러나 갑자기 나는 내 얼굴에서 핏기가 싹 하니 가셔지는 것을 역력히 느낄 수가 있었다.

나는 그녀에게 박힌 내 시선이 화석처럼 굳은 채 떨어지지 않는 것을 느꼈다.

돌화살같이 무겁게 응고된 나의 시선을 느꼈는지, 쟁반에 눈길을 떨구고 오던 여인이 언뜻 고개를 치켜들었다. 그리고 그녀는 나를 보았다.

그녀는 나를 꽤 오랫동안 멍하니 보고만 있었다.

그 눈 속에는 놀라움도 없었다. 노여움도 없었다. 저주도 없었고 증오도 없었다.

그저, 그녀의 눈길은 그녀의 망막에 비쳐 있는 영상을 확인해 보려는 듯이 나를 향해 그저 떠 있었을 뿐이었다.

"갈리나!"

나는 하마터면 소리를 내어 그녀의 이름을 부를 뻔하였다.

그러나 나보다 앞서, 그녀는 들고 있던 쟁반을 자기 앞의 빈 테이블에 놓아 둔 채 말없이 어디론가 사라져 버리고 말았다.

"어떻게 된 일이오?"

나의 기색을 눈치 챈 김 장군은 다짜고짜 연거푸 물어대는 것이었다. 나는 그저 돌부처처럼 앉아만 있었다.

"아니 철기 어떻게 된 곡절이오? 누구요? 대체 아까 그 여자 말이오?"

"잘 아는 사람입니다."

나는 한참 만에야 그렇게 대답할 수밖에 없었다.

그러나 나는 다시 곰곰이 생각을 가다듬어 보았다. 혹시 그 여자는 갈리나를 닮은 딴 사람일지도 모른다는 생각이 떠올랐다. 설마 갈리나가 그렇게 몰라 보게 수척해졌으랴고

나는 주인 마담을 불렀다.

"마담, 미안한 청이지만 아까 그 여자 한번 만났으면 좋겠는데……."

내 말이 떨어지기가 무섭게 마담은 안에다 대고,

"갈리나!"

하고 부르는 것이었다.

역시 그녀는 갈리나였다. 나의 불쌍한 갈리나…….

마담이 아무리 불러도 안에서는 아무런 대답도 없었다.

마담은 우리 사이에 무슨 특별한 사유가 있음을 알아챘는지

"제가 오늘 밤 잘 타일러 보겠어요. 꼭 만나보시게 해 드릴께, 내일 낮에 한번 다시 오시는 게 어떠시겠어요?"

나는 마담을 대하기가 부끄러웠다. 그렇게 해주면 고맙겠다는 말을 남기고 먹지 않은 술값을 치르고 밖으로 나왔다.

바에서 나와 숙소까지 걸어가는 동안, 나는 단 한 마디도 그녀와의 일을 김 장군에게 털어 놓을 수가 없었다.

그러나 숙소에 돌아와서는 김 장군께 자초지종을 자세히 털어 놓았다.

"흐음! 그런 사유가 있었구먼!"

김 장군은 잠시 감개무량한 듯 천정을 바라다보더니 속에서 주섬주섬 꺼내 내 앞에 밀어 놓았다. 그것은 돈이었다. 47원이었다.

"이 길로 당장 가서 사과하고 오시오."

김 장군은 돈을 내어 주면서, 엄숙한 어조로 선고하듯이 말하였다. 47원.

나는 그렇게 말하는 김 장군의 얼굴을 의아한 눈초리로 마주 쳐다보았다.

내가 똑똑히 알고 있는 바로는 김 장군이 여비로 준비한 돈은 총액이 60원뿐이었다. 우리는 그 60원을 가지고 마교하에서 다시금 육참까지의 차표를 사야 하고, 육참에서는 다시 삼차구까지의 백육십리 길을 탕차를 이용해야 되는데, 탕차도 누가 공짜로 태워 주지는 않는다.

게다가, 김 장군은 소년 시대에 차력을 하느라고 동설(銅屑)이 든 약을 많이 자셔서 장기간을 걸으면 동설이 내리 쏠려, 두 다리가 기둥처럼 붓기 때문에 백리 길을 단숨에 뛰는 효용은 있어도, 백리 길의 절반인 50리도 천천히 걸어가지는 못하는 양반이었다.

만일 우리가 육참에서 삼차구까지 탕차를 얻어 타지 못한다면, 그 사이의 백육십 리를 무릎까지 빠지는 진흙 길을 이불 보따리를 짊어지고 만 사흘을 밤낮으로 걸어야 한다.

나는 돈은 필요 없다고 한사코 사양하지 않을 수 없었다. 다만 이 길로 그녀를 만나 사과하고 오겠노라 하였다.

그러나 그는 인정과 세상사에 대해서 그지없이 폭넓은 이해력과 포용력을 가진 분이었다.

"이보오, 철기. 오죽해야 그가 이런 곳에 흘러와 술심부름을 하겠소 생각해 보오. 어째서 그 사람이 그렇게 되었나 하는 원인을 캐어 본다면 연유야 어떻든 철기, 당신 때문에 그렇게 된 거야. 당신이야 자기의 인생관에 순응했을 뿐이라지만, 철기를 잃은 그 사람 처지는 어떻겠느냔 말이야. 모든 것을 말로써 이해시킨다고 철기는 말하지만, 지금 그 사람한테 필요한 건, 자기를 버리고 간 사람을 이해한다는 일이 아니라 어떡하면 그가 처해 있는 곤경에서 구제되는가에 있지 않겠소. 그러니 내말대로 하오."

그의 추리는 절절이 분명했고, 나를 설득하는 태도는 지극히 간곡하고 엄숙하였다.

급기야 나는 하는 수 없이 그 돈을 가지고 그녀에게 가지 않을 수 없었다.

거의 애걸에 가까운 요청과 마담의 수고에 힘입어 나는 간신히 그녀를 만날 수가 있었다.

나는 어두운 바의 한 모서리에서 석 달 만에 처음 만나는 그녀와 마주 앉았다.

그녀가 피워 올리는 담배 연기는 우리 사이의 이별의 처절함을 웅변으로 말해 주는 듯싶었다.

"당신이 실종된 줄만 알고 미친 듯이 찾았지요. 저는 누군가를 꼭 찾아다니기만 하라는 운명을 타고 났나 보죠? 전에 당신을 만날 땐 미친 듯이 오빠를 찾아다녔고, 그 후에는 또 다시…… 하지만, 이제는 자포자기해서 술도 먹고 담배도 피우는 여자가 됐어요."

그녀는 쓸쓸히 웃었다.

"갈리나. 할 말이 없소."

"하지만, 나는 당신의 입장을 이해하고도 남아요. 저는 이 집에는 그럭저럭 빚이 쌓여서 좀처럼 헤어나지도 못하게 돼 버렸지만, 언제나 뽀그라니치나야를 잊은 적은 없었어요. 앞으로도 아마 그럴 거구요……."
　나는 가슴이 꽉 막히는 것만 같았다.
　갈리나는 내가 내주는 돈을 무서운 물건 보듯이 기피하며 한사코 받으려 하지 않았다.
　"갈리나, 나를 용서한다는 뜻으로 받아 주구려. 이것이나마 받아 주지 않는다면, 나는 갈리나를 두고 떠나갈 수가 없어. 내 맘을 이 이상 아프게 해 주지 않으려거든 갈리나, 이 보잘것없는 내 성의를 받아 주어야 하오."
　갈리나는 눈물을 소나기처럼 흘리면서 마침내 그 돈을 받았다.
　"갈리나! 잘 있어. 몸 성히!"
　내가 내민 손을 마주 잡은 그녀의 앙상한 손의 떨림이, 나의 심장을 조여 짜는 고문의 아픔으로, 내 온 몸의 구석구석 어느 한 곳도 스며들지 않는 곳이라곤 없었다.

　다음날, 나는 김 장군과 더불어 갈리나가 남겨진 마교하역을 떠나 육참행 기차에 올랐다.
　갈리나와의 관계는 명확한 결말을 맺음으로써 더욱 처절한 슬픔 속에 빠져드는 것이었지만, 내 마음은 그런 대로 홀가분하였다. 그것은 김 장군이 준 47원의 덕택이었다. 그때의 47원이라면 한 사람이 1년 반을 넉넉하게 살 수 있는 금액이었다. 그 돈으로 갈리나에 대한 나의 정신적 채무가 깨끗하게 청산되었다고 생각하지는 않았지만, 그 돈은 나를 영원한 마음의 연옥 속에서 구원해 준 소중한 돈이었다.
　육참에 닿자, 우리에게는 탕차를 탈 여비가 남아 있지 않았다.
　김 장군은 행여나, 나에게 부담감을 줄까 세밀히 배려하면서 원기 왕성한 나도 걸어가기 힘든 곤죽 같은 진탕 길을, 이불이 든 행리를 등에 메고 무릎까지 빠지면서 사흘을 걸었던 것이다.

그의 다리는 동설(구리가루)이 내리 쏠려 기둥같이 부었다.

푹푹 찌는 여름 한나절, 나 때문에 여비를 없애고 진탕 길을 가면서도 오히려 내 마음에 부담을 줄까 염려하던 그이였다.

3년이 지난 어떤 가을철, 나는 그 사이에 결혼한 내 아내와 더불어 우지미역에 볼 일이 있어 나갔다. 때마침 7시 반의 니체르가 플랫폼 안으로 미끄러져 들어오고 있었다. 열차는 우지미역에서 3분 동안 정거한다. 그때 누군가가 내 어깨를 두들기며 "이게 꿈이냐!"고 외쳤다. 꼭 끼는 제복을 입은 아, 그것은 바로 갈리나였던 것이다.

"나는 지금 모스크바로 가는 길이에요. 당신과 헤어진 후 나는 하얼빈에 가서 철도학원을 나왔어요. 이젠 모든 게 정상적이고 희망에 넘쳐 있으니 안심해요. 안심해요. 안녕!"

그녀는 달리기 시작하는 열차에 뛰어올랐다. 열차 안에서 갈리나가 흔드는 손수건이 보이지 않을 때까지 나도 손을 흔들었다. 그때서야 비로소, 나는 천근이나 되는 무거운 짐을 어깨에서 벗어 놓았던 것 같았다.

4. 얄루허(雅魯河)에 빠진 마리아

태양이 이글거리는 8월로 접어들면, 하구 많은 지난 일 가운데서도 1927년 8월에 겪은 일이 유난히 선명하게 떠오르는 것은, 그때의 경험이 너무도 처절한 기억으로 남아 있기 때문이다.

내가 처했던 어떤 극한 상황보다도 두드러지게 암담하던 시절의 기억이기 때문인 것 같다.

1927년대의 한 때, 나는 황량한 만주에서도 황량하기로 이름난 대흥안령의 산록 중동철로의 서부지선에 위치한 할라수(哈拉蘇)라는 심산유곡에서 끈덕진 만주의 장학량 정권의 추적을 피해 수렵으로 생을 이어가는 원시적인 생존을, 내 아내 마리아와 더불어 겪었던 시절이 있었다.

광활한 만주 땅에서 동양 침략의 야욕으로 불타는 일본 제국주의가 급속도로 팽창하게 되자, 만주 각 도시마다에 집결해 살던 우리 교포까지 갑자기 친일적 태도가 뚜렷해졌고, 그에 못지않게 모든 여건이 절망적인 우리 민족진영의 위축을 틈타 끈질기게 침투하기 시작한 러시아 공산주의는 농촌의 교포들로 하여금 적색조직 속에 묶이게 했다.

의분 강개한 나와 독립군의 여세는 백골의 마크의 단휘(團徽)로 뭉친 고려혁명군 결사단을 조직하여 내가 단장으로, 있는 힘을 다해 일본 제국주의와, 러시아 공산세력에 대한 극단적 반항을 기도했으나, 만주 땅에선, 울던 아이도 울음을 그친다던 우리 결사단으로도 결국은 거듭되는 인적 희생과 물적 고갈로 하여 기맥이 다하니 하늘을 높이 지르던 기세도 어느덧 사라지는 저녁놀처럼 꺾여, 마침내는 거의 재기불능의 절망적 상태에 빠져 버렸다.

나는 얼마 남지 않은 소수의 동지를 이끌고 동흥으로 목란으로 전전하던 끝에 최후의 방법으로 백운봉, 김창덕 등 4명의 동지를 사지에 투입하기로 했다.

그때 이 네 사람의 성패는 곧 우리 결사단의 존폐와 직결되었을 뿐 아니라, 좀 더 대담한 표현을 빌린다면, 만주에서의 민족무장운동의 존망을 판가름하는 운명적인 분기점이라고 해도 결코 과장이 아닌 만큼 중차대한 의의가 있었던 것이다.

그러나 이 네 사람은 1차, 2차, 3차의 귀환 예정 시기가 지나도 줄곧 무소식인 채 묘연하였다.

백방으로 이들의 소식을 알아보니, 한참 후에야 모든 계획은 완전히 실패로 돌아가 버리고 다시 돌아올 면목이 없어 생각지도 못한 곳에서 유랑하고 있음이 밝혀졌다.

우리의 원대한 계획도 이제는 만사와해로 돌아가 버렸음을 나는 알았다.

나는 몇 주야 고민을 거듭하던 끝에 모든 것을 체념하고 이청천 장군처럼 상해 임정을 찾아 떠나 보려는 생각도 해 보았다. 그러나 그 계획도 당시의 나로서는 실현 불가능한 난사가 아닐 수 없었다.

만주 땅에 널리 알려진 특색 있는 나의 외표로는 제아무리 능숙한 나의 중국말이라도 도저히 남만철도를 통과할 길이 없을 것이고, 철도를 이용 못하는 한 만주 탈출의 가능성은 전혀 없었다. 남만철도는 일군이 관리하는 철도이며, 나는 일제 군경의 포획의 바로 표적이었으니, 남만철도를 이용할 방도가 없는 일이었다. 게다가, 나를 노리는 것은 비단 일제뿐이 아니었다. 공산당이 영도하는 우리 교포도 일제에 못지않았고, 더욱 딱한 일은, 당시의 만주의 주인 격인 장학량 정권은 윤형권의 목에 비싼 현상금을 걸고 통집령(通緝令)으로 나를 노리고 있는 형편이었다. 윤형권이란 다름 아닌 나의 별명이었다.

그런 내가 어찌하여 장학량 정권에게마저 미움을 사게 되었던가? 그 경위를 설명하자면 대략 다음과 같은 곡절이 있었다.

만주의 통치자 장작림이 일군의 음모에 걸려 당고(塘沽)에서 폭사한 후, 그의 아들 장학량 장군이 그 정권을 물려받았으나, 그가 중국 민족통일전선에 호응할런지의 여부가 분명치 않았다.

그리하여 당시 장개석 총통이 영도하는 국민혁명군의 부총사관 급에 있던 풍옥상 장군은 밀사 격으로 중국의 혁명지사인 공패성을 만주로 보내 김좌진 장군과 접선케 했다. 그리하여 얻어진 결론은, 우리 민족진영은 가능한 모든 수단을 다해서 중국통일전선의 장학량 장군으로 하여금 동조토록 하기 위한 방법을 강구하기에 이르렀다. 그러자면 우선, 장학량 정권에게 압박을 가할 밖에는 방법이 없었다. 그러나 우리 측의 힘만으로는 미력하여 중과부적임에, 부득이 만주의 마적으로 합작시키고 실의 군벌을 가담케 해서 중동철도 연선으로부터 무력 행동을 개시하겠다는 계획을 세우고, 중동철도의 동부지선인 위사허(葦沙河) 워이당꼬우(葦塘溝)라는 곳에 7천여 명의 마적을 우선 집결시켰다.

나는 김좌진 장군의 소개로 극비밀리에 마적 대본영격인 워이당꼬우에 들어가서 군사 고문 겸 연락의 임무를 띠고 활약하게 되었다.

때마침 이러한 정보를 입수하고 큰 위협을 느낀 장학량은, 자기의 가장 심복이며 동북군의 정예인 자기의 위대 1개 영을 노(盧)라고 하는 영장의 영솔 하에 파견해서 워이당꼬우로 진격케 했다.

그러나 평소 그들이 경시하던 마적은 의외로 힘이 강하여, 뜻밖에도 노 영장을 비롯한 그의 1영 군대를 전멸시키고 말았다.

이에 대로한 장학량은 애꿎은 윤형권의 목에 비싼 현상금을 걸기에 이른 것이다.

이것은 만주 탈주를 기도하는 나에게는 치명적인 사건이었고, 나는 나를 잡으려는 그물망을 피해 이리저리 몸을 사려야 하는 무력한, 물고기 이외의 아무것도 아니었다.

이런 처지에 놓인 나로서 취할 수 있는 길이란, 오직 두 가지가 있을 뿐이었다. 항복이 아니면 자살의 방법이 그 하나요, 다음의 한 가지는 아무도 살지 않는 무인지경의 원시지대를 찾아서 은둔으로 기회를 기다리는 일이다.

그러나 나로서 첫째의 방법이란 생각해 볼 필요조차 없는 일이니, 두 번째 길을 선택할 수밖에 없었다.

결심이 그렇게 굳자, 나는 대비례척의 전만 지도를 펼쳐 놓고 주민지와 도로망에서 멀리 떨어진 공간을 모색한 결과 흑룡강성의 서북부이자 러시아와의 국경선에서 과히 멀지 않은 '알군'이라는 지방을 나의 도피처로 선택하기에 이르렀다.

목적지를 알군으로 정한 이상 일각을 주저치 않고 온갖 인정과 미련을 떨쳐 버린 채 내일의 운명에의 희미한 예측조차 없이 떠나야만 했다.

나의 마음은 무겁고 산란했다. 나는 이때서야 비로소, 내 아내에 대한 막중한 비중을 어쩔 수 없었다.

그것은 아내 마리아에 대한 연면한 부부애 때문이기보다도, 마리아의 외로운 신세에 대한 보살핌 때문이었을지 모른다. 마리아는 37명에 달하는 가족이 러시아혁명 이후 모두 없어지고, 오직 한 사람의 여동생이 어디에선가 살아 있다는 소식을 풍편으로 어렴풋이 듣고 있을 뿐이었다.

그리하여 마리아가 의지할 곳이란 이 넓은 천지에서 오직 나뿐임을 잘 알고 있는 나였다. 어찌 마리아를 남겨 둔 채 떠날 수가 있을 것인가. 그렇다고 떠나지 않을 수도 없는 일, 나의 목숨은 바야흐로 경각에 달려 있었으니.

나는 어떤 사람에게도 말 못할 나의 마음을 오직 아내에게만은 털어놓지 않을 수가 없었다. 마리아는 나의 아내로서 죽음을 초월할 각오가 되어 있는 사람이다. 나의 결심을 흔들리게 할 마리아는 아니었다. 결심을 흔들기커녕, 오히려 내 결정을 더 한층 굳게 북돋워 주었다.

나는 마리에게 내가 떠난 다음 얼마 있다가 하얼빈 교회에 있는, 과거 우리가 무기를 구입할 때 알게 된 백계 러시아인 집에 가서 내 연락을 기다리라고 일렀다.

"알았어요. 걱정 말고 떠나세요."

마리아는 나에게 용기를 주려는 듯한 어조로 말하였다.

나는 마리아를 일단 뒤에 남겨 둔 채 알군을 향해 도보로 길을 떠났다. 때는 겨울의 한 중간.

원래 우리의 가정생활이라곤 의식주행의 네 가지 중 아무것도 소유물이라고는 없었다. 그것은 비단 나뿐 아니라, 만주에서 활동한 혁명가들은 토착인 이외에는 모두 같은 실정이었다. 집은 남의 집을 얻어들었고, 의복은 몸에 걸친 것뿐이라 해도 과언이 아니며, 먹는 것은 그때 변통되는 대로 먹었고, 교통 공구란 자전거 한 대도 없었다. 다만 가진 것이 있다면 오직 가슴의 끓는 피와 잘해야 권총 한 자루, 수류탄 두서너 개 정도였다.

우리네의 생활은 항상 유동적이었으며, 또 그렇기 때문에 활동하기에 구애받는 바가 없었다. 이러하니, 끝 닿는 곳 모르는 머나먼 길을 떠나는 나의 여장도 지극히 간단했다. 일군-만주군의 눈을 두루 피해야 하는 몸이니 행동의 자유가 국한되는 기차 여행을 바랄 수는 없는 일이어서 도보여행을 할 수밖에 없는 나는, 휘몰아치는 만주벌판의 설한풍을 막기 위해 윗저고리는 러시아 노동자들이 입는 뚜수리까를 입었고, 중국 바지에 중국의 겨울 신발 탕투뉴(만주에만 있는 눈신발, 통가죽을 우그려서 만들고 안에는 털로 만든 버선)를 신었다.

뚜수리까 밑 허리춤에는 남몰래 장탄해서 지른 권총이 있지만, 겉으로만 보면 영락없는 중동철도에서 일하는 일개 노동자임이 분명하다.

지도를 따라 며칠인가 걸었다. 참기 어렵도록 고되고 절망적인 여행이었다. 며칠 만에 철도 연선에 다다랐다. 또 다시 며칠간은 철도 연선을 따라 걸었다. 밤이 되면 외딴 마차 객잔에서 아무렇게나 나뒹굴어 잤다.

그러는 사이에 며칠 후 흑룡강성 수도인 치치하얼의 입구인 낭낭치역을 지나고, 옛날 일·로전쟁 때 장절 애절한 사연을 남긴 홀라얼치 역을 지나니 그때부터 저 유명한 대흥안령 계곡이 시작되는 것이었다.

그곳부터는 인적이 점점 뜸해지고, 길가는 행인의 수도 가끔 보일 뿐이었다.

그 사이에는 우리 교포가 많이 몰려 사는 치치하얼과 낭낭치를 지나야 했다. 나는 동포 그리운 마음으로 그 고장에는 꼭 들러 보고만 싶었다. 그러나 그 두 고장은, 모두 일경의 활동이 거의 자유로운 곳이기도 했다.

그곳에서도 나와 통정할 만한 사람이 전혀 없지는 않겠지만, 대부분이 강자에게 의탁해야 산다는 망국민들의 비열한 지혜로서 일경과 결탁하여, 혹은 아편장수로 혹은 유곽의 경영으로 타락한 삶을 누리는 교포가 많았다.

이런 패들이야 만나기는커녕 재빨리 피해버리는 게 상책이어서, 나는 동포 그리운 정을 억누르고 먼발치로 그곳을 지나쳐 버렸다.

또 며칠을 걸어, 넌즈산을 지났고 짤란툰을 지났다.

짤란툰이라면 중동철도 서부지선 가운데서는 러시아인의 시가가 가장 큰 여름철의 피서지요, 북만주 공원이라고 가히 불릴 만큼 아름다운 고장이다.

짤란툰을 지나 다시 2십 리가량 걸을 때였다.

아침부터 아연 빛으로 무겁게 흐렸던 하늘은 점점 더 어두워지기 시작하더니, 마침내 듬성듬성 날리기 시작하던 눈발은 삽시간에 눈보라로 변하고 말았다.

한대지방 특유의 가루로 변한 눈은 거센 바람을 타고 휘몰아치니 기온은 영하 30도의 혹한으로 떨어져, 아래 위의 눈썹이 얼어서 맞붙어 가뜩이나 분간할 수 없는 앞길은 지척을 내다볼 수 없게 되었다.

나는 하는 수 없어 철도 다리 구덩이에 들어 앉아, 마른 나무를 모아 놓고 불을 일구어 얼어붙은 사지를 녹였다. 그럭저럭 두어 시간이 지났을 무렵에야 눈보라는 멎고, 기온도 다소 누그러진듯하게 느껴지는 것이었지만 눈발은 아직도 계속 휘날리고 있었다.

내 짐작으로는 다음 정거장까지 가려면 아직도 4십 리 길은 걸어야겠기에 날리는 눈 속을 무릅쓰고 다시 걷기 시작하였다.

사위가 온통 눈에 덮여 한 색이니 어디가 어딘지 분간할 수가 없다. 어떤 때는 정강이까지 눈 속에 빠지기도 하고, 어떤 곳은 마치 마룻바닥처럼 빤들빤들하게 빙판 진 데도 있었다.

칼로 저며 내듯이 아프던 두 뺨은 얼어서 감각을 완전히 잃어버리고, 두 다리도 기진맥진해서 맥이 풀려 있는데도, 흰 눈을 뒤집어 쓴 채 어렴풋한 윤곽을 드러내 보이는 좌우 쪽 산형의 산봉우리 하나, 한 줄기 산발까지 모든 자연의 자태가 그동안 걸어오면서 본 다른 곳의 그곳과는 달리, 이상스럽게도 신비스러움을 느꼈다.

그곳의 자연은 그 넓은 만주의 어느 곳, 또 내가 가 본 시베리아의 어느 곳에서도 찾아볼 수 없었던 절경이었다.

나는 또 다시 걷고 걸어 할라수역 못 미쳐 동남쪽으로 2십 리 되는 성자디잉즈라는 부락을 지나 다시 한 10리쯤 걸었을 때였다.

산과 들, 시야에 넘쳐나는 삼림까지 눈에 덮여 흰색뿐인데, 한참 길 가운데 걸음을 멈추고 보니 북쪽 산비탈 억센 바람에 눈이 빗겨진 구릉져 있는 한 모퉁이에 뚜렷이 나타나 있는 붉은 흙 위에는, 딴 곳에서 볼 수 없었던 늙은 소나무가 드문드문 서 있었다.

오래 못 본 붉은 흙과 푸른 소나무는 나로 하여금 강렬한 고향에의 향수를 자아내게 하였다.

너무나 벅찬 감격에 들뜬 나는, 그 소나무 가까이에 외따로 서 있는 중국 집의 문을 나도 모르게 두드렸다.

"지나가는 나그네외다. 이곳을 지나다가 보니 하도 내 고향과 닮았기에 한 마디 물어 보는 거요, 이곳 산의 이름이나 지명을 가르쳐 줄 수 없겠소?"

중국인의 대답은 특별히 산 이름이나 지명 같은 건 모르지만 다만 산을 꿰뚫어 흐르는 계곡의 물골을 '얄루허(雅魯河)'라고 한단다.

"얄루허?"

나는 실성할 정도로 놀랐다. 얄루허라면 중국 음으로 우리네의 압록강과 발음이 꼭 같다. 다만 강과 하가 다를 뿐이었다.

"예, 얄루허입지요."

중국인은 나의 놀라운 반응에는 별로 흥미도 없다는 듯이 무표정하게 대답한다.

나는 운명의 신의 농간이 가증하기도 했고 조물주의 선의에 감사하기도 했다.

나라 없이 유랑하는 나그네에게, 몽매에도 못 잊는 조국의 한 모퉁이 모습과 그 이름을 이런 절역에서 나에게 보여주다니. 그것은 마치, 나에게 내리는 하나의 신의 계시인 것만 같았다.

"너는 평생 조국 땅을 밟아 보지 못할 것이다. 그러니 다만 이곳에 머무는 것으로 너의 향수를 달래어 보라"는 듯한 들리지 않는 목소리를 듣는 것만 같았다.

나는 그곳에서 단 한 걸음도 더 나아가기가 싫었다.

나는 그날 밤을 그 외딴 집에서 묵기로 집 주인에게 사정하였다. 주인은 쾌히 승낙해 주었다. 밤새도록 공상에 사로잡혀 있던 나는 날이 밝자 움직일 수 없는 결단을 내렸다.

나는 이 주변에 정착하리라. 마리아를 이곳으로 불러오자.

나의 결단은 굳어, 나는 마리아를 불러 오기 위해 다음날 성가지영자를 향해 다시 되돌아갔다.

성가지영자에서 나는 마리아에게 곧 오라는 편지를 보냈다.

내가 도보로 보름이 걸려서 온 곳을, 마리아는 기차로 단 15~16시간 만에 도착하였다.

자그마한 보따리 하나를 들고 짤란툰역에 내린 마리아를 맞은 나는, 다시 성가지영자를 향해 마리아와 더불어 걸어갔다.

때마침 동짓달의 대흥안령 계곡에는 보기 드문 맑은 날씨여서, 마리아와 나는 오랫동안 쌓였던 이야기를 쉴 새 없이 주고받느라고 피로도 안 느꼈고 길도 처음 올 때같이 멀지 않았다.

우리를 에워싼 자연의 경물은 하나같이 명랑하고 상쾌하게만 보여, 며칠 전 나 혼자 눈보라를 뚫고 가던 때와는 만사가 대조적인 것도 마음에 기꺼웠다.

우리는 할라수에 정착했다.

할라수역에 들어서니 그곳은 마치 내가 해방 직후 귀국해서 본 추풍령역 비슷했다. 몇 칸 안 되는 역사를 앞에 두고 러시아 집이 네댓, 중국 집이 네댓 옹기종기 모여 살고 있는 고장이었다.

우리는 우선 정착의 편의를 의논해 보려고, 눈에 띈 복풍항이라는 간판이 붙은 중국 상점 문을 열었다.

우리가 그 집 문을 열고 안으로 들어가니 주인으로 보이는 중국인이 러시아인과 상거래 중이었다. 그러나 그들은 서로 말이 통하지 않아 중·로어 반반의 불완전한 언어로 종시 요령부득이었다.

앞에는 한 장의 러시아 문서가 놓여 있었다. 보다 못한 마리아는 두 사람을 가로막아 문서를 해석해 주었고 모자라는 말을 통역해 주니 그들의 놀라움과 감사는 이만저만한 게 아니었다. 이윽고 상담은 이뤄져 러시아인은 가고 주인은 우리에게 차를 권했다.

우리는 뿌리띠에 둘러 앉아 통성명을 하였다.

커다란 체구와 호방한 풍채의 주인은 전 씨라는 40대의 산동인이었다.

나는 그때도 역시 안경을 썼고 머리가 길었는데 김광두라는 변성명으로 그와 첫 인사를 나누었다.

"입성으로 보아서는 틀림없이 노동자 같소만 노동자 같지는 않소이다."

전 씨는 나의 정체가 무던히 궁금한 모양이었다. 나는 하는 수 없어,

"내가 뭘 했고, 뭘 하려는지, 어디서 왔고 어디로 가든지, 그런 것 죄다 당신 판단에 맡기겠소 다만 내가 당신을 찾은 동기는 내가 이곳에 정착하고 싶은데 그대가 나를 도와줄 수 있겠는가를 알고 싶어서였소 나는 지금 가진 돈도 없고 있을 집도 없는 입장이오. 당신이 만일 이와 같이 곤경에 빠져 있는 사람을 구제해 줄 생각이 있으면 도와주시오."

그렇게 단도직입적으로 털어 놓았다. 나는 진심으로 그가 나를 도와 준다면 그 은혜는 십분 갚겠다는 생각을 하고 있었지만 그 말을 입 밖에 내지는 않았다.

나는 지금도 스스로 자부하거니와, 내가 사용하는 중국어는 중국인이라면 몇 마디로서 이내 분간할 수 있는 품위 있는 말을 했다.

어떻게 보았던지 전 씨는 나의 요청에 첫 마디로 그냥 흔쾌히 허락하였다. 상점은 작지만 비교적 여러 가지 필수품을 구비했고 거처할 집도 마련해 주겠다고 했다.

"당신이 갚을 수 있을 때까지 나는 모든 것을 제공하겠소"

전 씨의 말이었다. 내가 원하는 모든 것을 그는 모두 제공하겠단다.

그러나 나는 좁쌀과 소금, 그리고 감자를 부탁하고 도끼와 톱 등의 몇 가지 쟁기를 빌렸다.

그때의 나는 확실히 온갖 고난을 두려워하지 않고 창의와 투지로 충만되어 있었다.

나는 빌린 쟁기를 들고 마리아와 같이 이곳에 오는 길에 눈여겨 보아두

었던 황폐한 벽돌 가마를 찾아갔다. 그 벽돌 가마는 제정 러시아인이 중동철도를 부설할 때 필요한 벽돌을 구워내던 곳이었다. 지금은 황폐할 대로 황폐한 벽돌 가마를 손질해서, 아직도 장장 석 달이나 남은 대흥안령의 겨울을 이곳에서 싸워 이겨내리라는 배짱이었다.

톱과 도끼를 제가끔 들고 푹푹 빠지는 눈을 헤치며 얄루허 냇물가의 우거진 원시림 속으로 우리는 들어갔다.

그곳에는 주인 없는 서까랫감, 기둥감, 땔감 등의 나무들이 그야말로 무진장이었다.

마리아와 나는 나무를 자르고 찍고 눈 위에 끌고 하며 덮개가 허물어진 벽돌 가마에 서까래를 올리고, 그 위를 황새로 이엉을 이었다. 널찍한 안에는 중간에 통나무를 지피게 만들었고, 우둥불 좌우에는 황새를 푹신히 깐 침대를 둘 만들었다.

그러고 있을 즈음 밖에서 말파리(썰매)가 와 닿는 소리와 동시에 전 씨의 경탄과 칭송을 아끼지 않는 목소리가 들렸다. 우리는 전 씨를 맞이하기 위해 밖으로 뛰어나갔다. 그는 우리를 위해 좁쌀 세 포대, 소금 한 포대, 감자 두 포대, 콩기름 한 통, 빈 양철관 등의 취사도구 일체를 갖고 온 것이었다.

우리를 극진히 대해주는 전 씨와는 자연 빈번히 오가는 사이가 되었다. 전 씨는 나의 은둔생활에서 없어서는 안 될 도움을 여러 모로 베풀어 준 사람이었다.

어느 날, 나는 전 씨에게 내가 앞으로 살아갈 방도를 상의하였다.

"내가 요전 번에 나무를 찍으러 숲 속에 들어가 보니 눈 위에 노루, 산돼지, 여우, 꿩, 들꿩들의 발자국이 많이 나 있던데 혹시 짐승을 잡으면 살 사람이 있겠소?"

"있다마다요. 짐승이야 못 잡아서 문제고 가격이 문제지. 잡기만 한다면야 문제없지요. 그 왜 기차에 딸린 식당차 있지 않아요? 그 식당차가 모두 거둬 가지요. 하얼빈이나 만추리 같은 도시에 갖다 팔려고요."

전 씨의 그 말은 그야말로 산궁수진한 곳에서 활로를 얻은 것이나 진배 없었다.

나는 원래 사냥에 흥미가 있고 사격에 자신이 있어서 사냥으로 생계를 이룬다는 것은 그야말로 여반장이라고 할 수 있었다.

그러나 나에게는 비밀리 가진 권총이 있을 뿐인데 권총으로야 사냥을 할 수가 없다.

"하지만 사냥을 하려면 총탄이 있어야지……."

내가 혼잣말처럼 중얼거리는 것을 듣자 전 씨는 선뜻, 자기 집에 집 보는 단발 엽총이 있고 재워 쓸 만한 탄약이 있으니 갖다 쓰라는 것이었다.

나는 사흘 동안에 두 마리의 꿩과 다섯 짝의 노루를 첫 수확으로 올렸다.

나는 그것의 일부분을 신세진 전 씨에게 선사하고 나머지를 가지고 할라수역으로 향하였다. 아직 먼동이 막 트려고 하는 이른 새벽이었다.

할라수역에서 식당차가 당도하기만을 기다리던 내 눈 앞에, 차는 드디어 나타났다. 나는 서둘러 차에 올랐다. 정거하는 시간이 짧기 때문이었다.

식당차는 120호였고 나는 그 안에서 뜻밖의 기적을 만났다.

120호의 차주는 하얼빈의 유명한 백계 러시아의 거상인 오씹보부가 아닌가. 오씹보부와의 관계는 내가 몇 해 전 장종창의 막료로 있을 때 지극히 가까이 지내던 친구였다. 그는 나의 신세를 잘 알며 나를 위해서 늘 비밀을 지켜 주던 사람이었다.

오씹보부는 새벽 다섯 시의 선잠에서 어슴푸레 치켜 올린 눈망울로 나를 보더니

"아니 이게 정말 당신이오?"

하며 휘둥그레지는 양이 놀랍고도 우스웠다. 그는 대뜸 나의 모든 사정을 짐작하고는 다짜고짜로,

"내가 뭘 도와주랴? 여기엔 오래 있겠는가? 가지고 온 물건은 다 주시오. 물론 나중에도 마찬가지요. 내가 최선을 다하겠소"

그러는 사이에 차는 이미 떠나기 시작한다.

"사흘 후 저녁 아홉시에 만나세."

오씹보부의 목소리를 등 뒤로 들으며, 나는 달리기 시작한 열차에서 뛰어 내렸다.

사흘 후 9시, 오씹보부의 120호 차는 틀림없이 할라수로 다시 왔다. 나는 나의 처지를 잘 이해하는 오씹보부로부터 50원을 받고 이튿날 5시에는 다시, 그의 쓰지 않던 쌍혈대 엽총과 개를 주겠으니 받을 준비를 갖추고 기다리라는 고마운 말까지 들었다. 다음 날 나는 오씹보부로부터 독일 바이엘제 고급 엽총과 훈련된 영종(英種) 셋타 엽견을 두 마리나 받았다.

이제는 더 이상 벽돌 가마에 머무를 아무 이유도 없었다. 우리는 중국인의 집을 전체로 얻었다. 그리고 그 겨울이 다 가기 전에, 그 일대에서 명성이 높던 '볼가'라는 준마가 생겼고, 다시 독일 구르쁘제 3연발 엽총의 소유자가 되었다. 사냥개도 고돈 셋타, 아리리쉬 셋타의 두 종류로 바뀌었다.

민완한 수렵으로서의 나의 명성은, 마침내 할라수역에서 좀 더 떨어진 우리 교포가 다섯 집 살고 있다는 지영자에까지 알려져, 그곳의 교포 정통사와 이병도, 강재화와도 알게 되었다.

그들의 눈에 비친 나는 무슨 수수께끼 속의 인물처럼 보이는 모양이었다. 처음에는 그저 어려워만 하고 자기들의 의사를 솔직히 표시할 용기도 없는 것 같았으나, 차츰 친근해지면서 사냥을 떠나 보기도 하는 사이에,

그들의 속마음도 털어 놓고 의논할 만큼 되었다.

위세 일로로 기승을 떨치던 겨울도 다가서는 봄기운 앞에서는 어쩔 도리 없이 물러갈 준비를 서두르고 있었다.
나는 아무런 장애 없는 만주의 원시림 속에서 사냥으로 세월을 보내며 날 가는 줄도 모를 만큼 몰두 삼매의 지경에서 살았다.
북만의 자연이 완연한 춘색으로 아로새겨질 무렵부터, 우리 사냥꾼들 사이에서는 다가오는 초여름을 대비하는 녹용 사냥 얘기로 시종되었다.
지영자에 사는 우리 교포들은, 해마다 그때가 되면 외몽고로 출입하여 모피 사냥을 떠나는 것이 통례가 되어 있었다.
그들은 주로 총렵보다는 틀 사냥이나 약 사냥을 하는 사냥꾼들이었다. 그러나 외몽고로의 출렵은 그야말로 목숨을 내걸고 나가는 행사였다.
왜 그런가 하면 그 일대의 수렵 지구에는 미개한 몽고의 오로촌이나 솔론 종족들도 사냥하러 나오는 고장이었기 때문이다.
외몽고 변경에는 이렇다 할 경계망은 비록 없다고 하지만 몽고의 순라병이 이따금씩 순찰을 했다.
오로촌이거나 솔론이거나 순라병이거나를 막론하고, 그곳에 들어가서 사람 그림자를 발견하면 상대방을 누가 먼저 발견하고 누가 먼저 방아쇠를 당기느냐에 따라서 생사가 결정되는, 아슬아슬한 무법지대이다.
정통사의 말에 의하면 그곳에서 사냥한 지가 그럭저럭 2십 년을 헤아리는 동안 그의 엽우였던 우리 교포는 4~5명이나, 그 모험 때문에 목숨을 잃었다는 것이다.
그런 경험 때문에 그들이 사냥을 계획할 때에는 가급적 강력한 팀을 편성하고 적지 않게 신경을 쓰게 되는 모양이었다.
녹용 사냥의 꿈이 익어감에 따라 정통사는 정통사대로, 강재하는 강재하대로, 나를 자기 팀에 넣으려고 마음을 썼다.

그들은 나의 튼튼하고 날랜 몸과 의지, 굳고 용감한 성격에 반했다고 실토할 뿐 아니라 나의 뛰어난 마술과 사격은 그들의 안전도를 몇 사람 몫이나 강화할 수 있다는 것이었다.

그러나 한편으로는, 내가 그쪽 지리에 자기들보다 훨씬 서툴 것이 틀림없으며, 나를 믿으면서도 못 믿겠다는 것은 내가 자기들과 같이 원시생활에 얼마만큼 적응해 낼 것이며 견딜 수 있을까 크게 걱정이 되는 만큼, 수천 리 절역에 들어가서 나로 말미암아 큰 누를 당할까 봐도 근심된다고 하는 것이었다.

그렇기는 해도, 여하간 나에 대한 그들의 기대는 근심보다는 더 크다는 건 확실한 일이었고 보니, 좌우 쪽으로 끌리는 대로 나도 타산을 해서 어느 쪽에 가담하느냐에 대해 한참 머리를 썼던 것이다.

하기야 두 그룹을 하나로 합치면 자위력이 배로 늘어 강해질 것은 물론, 각자가 서로 마음 든든할 것은 정한 이치지만 그렇게 하지 못하는 데는 첫째 사람의 눈을 피해야만 하는 비밀행동이라는 점이요, 둘째는 사냥의 소득을 분배하는 이해관계가 수반되는 일이고보니 그렇게 간단히 한 그룹을 지을 수도 없는 터이다.

나는 생각 끝에 경험이 보다 많고 신중한 연장자인 정통사 편 3인조에 가담하기로 했다. 각자가 라이플 총 한 자루, 훈련된 말 한 필, 그리고 지극히 소량의 식량, 망원경, 탄약, 수달 잡는 쇠 덫 등등을 휴대하고 그해 하지의 1주일 전을 기해, 우리 4인조는 외몽고를 향해 떠났다.

우리 일행 네 사람은 제심하 계곡을 건너고 체허를 건너 흥안령에서 시작하여 외몽고 대청산 기슭의 초원을 횡류하는 할라허, 투얼긍허 유역을 수렵장으로 정하고 떠났다.

제심하까지는 길을 따라갈 수 있었다.

그러나 그 후부터는 길도 나지 않은 산야를, 때로는 해발 수천 척의 고원을, 또 어떤 때는 햇빛조차 받지 않는 몇 년이나 묵었는지 모르는 원시림이 몇 천 리씩 계속되는지, 그 연변조차 헤아릴 길 없는 울창한 속을 더듬기도 했다.

때로는 급류에 밀려, 바위조차 떠내려 갈 듯한 하천을 첫 새벽부터 저녁까지 말을 몰아 달리기도 했다. 고원은, 초여름이건만 응달쪽 산비탈과 계곡에는 겨울에 얼었던 얼음이 채 녹지 않은 채 뜨문뜨문 그대로 남아 있는 것을 볼 수도 있었다.

해질 무렵이 다가오면 사냥꾼들은 아름드리 흰벗나무의 수림을 찾아 맑은 물골 기슭을 선택하여 밤을 보낼 준비를 해야 했다.

넙죽한 벗나무 껍질을 벗겨 풀 위에 깔고, 넘어져 있는 아름드리 고목을 찍어서 노영화(露營火)를 피웠다. 말안장을 베고 누워 달빛을 한 몸에 받으면서 흘러가는 구름에 공상을 붙이고 알지 못할 밤 짐승의 포효를 들으며 밤을 밝혔다.

고원의 여름밤은 덧없이 짧다.

우리는 이런 밤들을 수십 번 되풀이하면서, 양식을 절약하느라고 제 발로 찾아드는 짐승을 쏴 잡은 고기로, 배의 7할 가량만 채워가면서 근 2십일 만에야 드디어 할라허 유역에 다다랐던 것이다.

할라허 유역에서의 첫 사냥에서 우리는 암사슴을 합한 6, 7마리의 사슴과 세 마리의 곰과 4, 5마리의 수달을 잡았다.

더 이상의 욕심은 오히려 위험을 초래할 가능성이 짙으므로, 우리는 첫 수확은 그 정도로 만족하기로 했다. 그리고는 싣기 어려운 녹용을 말안장 뒤에 붙여 싣고 밤을 도와 되돌아오는 것이었다.

고난을 덜 겪기 위해서 츨러허에서 압률허 계곡을 따라 귀로를 취하기로 했다.

우리가 출러허 유역에 다다랐을 때였다.

갑자기 트인 눈 앞에 백여 마리의 말과 소를 몰고 유목 중인 오로촌 사람과 맞부딪치게 되었다.

앞에서도 말했듯이 외몽고 일대의 수렵 지구에서는 상대방이 누구이건, 알 수 없는 사람 그림자만 발견하면 수하를 불문하고 누가 먼저 방아쇠를 당기느냐에 따라서 생사가 결정되는 아슬아슬한 무법지대이다.

그러기에 위험을 피하려고 밤을 이용하여 길을 걷곤 하였던 것인데, 이렇게 갑자기 이민족의 떼들과 맞부딪쳐 버리니 우선은 단단한 각오가 필요한 것이었다.

그러나 그런 경우의 사태란 그리 비관적인 것이 아니라는 판단을 나는 즉각적으로 내릴 수가 있었다.

왜냐하면 그들은 오로촌 족이었는데 그들의 유일한 수령인 만가부(萬家富)를 수행하고 있었기 때문이다. 또한 우리 측엔 만가부를 아는 정통사가 있었다.

그들은 집단적으로 자기네 종족의 최고 권위자를 수행하고 있었으므로 우리가 우호적 입장을 취하는 이상 마음대로 방아쇠를 당길 수도 없는 일이었다.

우리는 그들의 수령인 만가부에게 경의를 표하는 뜻으로 약간의 탄약과 그런 때 쓰려고 미리 준비해 두었던 벽돌 반 개만한 생아편 덩어리를 예물로 선사하였다. 만가부의 기쁨은 이만저만한 게 아니었다.

오로촌 족속은 생아편을 뜯어 먹는 게 그들의 유일한 보건 조치일 뿐 아니라, 아편을 보물처럼 귀하게 아는 터였다.

우리가 만가부의 진심에서 우러나온 환영을 받음으로써, 그네들이 베푸는 최고의 빈객 대접을 받기에 이르렀다. 그날 밤은 만가부가 우리를 위해 베푸는 향연으로 밤을 지새웠다.

나는 피가 벌겋게 배어나오는 사슴 고기를 베어 먹으면서 그들이 애용하는 독주를 한 모금씩 마시면서, 떠들썩하게 무르익어가는 향연의 틈바구니 속에서 어떤 깊은 사색에 빠져가고 있었다.

나는 그들과 더불어 떠들고 마시는 사이에 지금까지 알지 못했던 그들에 대한 새로운 지식을 얻을 수 있었다.

그 가운데서도 나를 열광시키리만치 고무적으로 희망을 느끼게 한 것은, 그들은 단순하면서도 용감하며 만가부의 명령 한 마디로 약 6만 오로촌 족을 동원할 수 있다는 점이었다.

인원 부족으로 독립운동을 뜻대로 전개치 못하는 나에게는 6만이란 황홀하기까지 한 희망의 숫자였다.

이들로 하여금 나의 독립운동에 가담토록 할 길은 없을까.

독한 술을 연거푸 마시면서 내 머리를 꽉 채운 생각은 오직 그 것뿐이었다. 그러나 오로촌 족과 우리나라 독립과는 아무런 관계도 없다. 관계가 없을 정도가 아니라 그들로서는 이민족이 독립을 하건 말건 전혀 관심에도 없는 일이다.

그러나 무지몽매한 그들이고 보면 어떤 이익이고 간에 그들의 욕구를 충족케 하는 보상이라면 목숨을 내건 대모험인들 주저치는 않으리라는 점을 나는 여러 모로 시탐하고 검토해 보는 것이었다.

그 결과 나는 다음과 같은 결론을 얻을 수가 있었다.

오로촌에게 좋은 총, 아편, 고운 비단, 이 세 가지만 제공할 수 있다면 어느 한도까지는 그들을 움직일 수 있으며, 일시적으로나마 효과적으로 이용할 수 있으리라는 점이다.

나의 목표는 오로촌을 2, 3백 명씩 조직화해서 그곳에서 가장 진출하기 쉬운 봉천성 서북쪽의 정가둔이나 쓰핑가에같이 일인이 많이 집결해 있는 상업지를 기습해서 외교 문제를 만들어 중·일전쟁 폭발에까지 이르게 해보자는 것이었다.

이것은 별조차 없는 어두운 밤을 밝혀준 한 줄기의 광명과도 같이, 나의 사명감을 북돋워 주었다.

그런 점으로 볼 때 만가부는 내 배짱에 맞는 친구였다.

나는 그 이듬해 이맘 때 그곳에서 다시 만날 수 없느냐고 제의를 했고, 그때 구체적인 이야기를 하자고 청하니, 만가부는 기꺼이 승낙의 약속을 주는 것이었다.

나로서는 녹용 따위가 문제되지도 않을 만큼 막대한 수확을 얻은 셈이었다.

나는 크나큰 희망을 가슴에 부여안고, 근 달 반 만에 마리아에게로 돌아갔다.

그때 마리아는 우리나라 교포와 러시아인들의 요청으로 두 나라 아이들을 모아 소학교 정도의 과정을 가르치고 있었다.

나는 외몽고 수렵에서 분배받은 것으로, 와시까라는 이름의 훌륭한 말과 체코식 연발 라이플을 샀고, 마리아와 내가 입을 새 의복도 살 수가 있었다.

게다가 나와 같이 출렵했던 일행들은 이구동성으로 나를 세상에 다시 없는 명사수이며 창의와 기지에 뛰어난 인물이라고 사방팔방에다 떠들어 대어 삽시간에 나는 남들의 칭송을 한 몸에 받는 몸이 되어 버렸다.

남이야 나를 어떻게 평하건 말건 나로서는 내가 할 일이 결정되어 있다.

나는 만가부를 만나고 온 이후, 만만치 않은 자신을 품게 되었다. 절망 상태에 빠져 있던 나는 다시금 재기의 꿈 속에서 하나씩 둘씩 그 준비 과정을 쌓아 가리라 결심하였다.

그러자면 우선 무엇보다 요긴하게 소용되는 것이 돈이다.

돈의 힘을 빌리지 않고서는 만사부의 협조를 얻을 수가 없다. 우선 돈을 벌어서 만가부에게 총, 아편, 비단을 선사해야만 하는 것이었다.

그러나 돈을 만든다고 해봤자, 내 능력을 가지고서는 수렵의 방법밖에 없다. 수렵으로서 그 막대한 돈을 벌 수야 없다.

그러자 우리에게는 뜻하지 않은 요행스러운 방법이 하나 생겼다. 그것은 그때의 우리에게는 그야말로 천재일우의 호기였던 것이다.

원래 만주란 곳은 대두 생산지로 유명한 곳이지만, 아편 생산지로도 인도에 뒤떨어지지 않을 정도다.

특히 내가 살고 있던 대흥안령 계곡은 수백 리에 걸친 아편 밭이었다.

그런데, 그 막대한 아편 밭에서 생산되는 아편을 노리고, 수천 리 밖으로부터 마적떼들이 밀려오곤 하였다.

애써 가꾼 아편을 마적 일당에게 송두리째 빼앗기는 날에는, 투자한 자나 경작한 자가 서로 피땀 흘려 가꾼 보람도 없이 붉은 두 손만 툭툭 털고 일어설 밖에 도리가 없어진다.

그렇게 되지 않으려고 아편 재배인들은 막대한 물질과 노력으로 관군에게는 세금을, 그리고 마적에게는 그들의 횡포를 무마하기 위한 커미션을 보내곤 했는데, 그렇게 하고 나면 남는 게 거의 없을 정도가 되어 버리는 것이었다.

그렇기 때문에 몇 날갈이의 넓은 아편 밭을 수확할 때가 되면, 책임지고 마적을 지켜줄 사람을 구하는 게 통례였다.

그 파수꾼이 아무 탈 없이 마적을 지켜 아편을 무사히 수확하기에 이르면 아편 밭주인은 파수꾼에게 전 수확의 몇 분의 일이라는 어마어마한 거액의 보수를 지불하는 수가 많았다.

그러나 따져 본다면 그것도 결코 후한 보수는 아니다. 아편 밭을 지키는 일은, 그야말로 목숨을 내건 대모험이 아닐 수 없다.

그들은 아편 수확기인 약 3주일간은, 낮에나 틈을 보아 잠깐 눈을 붙일 정도고 밤은 줄곧 새워야 하는데, 그 고난이야말로 형언할 수 없는 정도였다.

그뿐인가, 운수가 불길하여 마적이 나타났을 경우는 그들과 더불어 총칼을 겨누어 싸워야 하니 웬만한 자신을 갖지 않고서는, 선뜻 응낙할 수도 없는 어려운 일이다.

그러나 나는 생각 끝에 그 아편 파수꾼 노릇을 맡을 각오를 했다.

나는 마리아에게 내 뜻을 알리며 동의를 구했다.

마리아도 그 길 밖에는 우리가 해야 할 방도가 없다는 걸 알고 있었으니 반대하려야 할 수도 없는 입장이었다.

"당신 의견에 동의하죠. 하지만 한 가지 조건이 있어요."

마리아는 말했다.

"저도 당신과 같이 간다는 조건이에요."

나로서는 그렇게 위험한 곳으로 마리아를 데리고 가고 싶지는 않았으나 마리아의 결심을 굽힐 재주도 없었고 사실은 그녀의 동반이 나에게는 여간 다행한 일이 아니었다.

나는 아편 밭을 무사히 지켜준 대가로 거액의 돈을 번 후의 광경을 상상하며, 교오하게 흥분하는 것이었다.

나의 망막에는 수백 명의 표한한 오로촌의 기사를 휘몰아 쓰핑가에 돌입하는 내 자신이 비쳤다.

나는 그들을 지휘하여 전광석화처럼 시가지를 휩쓸어, 틀에 잡힌 일인 상가를 잔혹하리만한 솜씨로 마구 쑥대밭을 만들어 놓고 말없이 말머리를 돌릴 것이다.

내가 짓밟아 놓은 그 자리로 말미암아 중·일의 관계는 노골적으로 악화되어 마침내 두 나라는 전쟁의 도가니 속으로 휘말려 들어가리.

이 전화가 번짐으로써 드디어는 아시아 피압박 민족의 해방전으로 그 성격이 변할 수도 있다. 그때 우리는 싸움으로써 일본의 마수에서 벗어나 독립한다.

내 공상은 끝없이 번져, 그것은 마치 요원에 던진 불길처럼 끝 간 데 없이 커졌다.

나의 사지는 부풀어 오르는 힘으로 근질근질해진다.

그렇다. 나는 어떠한 고난과도 싸워 이겨 내리라.

나는 곧 두 통의 편지를 쓰기 시작했다. 내가 내 사업을 성취하기 위해서는 믿음직한 조수가 우선 필요하다. 하나는 결사단의 남은 동지인 남경우, 또 하나는 과거 영고탑 시절부터의 지기지우인 민해양. 나는 그들에게 속히 이곳으로 오라는 사연을 띄운 것이었다.

내 아내 마리아는 나고 자란 곳이 시베리아여서, 소녀 때부터 아편 재배와 수확에 대해서는 능숙한 경험을 가지고 있었다.

때는 바야흐로 아편 수확기요, 그 고장에 파다한 내 명사수로서의 명성에 힘을 입어 나는 곧, 희망하는 일거리를 얻게 되었다.

그곳에서 백여 리 떨어진 압률 계곡에 우리의 목적지가 있었다.

중국사람 소유의 그 아편 밭은 사흘 갈이의 큰 밭이었다.

마리아는 수확의 일을 맡았고, 나는 파수 보는 일을 단독으로 맡았다. 나는 지난번 사냥으로 생긴 무적의 총, 체코식 라이플과 실탄 3백 발, 망원경을 휴대하였다.

우리는 준마 월가와 와시까를 각각 갈라 타고, 태양이 이글거리는 압율 계곡을 향해 치달렸다.

말을 타고 가면서 마리아와 나는 새삼스럽게 굳은 언약을 주고받았다. 우리가 꾸미는 중대한 일을 위해서, 어떠한 위험과 고생이라도 끝까지 견디어 성공적으로 끝내야 한다는 다짐이었다.

"마리아, 눈 딱 감고 3주 동안만 고생합시다. 이번 일만 뜻대로 성사된다면 허물어진 만주의 민족무장운동은 다시 계속할 수가 있는 거요."

"알고 있어요. 제 걱정은 마세요. 저는 자신이 있으니까요."

어느 곳에서나 마리아는, 기쁠 때보다는 슬플 때, 안전할 때보다는 위험할 때, 행복할 때보다는 불행할 때, 그리고 희망적일 때보다는 절망적일 때, 무한한 힘과 용기를 나에게 주는 여인이었다.

아편 밭에 당도한 나는 우선 그곳의 지형을 샅샅이 정찰한 후, 아편 밭 출입을 하기 위해서 반드시 거쳐야 하는 외통길을 봉쇄하는 산봉우리 바위틈과, 건너편 산봉우리 밑의 웅덩이 등 세 지점에다 나의 경비 위치를 작정해 놓았다.

즉각적으로 우리의 작업은 시작되었다.

나는 낮에는 내가 미리 작정해 놓은 경비 위치를 비밀리에 오가면서 경비하였다.

마치 전신이 모두 눈이 되고 귀가 된 듯이 삼엄한 경계를 해야 하니 여간 괴로운 일이 아니었다. 밤이면 산 밑 바위틈에 자리 잡아, 밤을 홀랑 새우는 고초를 겪어야 했다.

마리아는 마리아대로 일꾼들과 같이 아침부터 저녁 늦게까지 아편을 긁으면서 틈틈이 군용 반합에 조밥을 지어서 나와 미리 약속한 중간 지역에 갖다 놓곤 하였다.

나의 경비 거점을 나 이외에는 아무도, 마리아조차도 알지 못했다.

나도 마리아가 갖다 놓은 밥을 갖다 먹고는, 다시 지정된 자리에 그것을 돌려 놓곤 하였다.

그곳에서 일하는 사람들은 내가 어딘가 밭 주변에 있으리라는 것만 알지 내 위치에 대해서는 전혀 알지를 못했고, 더더구나 밭을 지키는 사람들이 하나인지 열인지조차도 알지 못했다.

참으로 고된 3주일이었다.

그러나 여하간 행운의 신은 나와 함께 있었다.

마적의 습격은 없었고 수확기의 두려운 큰 비도 오지 않았다.

낮에는 사정없이 내리쬐는 폭양, 밤에는 무더기로 달려드는 모기떼의 피습쯤이야 차라리 애교로 넘길 수도 있는 일이었다.

3주간의 노임으로는 놀랄 만큼 많은 것을 얻었다.

마리아와 나는 올 때처럼 월가와 와시까에 각각 나누어 타고 얄루허를 향해 귀로에 올랐다.

하오 세 시쯤이었다.

백여 리의 길을 떠나는데 오후 3시를 택한 이유는 다음과 같았다.

아편을 노리는 무리는 워낙 수가 많았다. 더구나 수확기로 접어든 이 무렵이면 길목 요소요소마다 적은 무리의 마적이 잠복해 있다가 갑자기 나타나거나 한두 사람의 군경이 길목을 지키다가 개인행동으로 돌아가는 사람들의 소지품을 약탈하는 수는 이따금씩 일어나는 것이었다.

이런 지점은 압율역에서 대략 20리쯤 떨어진 곳이어서 우리는 야음을 틈타 이곳을 휙 지나쳐 버릴 양으로 늦으막하게 길을 떠난 것이었다.

그렇다고 만전을 기했다고 안심할 수는 없다.

우리는 만약의 경우에 대비해서 노임으로 받은 어린애 베개만한 아편 덩어리를 말안장에 붙은 여낭 속에 넣지 않고, 초록색 보자기에 각각 싸서 손에 들고 떠났다. 만일 누가 나타나 아편을 약탈하려 할 때 근방 풀밭 속에다 던져 버리려는 것이었다.

어떻게 해서 번 노임이며 그것이 쓰일 곳이 어떤 일인데 맥없이 약탈자에게 **빼앗길** 손가. 어떠한 지략으로라도 우리는 그것을 헛되이 잃어서는 안 되는 것이었다.

그렇듯 만전의 준비를 갖춘 때문이었는지 우리는 또 한 번 다행하였다.

염려하던 곳이었으나 한 사람의 약탈자도 나타나지는 않았다.

어느덧 해가 저물어 아련한 하현달이 돋아나올 무렵 검푸른 얄루허 물가의 우거진 숲길을 지나 강가에 다다랐다.

강을 건너서 잠깐만 말을 몰면 우리는 드디어 우리 집에 다다르게 되는 것이다. 누구 하나 기다려 주는 이는 없어도, 집이야말로 피곤한 육신을 누일 수 있는 유일한 곳이기에 우리의 마음은 급했다.

속히 집으로 돌아가리. 집으로 가면 온통 그동안의 먼지 때를 말끔히 씻고 두 다리를 펴고 편히 쉬리라.

아마 어쩌면 오라고 편지 낸 남, 민 두 동지가 와서 기다리고 있을지도 모를 일.

"마리아. 빨리 갑시다."

나는 마리아를 앞세우고 강을 건너기 시작했다. 그곳은 압율 계곡으로 갈 때 건너던 곳은 아니었지만 반 년 전의 언젠가도 말을 타고 건넌 적이 있는 곳이기도 하였기에 물 깊이는 고작 말의 배를 넘지 않을 것을 알고 있다.

그러기에 나는 아무 생각 없이 마리아를 앞에 세우고 물에 들어섰던 것이다. 마리아가 탄 월가와의 거리는 한 5, 6미터쯤 되었을까.

연약하게 비치기 시작한 하현 달빛을 받고 마리아가 탄 말이 차츰 강의 중심을 향해 들어가는 것을 보면서 나도 뒤따라 와시까를 몰았다.

밤눈에도 선명히 마리아가 손에 쥔 초록색의 보따리가 아른아른 눈에 띄었다.

그러던 어떤 순간이었다. 그것은 참으로 눈 깜짝할 동안에 일어난 일들이다.

앞을 가던 월가의 몸이 물 속으로 쑥 들어가자 어느새 마리아는 거센 물결에 휩쓸려 떠내려가고 있는 게 아닌가.

그 순간 마리아의 머리는 이미 물 밖에서는 보이지도 않았다.

그것은 실로 한순간의 일이다.

나는 본능적으로 손에 쥐고 있던 초록색 보따리를 내 등 뒤 강기슭을 향해 힘껏 던지고는, 미친 듯이 말의 배를 힘껏 굴러 물 속으로 뛰어 들면서, 말 등에서 물 속으로 텀벙 뛰어들었다.

물살이 거세고도 차가워서 강건한 내 몸도 물살에 휘말릴 것만 같았다. 나는 정신없이 마리아를 찾아 차갑고 거센 물살을 따라 물 아래 쪽으로 헤엄쳤다.

나는 제정신이 아니었다. 이곳에서 마리아를 잃어버린다면 나도 같이 없어져 버려야 한다.

나는 희미한 달빛 너머로 마리아인 듯한 그림자를 쫓아 정신이 없었다. 처음에는 바위를 잡기도 하였고 물풀을 마리아의 머리인 줄 알기도 하였다. 그러다가 드디어 불끈 솟아오르는 마리아의 흐트러진 머리채를 잡아 쥐는 데 성공하였다.

그것은 참으로 아슬아슬한 찰나이기도 했다. 조금만 더 떠내려갔더라면 여울 돌아가는 소용돌이 속에 말려들어갈 뻔하였다.

온갖 생명 있는 것을 결코 살려 주지 않는 무서운 여울이 도는 소(沼)는 바로 내 눈 앞 가까이에 있었다.

그러나 마리아는 이미 실신한 뒤였다.

나는 마리아를 구해서 설 수 있는 데까지 나와서는 실신한 그녀를 어깨에 둘러메고 강변으로 나왔다.

강변에 쓰러진 고목 등거리에 허리를 걸쳐 놓고 늘어진 팔을 걷어 올리려 할 때 희미하게 비치는 달빛 속에, 그녀의 손아귀에 움켜진 초록색 보따리를 보았을 때는, 헤아릴 수 없는 감동에 다시 휘말려 드는 것이었다.

죽어도 초록색의 보따리만은 놓지 않으려 한 마리아의 의지.

그것이 무엇이었을까.

나는 마리아가 숨을 돌릴 때까지 정성을 다해 인공호흡을 하였다.

단조로운 한 가지 동작을 몇 백 번이나 거듭하는 내 머릿속에는 오로지, 마리아를 살려야 한다는 일념과 그녀가 끝까지 놓지 않은 초록색의 보따리 생각만이 맴돌았다.

어떻게 생각하면 익사자의 본능으로 검불이라도 손에 잡아보려는 작용이라고도 할 수 있을지 모르지만, 대개의 경우는 갑자기 물에 빠지는 충격을 겪을 때는, 손에 잡은 것은 무엇이든 놓아버리기가 일쑤다.

사람이란 원래 그토록 이기적인 존재이기도 한 것이 아닌가.

우리는 6·25 때 한강을 건너면서 끌고 가던 자식의 손을 놓아 혼자 살아남았다는 이야기도 허다히 귀에 담았다.

사람이 죽어갈 때는 자기 자식이라 할지라도, 자신의 목숨보다는 덜 귀하다는 실례를 허다히 보아왔다.

그런 얘기들을 들을 때마다 나는 얄루허에 빠져 실신하면서도 손에 쥔 초록색 보따리를 놓지 않았던 마리아의 집념에 대해 새삼 생각해 보곤 하게 된다.

하여간 마리아는 한 시간 반 만에야 겨우 의식을 회복하였다.

그녀가 숨을 돌렸을 때,

"사람이 죽어가면서 보따리는 왜 그토록 움켜쥐고 있었소. 무엇이 중하다 해도 사람 목숨처럼 중할까."

나의 말에 그녀는 한 마디.

"총 사려고 그랬지요."

아무렇지 않게 대꾸하는 것이었다.

건너편 강 언덕에서 월가와 와시까가 이쪽의 주인들을 무심하게 바라보고 있었다.

그렇게 준비한 돈이었건만, 그리고 내가 부른 남경우도 민해양도 지체없이 달려와 주었건만 그 다음해의 나는 만가부를 만날 필요가 없어져 버렸다.

따라서 수백의 원시병을 이끌고 정가둔이나 쓰펑가에 기습하는 구구한 소규모의 소극적인 유격전의 수단을 취할 필요도 없게 되었다.

급속도로 거칠어만 가는 만주의 풍운 속에서 민족 대의를 위해 일어선 소병문 장군이나 마점산 장군이 민족항쟁을 위해 나를 필요로 여기고 사방에 통령을 내려 나를 찾았기 때문이다.

운명의 신이 나를 저버리지 않았다고나 할까.

5. 예브게니 모구찌의 사랑

해마다 9월 중순께가 되면 나는 인천 근처의 주안이나 수원 서쪽 방면의 사리 쪽으로 도요새 사냥을 나간다. 도요새란 놈은 철새의 일종으로서 흔히 해변 습지대나 장마에 침수됐던 논판에 잘 붙는데 내가 잘 찾아가는 두 곳은 다른 해변보다 도요새가 봄가을의 구별 없이 해마다 어김없이 잘 붙는 곳이다.

날쌘 그 조그만 새를 쏘는 재미도 재미려니와 활짝 트인 해활천공의 그 환경이 답답한 가슴을 후련하게 해주니 기껍다.

올해는 주안을 버리고 사리 쪽을 택하였는데 우리를 태운 지프가 군포장을 지나 반월면을 꿰뚫고 사리를 향해 달릴 때, 인가 드문 산길 좌우쪽에는 누가 언제 심었는지 청초한 코스모스가 몇 떨기씩 뭉쳐 피어 가을바람에 한들거리는 것을 볼 수가 있었다.

코스모스를 발견한 나의 마음은 공연스레 반가웠다.

허구 많은 꽃 가운데서 코스모스가 가장 마음이 끌리는 것은 코스모스를 볼 적마다 생각하는 사연이 있기 때문일까.

엊그제도 길가에 피어 있는 코스모스로 하여 먼 옛날 대흥안령 계곡에서 겪었던 잊을 수 없는 애절한 옛 일을 다시금 머릿속에 그려보는 것이었다.

내가 아내 마리아와 더불어 할라수에 자리를 정하고 차차 그 고장 사람들과 낯이 익어가는 사이에 내 관심을 유난히 끄는 한 사나이를 발견하였다.

그는 그 고장에서 몇 집 안 되는 백계 러시아인의 한 사람이었다.

그는 완강 건실한 30대의 청년이었는데 그가 나의 관심을 끈 것은 비단 그 늠름한 체구 때문만은 아니었다.

용감한 남성미가 넘쳐 흐르는 용모에서는 범할 수 없는 고귀한 기품을 엿볼 수가 있었고, 그가 누구보다도 활동적인 인물이라는 것은 그의 옷차림만으로도 능히 짐작되었다.

그는 평민의 노동복 윗저고리에 러시아 기병 장교의 승마바지를 입고 신발은 장화를 개조해서 바닥은 몽고 오로촌 족의 신발로 꾸며 신었다. 이런 그의 입성은 상식적인 규격을 깨뜨린 불균형의 것이었지만 그 옷차림이 그렇게도 어울린다는 것이 이상할 정도였다.

만일 그가 아닌 딴 사람이 그와 같은 차림을 하고 있었다면 참말로 목불인견의 풍경을 자아냈을 터이지만 그의 경우는 그런 차림이 오히려 그의 남성미를 더욱 돋보이게 한다는 것이 믿어지지 않을 정도였다.

그의 이름은 예브게니 모구찌라고 하였다.

어느 날 나는 사람을 통해서 그와 초대면의 인사를 나누었는데 가까이서 보아도 말 없고 내재하는 희로애락의 표현이 전혀 없다는 것은 먼발치서 그를 보고 상상할 때와 조금도 다르지 않았다.

그는 비단 나뿐이 아니라 그곳의 누구와도 마찬가지였다. 눈이 마주치면 그저 아는 체하면서 인사말을 주고받을 뿐, 자상한 이야기를 나눌 기회란 아무하고도 갖지 않았다.

세상에 아무리 과묵한 사람이 있다 하더라도 모구찌만큼 말 없고 세상만사에 관심이 없어 보이는 인물도 그리 흔하지는 않다. 그러나 나는 조금씩 그에 관한 이야기를 듣게 되었다.

물론 그 자신이 아무에게도 말을 하지 않으니 그의 입에서 나온 소리는 아니지만 누가 어디서 알고 온 소린지는 몰라도, 하여간 모구찌의 전신에 대해 꽤 신빙성이 느껴지는 이야기라고 나에게는 여겨졌다. 그는 제정 러시아에 충성을 다한 보황당 웅게른 장군의 부하였다.

그 자신은 기병 대위였고 러시아 기병 연대장인 백작의 사위이기도 했다.

러시아혁명이 일어나자 모구찌는 중대 기병을 이끌고 적색 러시아군과 최후까지 버티며 싸웠다.

그러다 예외 없이 그의 중대도 참패에 참패를 거듭하다가, 드디어는 전멸당하고 기적적으로 오로지 그만이 살아남았다.

그는 전쟁터를 탈출하여 그곳에서 백여 리 밖에 머무르고 있던 자기 아내에게로 갔다.

백작 영애인 그의 아내 니나를 데리고 모구찌는 야심한 밤을 이용하여 가까스로 외몽고를 탈출하여 인기척 없는 대흥안령 산맥 속으로 도피해 들어왔다.

그들은 무작정 산속 깊은 곳을 찾았다.

두 필의 말에 갈라 타고 험준한 산 속으로 산 속으로 들어오다가 마침내 발길을 멈춘 곳이 할라수였다.

그것은 나의 경우와 마찬가지였다.

나는 동쪽으로, 그는 서쪽으로 들어와, 우리는 같은 할라수에 정착한 것이다.

물론 때는 같지 않고 이유도 같지는 않았지만 둘이 다, 세상을 피해 들어왔다는 점만으로는 똑같았다.

그렇기 때문에 내 관심은 그를 향해 더욱 끌리는 것인지도 몰랐다.

모구찌에 대한 그러한 소문이 좁다란 할라수 정거장 일대에 모르는 사람 없이 퍼지는데도, 그는 그 말을 들었는지 말았는지, 또 그 얘기를 시인도 부인도 하는 일 없이 그저 묵묵히 무관심으로 일관하는 것이었다.

그의 집은 역에서 약 6백 미터쯤 떨어진 산비탈에 세 칸 집을 쓰며 살고 있었는데, 할라수 사람들은 누구나 그의 집이 그곳이라는 것을 알뿐, 누구도 그 집 안에 들어가 본 일이라곤 없었기에 그들이 어떤 살림을 살고 있는지 말할 수 있는 사람이라곤 한 사람도 없었다.

그는 내가 할라수에 다다르기 얼마 전부터 그곳에 살기 시작한 관계로 나는 그가 어떻게 그 집을 마련하였는지도 알지 못했다. 그가 제 손으로 지은 집인지 빈 집을 얻어 들었는지 나로서는 알 수가 없었고, 또 그런 일에는 관심을 가질 만큼 여유가 있었던 것도 아니었다.

그는 극도로 사람을 꺼리는 사람 같았기에 누구 하나 그 집을 방문하는 사람도 없었고 그 집 근처에 인가가 있는 것도 아니니, 그가 집에서 어떤 생활을 꾸려 가는지를 아는 사람도 없었다.

그러나 그는 남의 눈에도 몹시 근면소박한 생활임을 느끼게 했다.

대체로 제정 러시아의 장교들이란 18세기부터의 전통으로 대개가 귀족

계급이었다.

따라서 그 생활은 극도로 호방 사치한 것이 보통이었다. 어려서부터 여유 있는 호화로운 생활을 한 사람들이 대부분이었기 때문에 군대 생활을 하는 데 있어서도 간고와 결핍을 견디어낼 만한 기품을 찾아보지 못하는 사회이기도 했던 것이다.

그러한 계급사회 속에서 살아온 사람이지만, 모구찌의 경우는 그런 티가 조금도 느껴지지 않을 만큼 근면 소박하였다.

언제부터였는지 내 귀에는 또 다시 그에 관한 풍문이 들어오게 되었는데, 그는 자기 부인이 타고 온 말을 뷔커투에 가서 팔아서 그 돈으로 수렵 도구를 구입했다는 얘기였다.

그뿐이 아니라 그는 드물게 보는 명사수며 민첩하고 침착한 가운데 억센 그의 체력은 거의 초인적이라는 말도 들렸다.

그가 수렵으로 생활을 유지한다는 것은 의심할 길 없는 엄연한 사실이나, 그가 어디서 어떻게 얼마 동안이나 수렵을 하는 것인지 사냥터에서 그를 본 사람이 없으니 그 또한 알 길 없었다.

그러니까 누구하고 같이 사냥을 떠나는 법이라곤 전혀 없었던 것이다.

수수께끼 같은 존재는 비단 모구찌 그뿐만이 아니었다.

니나라는 이름으로 알려져 있는 그의 부인 역시 신비한 베일 속에 싸여 있는 존재로서는 모구찌와 진배가 없었다.

그녀는 남편 모구찌가 수렵을 떠난 뒤에는 예외 없이 문을 닫아 걸고는 바깥에 나오는 일이라곤 전혀 없었기에 그녀가 집안을 어떻게 꾸미고 사는지 어떻게 살림을 하는지, 이 역시 알 수 있는 방도가 없었다.

그러나 모구찌가 수렵에서 돌아오는 날이 되면 그녀는 그 호리호리한 가냘픈 몸에, 상상조차 할 수 없는 화려한 의상을 바꿔 입고 억센 남편 어깨에 의지하여 얄루허 강물이 굽이돌아가는 산모퉁이를 산책하는 모습을 먼발치로 바라볼 수가 있었다.

그들은 세상의 어떤 다정한 부부보다도 행복해 보였고 아름답고 가냘픈 니나가 억세고 늠름한 모구찌의 팔에 의지하며 얄루허 산모퉁이를 거닐고 있는 모습은 그대로 한 폭의 그림이었다.

그들이 잘 가는 그 산모퉁이에서는 가을철만 되면 코스모스가 만발하였다.

니나로 말한다면 관능적인 육체의 소유자는 아니지만, 어떤 대도시의 어떤 사교장에 내놔도 손색이 없을, 어디에 갖다 놓건 사람들의 이목을 한 몸에 집중시킬 만한 뛰어난 미모와 기품을 지닌 여성이었다.

그들 내외가 서로 그렇게 뛰어난 인품의 소유자들이었으니 만큼 그들이 그토록 서로 아끼고 사랑한다는 것은 누구의 눈으로나 의당 그래야만 되고 그럴 수밖에 없으리라는 것으로 비쳤고, 그렇게 믿어졌다.

모구찌와 니나는 서로가 서로를 위해서만 사는 의의를 느끼고 보람을 느끼는 사람으로 여겨졌고 그렇게밖에는 볼 수가 없었다.

내가 상상하건대, 모구찌는 아마도 사냥터에서 얻은 수확물을 그 길로 말에 싣고 곧 바로 태산 중령을 꿰뚫어 멀리 붜거투나 핼라얼 같은 큰 도시로 가서 팔고는 그 즉시로 니나가 입을 아름다운 의복을 사가지고 오곤 했던 모양이다.

그렇게 생각해 보는 것도 내 상상의 소산이지 반드시 그랬다는 얘기는 아니다.

나는 해가 바뀌고 날이 쌓이는 동안 누구보다도 그와 가까운 사이가 되어 있었지만, 그렇다고 해서 남이 모르는 그들의 내면생활을 알게 되었다는 뜻이 아니다.

우리는 그저 사냥을 끝내고 돌아온 뒤 역에서 우연히 만나면 남달리 많은 얘기를 나누는 사이였지만, 그러나 그것은 그뿐이었다.

나는 종내 그들에 관해서 아무것도 알 수가 없었다.

흐르는 세월 속에서 계절도 바뀌고 세정조차 조금씩 변해가는 것이었지만 오로지 변하지 않는 것은 모구찌 부부의 사랑뿐인가 여겨지는 속에서, 어느 때부터인지 상스러운 소문이 떠돌기 시작하였다.

그들 부부가 사는 집에서 약 4백 미터쯤 떨어진 곳에 살고 있는 중국 사람의 입을 통해서 그 소문은 서서히 마을에 퍼지기 시작하였는데 그것은 누가 들어도 처음에는 이내 곧이 들리지 않는 얘기였다.

러시아 말을 해독하는 그 중국인에 의하면, 그들은 이따금씩 야밤중에 말다툼을 한다고 한다.

그것도 모구찌가 외출에서 돌아온 날에는 반드시 싸우는 소리가 들리는데 그때마다 성이 나서 으르렁대는 모구찌와는 달리, 니나의 말소리는 언제나 현숙한 어머니가 지성을 다해서 어린애를 설득하는 것처럼 들리더라는 것이다.

먼발치로 보아온 그들 내외의 다정스런 모습으로 미루어 보아 그들은 마치 인간 행복의 상징인 양 선망을 총집중하는 시선으로 보아왔던 터여서, 야심한 심산유곡 조그만 집 속에서 남의 귀에 들릴 만큼 큰소리로 그들이 싸운다는 일이 믿어지지가 않았다.

다정한 그들이 싸울 이유가 대체 무엇인가, 그들은 아무하고도 교제하는 일도 없고 나들이라고는 모구찌가 생계를 위해서 사냥을 하러 집을 비우는 일밖에는 없을 뿐 아니라 니나는 마치 단정한 천사처럼 아름답고 순진스럽기만 한데, 대체 무엇이 모구찌를 그토록 화나게 한단 말인가.

사람들의 상상은 꼬리에 꼬리를 물고 제각기 제멋대로의 추리를 해보는 것이었으나 모구찌 부부에 대한 수수께끼는 좀체 풀리지가 않았다.

그러던 어느 날 드디어 일은 터지고 말았다.

그것은 그러니까 내가 할라수에서 두 번째로 맞는 가을이었다.

1929년.

분홍보다도 진홍보다도 흰 빛깔의 꽃이 유난히 많은 코스모스가, 할라수역을 지나 1천 5백 미터쯤 떨어진 이름 없는 얄루허 산모퉁이에 이르는 좌우 길에 빽빽이 피기 시작하자 모구찌 내외의 황혼의 산책은 거의 매일처럼 계속되었다.

서로 어깨를 의지하며 걷는 그들을 보고 누가 그들이 야밤중 남몰래 부부싸움을 벌이는 사이라고 볼 것이란 말인가.

그러는 사이에 가을은 점점 깊어 어느덧 제법 쌀쌀한 바람이 부는 날이 많아진 어느 날 아침 조용하던 할라수는 벌집을 쑤셔 놓은 듯 소란해졌다.

모구찌의 집에 무슨 일이 생겼다는 것이다.

무슨 변이라도? 대체 무슨 변이란 말인가?

무슨 변인지, 아무도 모르는 변이 모구찌 집에서 일어났다는 것이다.

할라수 사람들은 저마다 모구찌네 집으로 몰려갔다.

불과 4, 5일 전만 해도 우리 할라수 사람들은 그들의 다정한 황혼의 산책을 목도했고 그 다음날부터 그들의 모습이 보이지 않는 것은 아마도 모구찌가 어디론가 사냥 길에 오른 때문일 것이라고 여겼다.

그러니까 그가 없는 4, 5일 동안에 니나에게 무슨 변이 생겼다는 말인가.

사람들은 숨을 헐떡이면서 산기슭 외진 모구찌의 집으로 몰려갔다.

그러나 모구찌 집 근처까지 간 사람들은 그 이상 그의 집에 들어갈 수가 없었다.

그 집 앞에는 모구찌가 장탄한 라이플을 들고 누구나 가까이만 오면 무차별 사격한다고 고함을 지르는 것이었다.

흥분으로 미친 듯이 되어 있는 모구찌의 눈은 핏발이 서고, 그곳에는 원한, 분노, 결심, 환멸 등등의 착잡한 감정이 엉켜 있었고 굳게 다문 입

언저리는 경련을 일으켜 이성을 잃은 미친 야수를 느끼게 하는 몰골로 총부리를 겨누며 위협하고 있는 것이다.

사람들은 그의 특이한 성격을 알고 있는지라 그대로 산비탈을 내려 올 밖에 없었다.

그 속에는 철도를 경비하는 경찰도 4, 5명 끼어 있었지만 그들인들 어찌할 방도 없이 그대로 해는 저물고 말았다.

마치 지구의 끝 동네와도 같은 절역 천지 할라수의 밤은 이름 모를 불안을 잉태한 채 깊어갔다.

다음날 아침, 할라수 사람들은 또다시 누가 제의한 것도 아니었지만 모구찌네 집을 향해 밀려 올라갔다.

이번에는 사람들이 또 다른 공포에 휩싸인 채 모구찌네 집 앞에서 웅성거렸다.

모구찌네 집에는 죽음과도 같은 정적이 서리고 있을 뿐 아무런 인기척도 없었다.

집 바깥에서 들여다 볼 수 있는 마구간에는 말의 모습도 보이지 않았다.

우리는 한 발자국 두 발자국 모구찌네 집 가까이로 접근하여 입구 문을 열었다.

문은 아무 저항도 없이 그대로 열렸다.

우리는 안으로 들어갔다.

집안에는 아무도 없었다.

우리는 그제야 비로소 몇 해 동안 신비한 수수께끼 속에서 엿볼 수 없었던 그들 생활의 흔적을 눈여겨 볼 수가 있었다.

별 것은 없었지만 베드커버나 테이블 보 같은 것, 사모와리(홍차를 달이는 유기 주전자) 같은 살림 도구들이 상상 외로 정결했고 얼마 안 되는 가구 집기나마 모두 돈깨나 먹혔을 값비싼 것으로 설비가 되어 있었다.

그리고 니나가 누웠던 침상머리에, 이게 어찌된 일인가. 그곳에는 초산 스트리키니네(맹수 독살용으로 쓰이는 최강의 독약)의 빈 병이 뒹굴고 있는 것이 아닌가.

그것을 본 우리는 섬뜩 놀라면서 서로 불길한 눈초리로 마주 보았다.

'니나가 죽었다!'

우리는 모두 소리 안 나는 경악의 목소리로 확인했다.

'아름다운 니나! 그가 죽을 이유가 무엇인가!'

우리는 모두 그런 의문을 마음 속으로 자문자답한 채, 장승처럼 우뚝 서 있기만 하였다.

그때 입구 문을 박차며 중국인 소년 하나가 뛰어들면서 백호장을 찾았다.

백호장인 요 씨가 소년 앞으로 나가자, 소년은 들고 있던 편지 봉투를 그에게 건네주었다.

그것은 니나가 백호장 앞으로 보낸 장문의 편지─그녀의 유서였던 것이다.

니나가 유서를 요 씨에게 의탁한 것은 그 고을의 책임적 지위에 있는 요 씨로 하여금 공증인적 입장에 서 달라는 부탁을 하기 위함이었다.

요 씨에 의해 공개된 니나의 유서를 통해 우리는 니나의 죽음의 이유가 무엇인지를 알 수가 있었다.

"이 하늘 밑, 이 땅 위에 존재하는 것은 오로지 우리뿐인 것처럼 우리는 사랑했습니다. 그러기에 우리 부부에게는 우리 부부만이 곧 이 세상의 전부였던 것입니다. 지금 죽음을 택한 이 마당에서도 저는 천상에서나 누릴 행복감 속에서 이 글을 쓰고 있는 것입니다. 그렇게 사랑하며 그렇게 행복한 여자가 왜 죽음을 택하느냐고 의심을 하시겠지만 제가 죽음을 택하지 않으면 안 된 것은 그에게 대한 저의 사랑의 힘이 그렇게 시키는 것입니다. 제가 이 세상에 살아 있는 한 그이의 괴로움은 날로 더해 갈 것을 생각하면서 하나의 목숨이 아까울 게 무엇이겠습니까. 그이는 그만큼 저를 사랑하고 있습니다. 사랑하다 사랑하다 보니 어느새 그이는 저를 에워싼 모든 것을 의심하고 질투하기 시작하게 되는 겁니다. 얼마나 지극히 사랑했으면 그렇게까지 되는 것일까요? 제가 아무리 변명을 한댔자 그의 괴로움이 풀리지 않는다면 그것은 곧 제가 살아 있다는 자체가 그의 괴로움이 아니겠습니까.

　우리는 갖은 고난을 다 겪으면서도 한 번도 마음이 떨어져 본 적이 없이 살아왔습니다. 그이는 자기 이외의 세상과 접촉이 있는 것을 원치 않았기에 저는 언제나 고독한 처신에 익숙해 있었습니다. 그이는 저한테만 그렇게 원한 것이 아니라 자기 자신도 남과의 교섭을 꺼려했지요. 우리는 그저 둘의 세계만으로 족했습니다.

　그래서 그이가 사냥을 갈 때마다 바깥으로 쇠를 잠그고 가는 것도 저에게는 괴로움이 아니었습니다. 사냥이 끝나면, 그이는 저를 아름답게 꾸미기 위한 의복과 두 사람의 생활을 위한 가구 집기, 맛있는 음식들을 산더미처럼 사들고 돌아오곤 했죠.

　아! 그이와 함께 지난 그 세월들이 얼마나 행복했는지! 우리는 우리 이외의 아무도 필요하지가 않았거든요. 제가 이렇게도 그를 사랑하고 그이의 사랑이 이렇게도 마디마디 사무치게 느껴지건만, 어찌 그이는 저를 의심하지 않고는 배기지를 못하는 병에 걸린 것일까요? 아니 그것은 아마도 우리의 행복을 시기하고 질투하는 마음씨 나쁜 역신이 시키는 일인지 모르겠군요.

　그러나 드디어 저는 운명의 신에게 버림을 받고 말았습니다.

　그이가 마지막 사냥을 떠나던 날. 몹시 쌀쌀해서 불을 지피려는데 집에 있는 장작이 너무 커서 불이 붙지가 않는 것입니다. 어찌할까 생각하며 사방을 돌아보니 웬일인지 그이가 쇠를 잠그지 않고 간 것을 알게 되었어요. 저는 우리 집에서 제일 가까운 중국인 집으로 생전 처음 나들이를 간 셈이지요. 도끼를 빌리러 간 것입니다. 그때 그이는 말을 달리다 말고 문득 쇠를 안 채우고 그냥 온 생각이 나서 집으로 다시 되돌아 왔습니다. 제가 뭐하고 변명을 해야 되겠습니까.

 아무 변명도 필요 없는 게 아닐까요. 저는 어떤 힘으로도 그이의 미친 듯한 괴로움을 위로할 길이 없다는 걸 알고 있습니다.

 제가 죽은 뒤에는 제가 그이하고 늘 같이 지내던 코스모스 피는 산모퉁이에 묻어 주십시오. 제가 죽으면 그이는 홀로 외롭겠지만, 괴로움 속에서 풀려나겠지요. 사랑하는 그이를 여러분들이 위로해 주세요. 니나의 마지막 소원입니다."

 요 씨가 읽어 내리는 니나의 사연은 우리 모두의 두 뺨을 눈물로 적시게 했다. 목을 놓아 아예 울어버리는 부녀자들도 있었다.

 우리는 집 밖으로 밀려 나갔다.

 누가 먼저랄 것도 없이 우리는 얄루허 굽이도는 산모퉁이께로 시선을 모았다.

 땅을 파고 있는 모구찌의 모습을 멀리 쳐다볼 수 있었다.

 그는 니나의 소원이 무엇인지 듣지 않아도 알고 있었나 보다.

 "모구찌를 도와주자."

 요 씨의 발설에 우리는 니나를 고이 묻어 주기 위해 산모퉁이로 향했다.

 그러나 우리의 선의를 끝내 베풀 기회를 가질 수가 없었다.

 우리가 산모퉁이로 가까이 가자 모구찌는 또다시 라이플을 겨누며 우리를 위협했다.

'가까이만 와 봐라. 살려두지 않겠다!'는 듯한 결의가 그의 핏발 선 눈동자에서 증오처럼 튀고 있었다.

우리는 모구찌로 하여금 니나와의 작별을 유감없이 고하게 하기 위해 말없이 산허리를 내려왔다.

다음날, 모구찌의 집에는 니나의 옷, 모구찌의 옷, 그밖의 모든 가구 집기가 하나도 남김없이 산모퉁이로 옮겨져 버린 것을 알았다.

산모퉁이에는 아직도 땅을 파고 있는 모구찌의 모습이 보였다.

니나의 묘소를 만드는 모구찌의 작업이 얼마나 걸렸을까.

할라수의 사람들은, 날마다 산모퉁이에서 단 혼자서 일을 하고 있는 모구찌의 모습을 바라다보면서 그저 말없는 감동에 휩싸일 뿐이었다.

그러는 동안에 모구찌 내외의 얘기도 이제는 그리 새로운 화제로서 등장하지는 않게 되어갔다.

점점 모구찌 내외가 할라수 사람들의 기억 속에서 희미해져 갈 무렵 산모퉁이에서 이리저리 움직이던 모구찌의 모습이 없어졌다.

모구찌의 모습 대신 큼직한 니나의 무덤을 볼 수가 있었다.

이젠 낙엽이 우수수 깔린 산모퉁이로 할라수 사람들이 몰려갔다.

우리는 모두 니나의 무덤을 보고 재삼 놀랐다. 어디서 구해왔는지 아름드리의 자연석을 쌓아올려 만든 니나의 묘는 마치 어느 왕비의 묘소와도 같이 웅장했다. 그것이 다 모구찌 혼자의 힘으로 이룩되었다는 것이 믿겨지지 않을 정도였다. 그 묘 안에는 모구찌와 니나의 행복하던 시절의 가구, 의복 일체가 니나와 더불어 매장되어 있는 것이다.

그 묘 앞에는 통나무의 묘비가 서 있었는데, 거기에는 엽도로 새긴 모구찌의 비명이 다음과 같이 새겨져 있었다.

'얼마나 강한 사랑이냐. 죽음보다 더하구나.'

그 후로는 모구찌를 보았다는 사람을 만난 적이 없다. 니나의 묘가 있는, 그 이름 없는 산모퉁이를 사람들은 언제부터인가 '모구찌산'이라고 불렀다.

6. 부자 이야기

　나도 남에게 말할 때는 내 자신을 자지자량(自知自量)한다고 한다. 그러나 그렇게 말하고 나서 가만히 생각해 보면 자지자량이란 터무니없는 거짓말이었음을 깨닫게 된다.
　자신을 알기란, 남을 알기보다도 훨씬 힘든 일임을 문득문득 느낀다.
　나 자신을 놓고 보더라도, 나는 희로애락을 위시하여 감정표현이 일정치 않고 경우에 따라서는 속으로 느끼는 감정을 겉으로 표현할 때에도, 생각과는 정반대의 입장을 취하는 예가 많다.
　그뿐 아니라 나처럼 모순된 성격을 극단적으로 내포하고 있는 사람도 그리 흔치는 않으리라는 생각을 하게 된다.
　나라는 인간은 도무지 이렇다고 한 마디로 표현할 수 없이 갈피를 잡기 힘든 복잡성을 띠고 있다고 여겨진다. 내 나이 벌써 고희를 넘은 지 두 해가 되는데도, 여태껏 내 생활은 다분히 내 성격의 영향을 받아 이렇게 저렇게 움직이고 있음이 틀림없다.
　사람 노릇 하는 데 있어서나, 처세하는 데, 심지어 공무에 복무하는 동안에도, 나는 나의 독특한 성격의 영향을 적지 아니 받아왔음을 시인하지 않을 수 없다.
　따라서 내 가족이 내 성격의 영향을 받아 얼마나 변화가 무쌍하였을까, 하는 생각에도 미치게 되는가 보다.

나도 남들처럼 인간을 논하는 동서고금의 서적에 탐닉하는 바 적지 않았으나, 지금도 믿기로는 인간이란 어차피 주위환경의 영향을 싫도록 받는 존재이기는 하더라도 본래적으로 타고난 선천적 요소에 미치는 영향이란 실로 미미할 정도일 뿐이라는 확신을 가지고 있다.

그렇기 때문에 타고난 성격이란 제아무리 완벽한 가정의 학교의 사회의 교육으로서도 완전한 인간 개조를 꾀할 수는 없다고 지금도 믿고 있다.

전에 중국에서 가정을 이룩했을 당시부터 가정에서의 나에 대해서, 가까운 이들이 이러쿵저러쿵 평도 해주고 얼굴을 맞대고 기탄 없는 충고를 해주는 일도 한두 번이 아니었다.

만주에서 순국하신 오석 김학소 선생이나, 초대 부통령이시던 성제 이시영 선생 등 내가 존경하는 대선배에게 질책과 교훈도 여러 번 받았다.

그 충고의 요지는 항상 나의 독단, 냉담, 무관심이라는 것이었다.

그런 말을 들을 때의 나는 너무도 어이가 없어 아무 변명도 못하고 쓴 입맛만 다시곤 하였다.

왜냐하면 솔직히 말해서 나만큼 처자를 깊이 사랑하고 신뢰하고 도에 넘치게 무서워하는 사람이 세상에 또 있을까 싶을 정도이니 말이다.

내가 이렇게 말하면 궁여 끝에 궤변을 농한다는 사람도 있겠지만, 사실로 나는 애정의 표현으로 여행에서 돌아올 때 선물을 사다 준다거나 기거 행장을 노상 같이 한다든가, 대소사 간에 바깥일까지 일일이 아내에게 동의를 얻는다거나 하지는 않는다.

그러나 나만큼 크고 무거운 신뢰로서 아내를 존경하는 입장으로 생각할 때는, 사람들이 나에게 충고라고 들려 주는 자질구레한 일들을 근본적인 태도로서 받아들일 수는 없는 노릇이다.

그렇다고 하여 내가 내 아내에게 모든 면에 있어 지성 무결한 존재라고 생각해서는 결코 아니다.

그러나 남의 충고를 듣고 나서는 타인의 입장으로서는 그렇게 볼 수도 있으리라고 자인하는 때도 있지만 그렇다고 나는 성격상 아내에게 대한 태도를 고칠 생각도 하지 않았고 고쳐지지도 않는 일이었다.

깊은 존경과 애정을 품고는 있었지만 아내에게 표현되는 나의 감정 상태는 항상 독단, 냉담, 무관심의 범주 안에서만 오락가락 했으리라는 생각을 하면 아내에 대해 뒤늦게나마 어떤 죄스러움이 전혀 없지도 않다는 게 나의 진정이다.

나의 그런 태도는 아내뿐 아니라 우리 부부 사이의 오직 하나인 외아들에게도 마찬가지의 말을 할 수가 있다.

내가 우리 가문의 5대 독자(그때의 경우)로서 자식을 얻은 것은 내 나이 갓 마흔의 해였다.

나로서는 어떤 의미로는 내 목숨 이상으로 귀중한 내 자식이지만 그를 내 품에 안아본 것은 겨우 다섯 손가락을 꼽을 수 있을 정도였고 그것도 생사의 아슬아슬한 판가름 선상에 놓여 있던 몇몇 경우 이외에는 단 한 번도 안아 본 적이 없었던 것이다.

지금 그는 서른 두 살의 장정으로 결혼도 하였고 자식도 얻은 학구의 몸으로 미국 아리조나 대학에서 기계공학과 지질학을, 고학으로 전공 중에 있다.

지난 67년 여름, 8년 만에 처음으로 우리 내외는 며느리와 손자를 데리고 나온 아들을 만났다. 겨우 열흘 남짓한 동안의 한국 체류 중에도 나와 그의 덤덤한 사이는 조금도 달라지지가 않은가 싶었다.

그러나 내 마음도 이제는 늙었음인지 손자에 대한 감정은 아들에게의 그것과는 사뭇 다르게, 나는 손자를 품에 안고 사진까지 찍었으니 부정과 조부지정 사이에는 그만큼의 차이가 있는 것인지도 모른다.

복흥이가 태어난 것은 중국 하남성의 허창에서였다. 내 나이 갓 마흔 때였고 중국 8년 전쟁 중 전장에서 얻은 외독자다.

그때 나는 중국군의 조복림이라는 장군이 이끄는 군의 참모처장으로 있었다. 때마침 중국 부대를 이끌고 황하 이북에서 격전을 벌이고 있을 때 그 아이를 얻었고 그 후 그는 줄곧 폭격 전화의 틈바구니 속에서 성장하였다.

그때까지도 그는 우리 가문의 5대 독자였다. 내가 귀국해 보니 내 선친께서는 다시 자손을 얻으셨으며 지금은 5대 독자라는 말로 표현이 안 되겠지만 어쨌든 그 애는 나와 아내 사이에서 태어난 오직 하나의 자식이다.

그런 경우에 처해 있는 아이라는 것은 언제나 어버이들의 총애를 독차지하여 음으로 양으로 애지중지의 귀염을 받는 것이 보통이지만 나의 경우는 아까도 잠깐 언급한 대로 남의 눈에 비칠 때는 틀림없이 독단, 냉담, 무관심으로서 표시되는 그런 범주를 넘지 않았다.

아내 마리아가 임신 후 산달이 석 달이나 지나도 산기가 없었다. 마리아는 그보다 5년쯤 전에 한번 태기가 있었으나 유산한 후, 우리 사이의 자식 없음을 무슨 자신의 큰 죄인 양 주야로 괴로워하고 신불에 기원을 간곡히 드리는 눈치이더니, 마흔이 가까워 새로 태기가 있음을 얼마나 천행으로 여겼는지 모른다.

마리아는 뱃속에 든 태아를 위해 온갖 정성을 다 기울였음은 물론, 어려운 일 힘든 일을 가리지 않고 혹사하던 몸도 황후처럼 아끼기를 주저치 않았다.

그러나 산달이 넘어도 소식이 없음은 어찌된 일인지. 노심초사 끝에 나는 고민하는 마리아를 데리고 그 고장의 명의로 이름 높던 제남병원의 우찌다 원장의 진찰을 받게 하였다.

그러나 진찰을 마치고 X레이까지 찍어본 우찌다 원장은 마리아의 병명을 난소수종이라고 선고한 것이다. 임신한 줄 알았던 마리아가 난소수종이라니 그럼 저 남산만한 배 안에는 무엇이 들어 있단 말인가.

우찌다 원장은 지체하지 말고 개복 수술을 감행해야 마리아의 생명을 겨우 살릴 것이라고 했다.

뱃속에 든 것이 태아가 아니라면 지체 없이 개복하여 마리아의 목숨을 건져내는 길밖에는 나에게 남아 있는 의무가 뭐겠는가.

나는 마리아의 수술에 동의했다. 자식이 없더라도 마리아는 나에게 꼭 필요한 존재였다.

그러나 본인인 마리아는 결연한 태도로 이에 응하지 않았다. 설혹 자식을 못 낳고 그대로 죽는 한이 있더라도 수술을 받지는 않겠다는 것이다.

마리아에게 태기가 있을 때 그녀는 무슨 병에 걸린 줄 알고 허 씨라는 여자 한의의 진맥을 받은 적이 있었는데, 그때 허 의원이 단언하기를 임신 삼 개월인데 태아는 사내애라고 틀림없이 말했다는 것이다.

나는 어이가 없었다. 어떤 돌팔이 의원인지는 몰라도 X레이에 나타나지도 않는 아이를 계집애니 사내애니 한단 말인가. 또 그런 말을 믿고 목숨을 잃겠다는 말인가.

그러나 마리아의 결심은 굳었다. 여하간 자기는 아이를 낳을 의무가 있다는 것이다.

마리아를 설득하는 데 실패한 나는 나날이 팽창하는 배를 안고 제대로 움직이지도 못하는 그녀를 집에 남겨둔 채 전장으로 떠났다. 공관 근무의 중국 병사 4명을 믿고 나는 그대로 갈 수밖에 없었던 것이다.

그리하여 나도 없는 어떤 날, 드디어 마리아에게는 산기가 있어 마침내 아기를 낳았으니 그것은 바로 임신 19개월 만의 일이었던 것이다.

마리아는 그대로 실신하였고 공관 근무의 병정이 놀라서 이웃집의 노파를 불러왔을 때, 방금 나온 아기는 피바다 속에서 자신의 발가락을 빨고 있었다. 놀란 노파는 탯줄을 아무렇게나 끊고 그냥 도망쳐 나왔노라고 후에 나는 인편을 통해 들었다.

그러니까 내가 내 아들과 초대면을 한 것은 그 아이가 세상에 나온 몇 달 후에야 비로소 이루어졌던 것이다. 남경을 일본에게 공략당한 후 중국의 국민정부는 무창으로 옮겼고, 우리 임정이 국민정부의 협조로 호남성의 수도인 장사시에 자리를 잡자 나는 곧 그곳으로 처자를 불렀던 것이다.

아들의 출생 후 나는 중앙훈련단의 중대장으로 전속 발령을 받음으로써 자연히 일선과의 거리가 멀어졌다고 하나 현재와 같은 입체 전쟁에서는 후방이란 게 따로 있는 것도 아니다.

그러다가 일본이 진주만을 기습하기 1년 전, 그러니까 1940년에 우리 임정은 중경에서 광복군을 창설함에 그제야, 나는 지금까지 중국 군대에서 비밀을 지켜오던 국적과 본명을 비로소 회복하였다.

그 당시 광복군 조직의 의의는 군사력의 발휘보다 우리 망명정부의 중국에서의 합법 활동의 승인을 얻는 절차로서 더욱 중요한 일이었다.

광복군의 조직이야말로 앞으로의 우리 국내 동포들의 정신적 구심처가 되는 것이었다.

그러나 어쨌든, 군대란 명칭이 붙는 만큼 최소한의 군사력을 발휘해야 한다. 그러나 광복군은 인적 문제에 있어 큰 난관에 부딪치게 되었음은 당연한 일이다.

광복군은 우리 동포 중에서 청년을 모집하여 민족 대의에 의한 군사 훈련을 실시함이 무엇보다 중요한 과업이었던 것이다.

나는 광복군 창군 당시는 총참모장으로서, 뒤에는 제2지대 지대장으로서 중국 산시성(陝西省) 서안에 지대 사령부를 두고 군대를 편조, 훈련하기 시작하였다.

광복군의 경비는 중국 정부의 군사위원회의 도움을 받았고 광복군 인준 후에는 중국군과 연합작전을 펴기 시작하게 되었지만, 그 당시는 아직 그런 단계가 아니었다.

우리는 경비를 일일이 중국 군사위원회의 검열을 받아야만 탈 수가 있었다.

내 사생활이란 원래 돈의 여유가 없고 저축이 없었지만 중국 군대에서의 유급 생활에서 의무 생활로 전환되니까 그 생활은 더욱 말이 아니게 되었다.

마리아의 도움을 받지 않고서는 처자식을 거느리기도 힘들게 되었다. 때마침 마리아는 지인의 소개로 중국 중앙 군관학교 서북 분교의 러시아어 교관의 직을 얻어, 일주일에 두 번씩의 출강으로 생활을 돕게 되었는데 군관학교에 가려면 도보로 40리를 걸어야 했다. 경우에 따라서는 돌아오는 길만은 군용차에 편승할 기회도 있었지만 그것은 운 좋은 날의 일이고 대부분의 날은 왕복 80리를 걸어야만 했던 것이다.

당시 광복군의 인적 구성은 남북 만주에서 데려온 독립군 출신, 임정 내 인사들의 자제, 중국군에게 개인 자격으로 종사하는 청년, 그 외에 우리 동포, 중국 유격대에게 강제 납치된 우리 교포들을 모두 넘겨받았다. 남자는 군에 편입 훈련을 받아야 하기 때문에 거기 딸린 가족이 있는 사람은 자연히 모두 광복군의 권속이 되었다. 때로는 그들의 아내, 딸들도 애국심을 발휘하여 광복군의 여군으로 남성 못지않게 독립 전열에 서게 되었다. 그러나 그들도 군복무와 훈련은 따로 받는다 하더라도 그들의 가정은 유지시켜야 되겠기에 가족이 딸린 사람에게는 거처할 곳을 마련해 준다는 일이 광복군이 짊어진 설상가상의 무거운 짐이었다. 게다가 어린 아이 수는 계속 늘어만 갔다.

허술한 시설, 부족한 역량에 결핍된 보급으로 고단한 생활과 싸워가는 동안, 어린아이들의 발육은 고사하고 최소한도의 건강 유지조차 힘 드는 형편이었다.

  이런 고충을 해결해 보려는 나는 과거 내가 복무했던 중국군 측에 구걸 애원을 거듭하기 몇 차례였는지 모른다. 그러나 나날이 확장 증가돼 가는 인원을 구제할 수 있는 지원을 어찌 바라겠는가.

  환자가 늘어나고 사망자가 잇따라 속출했다. 나의 미력한 힘을 가지고는 광복군 제2지대의 기아와 죽음을 막을 길조차 없었다. 나는 남몰래 뜨거운 눈물에 하염없이 젖으며, 이를 악문 것도 한두 번이 아니었다.

  가을이 짙어 서릿발이 나날이 희어지던 어느 날, 네 살 난 내 아들 복흥이도 예외 없이 독감에 걸렸다. 독감은 급기야 어린 복흥이로 하여금 폐렴으로 줄달음치게 하였다.

  아들을 낳은 후 온 정신을 아들에게만 내리 쏟고 있던 마리아는 자기가 버는 군관학교의 강사료를 가지고 아들의 치료에 임한다는 것은 너무나 당연한 일이기도 하다. 물론 그녀는 의심 없이 자신의 강사료이자 우리의 생활비이기도 한 돈으로 아들을 싸안고 병원으로 갈 것이었다.

  나는 병원으로 가려는 마리아를 붙들어 앉혀 놓고 밤새껏 그 일 때문에 부부 싸움을 벌였다. 나는 그녀가 복흥이를 데리고 병원에 가는 일을 힘을 다해 막고 반대했던 것이다.

  나도 자식 귀한 줄은 아는 사람이다. 그러나 나는 내 책임감, 동지들에 대한 양심, 부하에 대한 인간으로서의 신의 때문에 처자를 병원에 보낼 수가 없는 것이었다.

  그때의 우리에게 의료비가 있을 리 없었다. 때마침 중국의 전세가 극히 불리할 때라 중국군 자체도 의료 시설이라는 게 지극히 결여되어 있었다. 병상자의 태반이 억울한 죽음을 당해도 불평 한마디 할 수 없는 실정인데 하물며 객군에 있어서야.

  광복군이 위험한 병에 걸리면 자연의 의사에게 맡길 수밖에 없었다.

그 전날도 적 후방에서 넘어온 어느 대원의 다섯 살 먹은 귀여운 아들 아이가 죽어 나갔다. 한 달이나 그 애가 앓고 있는 동안, 우리는 아무 치료도 그 애에게 해 주지를 못하지 않았는가.

그러나 남보다 유달리 열아홉 달 만에 낳은 아이라서인지 마리아의 모성애라는 것은 천하의 무엇보다도 유별한 무엇이 있었다.

마리아는 나의 그 같은 태도에 거의 발광하다시피 하며, 복흥이의 치료비로 공금을 쓰는 것도 아니고, 자신의 중노동으로 번 보수로서 그런다는데 반대할 까닭이 무엇이냐고 한 발도 양보할 기색이 없다.

나와 마리아는 고열 속에서 신음하는 빈사 상태의 아들을 사이에 놓고, 밤새껏 맹렬한 싸움을 벌였다.

그러자 어느덧 날이 밝아 점호 나팔이 울리자 마침내 마리아는 힘없이 나의 주장에 복종하고 말았다. 나는 만약의 경우 아들을 잃게 된다면 그 책임은 전적으로 나에게 있다고 느꼈다. 내 주장이 관철되었지만 그때처럼 비장했을 때란 다시 없었다.

웬일인지 그날 저녁부터 복흥이는 조금 좋아졌다. 다음날은 조금 더 나아졌다. 나는 복흥이의 몸이 생리적으로 병을 저항하는 것이라고 믿고 큰 다행으로 여겼다.

그리고 사흘이 지난 날 밤에 우리의 거처는 폭력으로 반파되었다. 사방에 뚫어진 틈바구니로 황야를 쓸고 온 대륙의 찬바람이 사정없이 밀려들어 오더니 휑한 침상에 누혀 있던 아이는 갑자기 악화되었다. 숨소리는 요란하고 고열에 들떠 있는 아이를 품에 안은 마리아는 정신 나간 사람처럼 나에게 애원하며 고백하는 것을 들으니, 그녀는 나에게 약속한 바와는 달리 남몰래 아이를 데리고 오 내과에 이틀을 다니며 주머니를 털어 37원을 썼다는 것이다. 앞으로 일주일은 더 다녀야 되는 것을 치료비가 없어 하루를 걸렀더니 이렇게 악화가 된다면서 눈물로 호소하는 것이었다.

나는 순간적으로, 비록 내 뜻은 아니지만 조그만 치료도 못해준 채 자식들을 죽인 부하 대원이자 동지 대원들에게 아프도록 괴로움을 느꼈다.

인명재천이라는 네 글자가 머릿속을 스치면서, 내가 지난날 몇 번인가 돌파한 사선이 회상되는 것이었다. 그리고는 지금 눈 앞에서 호흡조차 곤란한, 고열에 들떠 헛소리처럼 냉수만 찾는 어린애의 가혹한 현실과 연결시켜 보는 것이었다. 나는 느닷없이 역정을 버럭 내며,

"당신이나 당신 아들이나 참말로 망국노요."

라고 한마디로 쏘아 버렸다.

이제는 주머니에 무일푼이 된 마리아니 아이를 데리고 치료를 받으러 오 내과에 갈래야 갈 수도 없게 되었으니 그를 탓할 필요도 없다고 생각했다.

그러나 그날부터 나는 육체적으로 고된 하루하루를 지내면서도 마리아와 더불어 사흘 밤을 그대로 새웠다.

나흘째 되던 날 밤이었다. 나는 판공실에서 중요한 원고를 쓰다가 갑자기 이상한 충동에 휩싸이며 한 걸음에 집으로 뛰어가 보았다.

아이는 의식을 잃은 채, 콧방울 좌우 쪽이 벽에 붙은 나비의 날개처럼 팔락거리고 있었다.

폐렴 환자의 콧방울이 그처럼 움직이면, 그 무엇이 가까이 와 있다는 것을 의미한다.

그러나 나로서는 침착성을 잃어서는 안 된다. 정신없는 마리아에게 오히려,

"이거 보라고 훨씬 나아져서 깊은 잠에 들었군."

하였다. 그러나 그대로 판공실로 발길을 돌릴 수가 없었다.

나는 침상 위에서 연거푸 담배만 갈아 피우며 무엇을 생각하는지도 모

를 깊은 생각 속에 빠져 있었다. 밖에서는 저 유명한 몽고풍이 지동 치듯 불고 방 안의 촛불은 몇 번인가 가물거렸다.

별안간 중국말만 할 줄 아는 앓는 아이가

"아버지!"

라고 불렀다.

반사적으로 시계를 보니 밤 새로 두 점이다. 나는 이것이 우리 집 5대 독자와 이역에서 영이별하는 시간이구나 하는 불길한 예감을 품었다.

나는 대답을 하고 일부러 천천히 그 애 머리맡에 가 섰다. 그 애는 눈을 똑바로 뜨고 나를 쳐다보면서 내 목을 안을 수 있도록 허리를 구부려 달라는 것이었다.

"너 많이 낫구나."

하면서 나는 몸을 구부렸다. 나의 목을 얼음장 같은 손으로 끌어안은 아들의 뺨은 반쯤 젖은 것같이 느껴졌다.

이렇게 몇 초 동안을 있더니 팔을 휙 풀고 맥을 떨구면서 똑똑히 이렇게 말하는 것이었다.

"아버지 나는 죽지 않겠어. 원이가 죽을 때도 약을 못 써 줬는데 나는 두 번이나 주사를 맞았어. 주사를 맞았으니 나는 안 죽어. 원이가 죽은 다음에 원이 아버지 슬퍼하는 걸 보니 나는 죽지 말아야 해. 아버지 가서 자. 나 때문에 잠을 안자는 거지?"

나는 아들의 이와 같이 똑똑한 발음과 조리가 선 분명한 말을 들어보기가 처음이었다.

"암 그렇고말고. 그래야지."

그렇게 말하며 내 침상으로 돌아오는 나의 걸음은 천근이나 되게 무거웠다. 아들은 또다시 혼절해 버렸다.

마리아는 이제는 다 끝났다고 조용히 흐느끼지 시작하였다.

나는 러시아말로 더러운 욕을 한마디 던졌다. 나의 불안한 마음을 감추려는 제스처였다.

어지러운 환몽에 사로잡힌 나를, 벽 틈으로 스며드는 여명의 찬 기운이 의식을 환기시켜 주었을 때, 나는 뜻밖의 말굽소리를 들었다.

새벽 불의의 내방객은 중국 보안처장인 이정모였다. 갑자기 농서 지방으로 출장을 가는 길인데 당신 아들이 폐렴으로 여러 날 됐다는 소리를 듣고 왔노라 했다.

우리가 사는 이부가의 북쪽에 회춘당이라는 한약방이 있는데, 곽마자라는 한의가 소아 폐렴의 권위며 재작년 그의 아들도 곽마자의 약 세 첩으로 돌렸다고

그 말을 들은 나는 이상한 신비감에 사로잡히며, 운명은 또다시 나를 저버리지 않았다는 것을 느꼈다. 이정모 씨는 약값은 자기가 치르겠으니 아무 생각 말고 곽마자를 데려다 보이라는 것이었다. 곽마자라는 그 한의는 확실히 인격자였다. 고개를 갸웃거리며 남에게 불안 공포를 주는 태도와는 달리, 조용한 어조로 왜 이웃에서 그냥 있었느냐고 하는 것이었다. 그는 약을 지어주면서 하루 세 첩을 다 쓰라는 것이었다. 아무리 신효가 있는 약이라 하더라도, 나는 그날 같은 약효를 보지 못했다.

그날부터 아들은 위험한 죽음의 고비를 넘은 것이었다.

사랑하는 자식에게 약을 쓰지 말라고 아내와 밤새껏 싸운 부정이 있다면 누구나 미친 사람이 아닌가 하고 의심할 것이지만, 나는 그럴 수밖에 없는 이유로 그렇게 한 아버지이기도 하다.

아들도 이제는 나이 서른이 되어 처자를 거느리게 되었지만 나는 그가 크는 동안 잔소리도 안 한 대신, 이렇다 할 사랑의 표시도 못했다.

그러나 나는 아들이 항상 참된 인간으로서의 긍지를 갖도록 하는 모범

을 보여 왔노라고 자처한다. 그러나 지금의 나는, 달밤을 거닐 때마다 나를 뒤따르는 그림자를 향해 스스로 부끄러운 때가 한두 번이 아니다.

아들이 미국에서 보낸 편지 중 이런 말이 있다.

— 이 나이가 되어 보니 비로소 어머니와 아버지의 사랑의 심도의 차이를 구별할 수 있습니다. —

그런 말을 할 수 있게 아들은 어른이 되었고, 나는 그런 말 한 마디에도 가슴을 적시는 늙은이가 되었다.

5 톰스크의 8개월

　흑룡강에서의 구국 항전은 녠즈산에서 짤란툰으로, 짤란툰에서 싱안으로 차츰차츰 후퇴 작전으로 이어지게 되었다. 길림, 랴오닝 두 성에선 수많은 의용군 가운데 특히 리하이칭, 조징룽이니 하는 이들의 부하 중, 일년에 걸친 항전에서 만 수천 명이나 희생됐다. 그리고 덩테메, 왕덕림 등의 부대도 지리멸렬되고 말았다.
　그래서 차츰 한 무리씩 러시아 국경으로 들어가지 않을 수 없는 형편이 되고 말았다. 마점산과 연병문 휘하 두 군데 병력을 모두 합쳐 중동철도의 서부 지선 대흥안령 분수령 밑의 싱안에서 항전을 벌였으나, 이 싸움을 최후로 우리는 대세에 몰려 러시아 국경을 넘어 들어가게 되었다. 우리는 호롬바일로 밀리고 만추리를 거쳐 러시아의 다후리아라는 곳으로 발을 딛게 되었다.
　때는 10월말 경. 호롬바일 사막에서 불어치는 몽고 바람과 싱안령의 고원 기온은 벌써 그 일대에 눈을 얕은 데가 70, 80센티, 깊은 데는 1미터 50, 60센티나 쌓아 놓았다. 눈이 이렇게 많이 온 데다가 기온은 나날이 내

러가 영하 35도를 가리켰다.

수만 병력이 몰려 있는 교통 공구를 총동원하여 러시아 국경을 향해 퇴각하는데 나 개인으로 말하면, 언제 볼지 모르고 고향을 떠나는 중국 사람보다도 독특한 감상 때문에 심정은 더욱 무거웠다.

짤란툰에서 격전이 벌어지자 비전투원들은 후방으로 수송되었다. 그런데 나의 내자 마리아는 내 곁을 떠나지 않고 있다가, 그곳 중동철도 호로 경찰대장 부인과 함께 호롬바일 쪽으로 동행하게 됐다. 호로 경찰대장 공광의는 호롬바일 후방의 치안을 확보하기 위해 1백 80여 명의 경찰대원을 모두 데리고 격렬한 싸움터를 군대보다 먼저 떠났다. 그는 러시아식 4바퀴 마차를 1백 5, 60량 준비하고 중동철도에 평행한 공로를 따라 호롬바일 쪽으로 후퇴하는 계획을 말하면서, 나에 대한 호의에서 마리아를 동행시키라고 제의했다. 고마움을 느끼면서 마리아를 의뢰했다. 후퇴하는 일행 가운데 부인이라고는 공광의 부인과 마리아 두 사람뿐이었다.

나는 민중이나 경찰이 어떤 상황인지를 돌볼 겨를이 없이 작전 지도에 몰두하여 있었다.

뒤에 **빠리무**라는 곳에서 부대를 쉬어 숨을 돌리게 하고 있는 중이었다. 경찰대가 피습당하고 나의 내자 마리아에게 변고가 일어났다고, 한 경찰대원이 나에게 알려 주러왔다.

짤란툰 북쪽 4, 50리쯤에 마차에 나누어 탄 경찰대 일행이 이르렀을 때, 별안간 그 곁 산골에서 일본 기병과 백계 러시아 기병인 듯한 군마가 나타나 기습을 가했는데 전부 몰살당했다는 것이다. 그리고 나의 내자가 칼에 찍혀 넘어지는 걸 목도했다는 통지였다.

평시와 달라 전시에 어쩔 수 없는 일이라고, 수많은 군인의 죽음을 보아온 나로서는 체념해야 했다. 그러나 오랫동안 전선에서 생사를 같이하던 남다른 아내였기에 뭐라 표현할 수 없는 심정에 사로잡혔다.

침울한 마음을 안은 채 부대는 곧 러시아 땅으로 넘어섰다. 첫 역이 만추리의 건너편 쪽으로, 러시아 측 입장에서는 전략적으로나 혹은 경제적으로 국경 제1의 큰 역이었다. 이름은 다후리아.

남의 나라 영토에 대군이 들어왔으니, 국제법적으로도 우리가 당연히 무장 해제될 것이 상식이었으므로 우리는 들어서자마자 곧 무장을 자동 해제했다. 그때 만추리에 들어간 군인은 약 2만여 명이었다. 해제한 무장을 주고받는 사무적 문제 때문에 분주했다. 그러던 가운데 어느 날 초저녁의 일이었다.

"부인이 도착했습니다."

위병소에서 전화 연락이 왔다. 별안간의 일이었고 뜻밖이었다. 나는 몽유병에 걸린 것 같기도 하고 멍청해졌다. 뭐가 뭔지 분별할 수 없었다. 꿈 같기도 하고 반신반의…… 그럴 리가 있을 수 없다는 생각이 머리를 혼동에 빠뜨렸다.

하여간에 어떤 부인이거나 간에 들어와 보라고 대답했다.

목소리를 들을 때까지 그 부인은 전혀 딴 사람으로 보였다.

자연의 위력이 한 연약한 여성을 그렇게까지 변모시키면서도 목숨을 남겨, 뺏어가지 않았다는 것은 역시 조물주의 자비라 할까! 내 눈을 의심할 정도로 모습은 그 전의 마리아의 그것이 아니었다. 머리는 부어서 동이만 하고 두 발은 털가죽으로 아무렇게나 싸고 붙잡아 맸다. 이목구비를 분별할 수 없었다. 얼굴은 그냥 평평하고 질그릇처럼 검푸르렀다. 부종되었던 것이다.

말을 하기 시작하자 비로소 틀림없이 '아내가 살아왔다'는 사실을 실감할 수 있었다. 경과를 우선 급한 가운데 물어보았다.

호로 경찰대가 종대로 1백 50개의 네 바퀴 마차로 상당한 거리를 떼어 전진하고 있었다. 별안간 측면에서 일본 기병들이 기관총 엄호 밑에 나타나 기습을 가해 왔다. 경찰대는 마차에서 뛰어내려 저항할 틈도 없이 삽시간에 모두 죽음을 당했다. 그 수라장 속에서 맨 뒤에 여자 둘이 타고 있다가 뛰어내렸다. 해는 곧 지고 어슴푸레한 낙조가 눈에 반사되어 가까운 곳도 보일락 말락 했다. 뛰어내리면서 땅이 얼어터져 호를 이룬 구덩이 속에 굴러 떨어졌다. 이 호를 통해 죽음의 수라장에서 빠져나가 적에게 발견되지 않았다. 공 대장의 부인과 함께 호를 따라 기어서, 우다하치 원시림의 뒷면에 나서게 되었다. 그 깊은 숲 속에 들어섰을 때 발이 얼어와서 외투 안에 붙었던 모피를 뜯어 발에 동여매었다. 둘은 방향을 잡아 삼림만 타고 걸었다. 빠리무에 이르게 되었다. 빠리무는 내가 있는 곳에서 약 1백 20리 떨어진 곳이다. 여기에서 아는 중국인 역장 집에 들어가 요기할 음식을 얻어 가지고 다시 나왔다. 우리 후위 열차가 막 떠나려는 얄루역에 도착했다. 얄루역에서 비로소 우리 군용 열차에 올라탔다. 몇 번이나 일본 공군의 폭격을 받기도 했다. 오면서 묻고, 물으면서 왔다. 사흘 만에 전연 다른 사람의 모습으로 다후리아에 온 것이다.

우리는 북으로 수송되었다. 마리아는 매일 러시아 측 의무실에서 응급치료를 받았다.

정규군으로서 러시아 국경을 넘어 한꺼번에 들어간 군대는 마점산·소병문 휘하의 2만 명으로 가장 많은 숫자였다. 또 이에 전 중동철도의 역원이 따라 넘어왔다. 그리고 각 민중·사회단체의 대표들, 즉 항일군을 지원한다는 지원단 등의 민중 대표들이 따라왔다. 소병문 부대의 약 1개 사단 병력은 후방에서부터 그대로 퇴각해 왔기 때문에 가족 전체를 동반하고 있었다. 그래서 군대를 제외하고는 비조직화된 군중이라 해도 과언이 아니어서 질서 유지가 매우 힘들었다. 환경이 급변하니 더욱 어려웠다. 영하 40도로 떨어지는 시베리아의 추위는 북만주보다도 훨씬 더 사나왔다.

다후리아에 들어서서 부랴부랴 무장을 해제한 다음 러시아 측에서는 아무 소리 말고 역 구내에 들어서 있는 몇 개의 열차 위로 마구 올라가라고 요구했다. 이유를 물으니 '일본 추격 부대가 뒤를 따르며 국경 저쪽에서 러시아 측에 강경한 항의를 하고 있다'는 것이었다.

그때 러시아는 혁명이 지난 지 얼마 되지 않아 모든 면에 질서가 완전히 잡히지 않았고 대외 전쟁을 전혀 생각할 수 없었다. 그래서 우리들 때문에 까딱하면 피동적으로 전쟁을 받아들이지 않으면 안 될 형편에 이른다는 것이었다. 우리들을 모두 인도해 달라는 일본의 요구이니 우리들 비밀을 지켜가며 정숙히 이곳 국경 지대를 빨리 떠나 깊숙이 들어가는 게 가장 중요하다는 설명이었다. 그것이 모스크바의 명령이라고 했다.

1932년 스탈린이 정권을 잡은 뒤 시행한 1차 5개년 계획의 마지막 해였다. 2차 5개년 계획에 들어서는 준비 단계이기도 했다.

소위 이 5개년 계획은 국가의 총역량을 중공업 특히 군수공업, 이중 중무기 생산에 중점을 두었다. 3차 5개년 계획까지 중점은 마찬가지였다.

나중에 안 사실이지만 '쉬―' '쉬―' 하며 우리를 열차 안으로 돼지우리에 넣듯이 몰아댄 이유는 다름이 아니라, 러시아는 벌써 철의 장막을 드리우고 외국인이 내부 실정을 보는 걸 절대 엄금키로 방침을 세웠던 데 있었다.

지금으로 말하자면 국가 안보 차원이라 하겠지만 그때 소련은 내부의 극권정치, 공산독재의 비참상이랄까 잔학한 정치에 눌리는 민중의 비참한 정경이 밖에 알려질까 두려워한 것이었다. 그리고 일본 측이 강경한 항의를 했다지만, 그럴 만한 시일도 없었고 실제로 항의한 일도 전혀 없었다.

다후리아에 들어서면서 그네들의 군사 시책에 눈길이 쏠렸다. 나중에 톰스크에 가서도 보았지만 당과 군의 일체감과 침략주의 음모였다. 공산당과 군부는 물체에 그림자가 따르듯 일체 일체의 행동이 긴밀한 관계를 가졌음이 뚜렷이 나타났다. 일체가 당의 감시와 지도에 의해 움직였다. 군사적 집행 부문의 일인 경우, 군부보다도 당의 집행부를 중시하는 것 같았다. 이는 일당 독재국가의 특성이기도 하다.

그네의 군비 가운데 우리를 깜짝 놀라게 한 게 있다. 당과 군의 인사들이 자동차를 죽 공로로 몰고 오더니 조금 뒤에는 이 자동차가 기차 궤도에 올라가 바람처럼 내달렸다. 밑의 바퀴를 갈아 낀 것 같았다. 레일에 꼭 맞아 기동차처럼 자연스럽게 쏜살같이 달린다. 다시 내려놓으면 자동차가 되어 공로를 달리고 비교적 큰 역마다 공정반이 있어 자동차 바퀴를 기차 레일 바퀴로, 기차 바퀴를 자동차 바퀴로 어느 때나 바꿔 달았다. 당시 시베리아는 단선으로 교통이 불편했는데 러시아의 당과 군부는 이 자동차 겸 짧은 기차를 최대한 활용했다. 시급하고 중대한 일이 생기면 당과 군부는 역에 연락하고, 연락을 받은 각 역은 단선을 달리는 일반 기차 운행과의 시차를 조정했다. 이는 유사시에 군사 행동에 적합하도록 한 계획의 하나였다. 자동차 하나라도 이토록 면밀 주도하게 효율을 노려 만들었다.

톰스크에 도착한 뒤 그네의 보급 창고를 여러 번 볼 기회를 가졌다. 창고는 식료품으로 가득 찼다. 내가 본 것은 부식인데 부식의 종류대로 산더미처럼 어마어마했다. 각종 채소는 변질되지 않게 가열, 수분을 증발시켜 저장하고 있는데 빛도 변하지 않았다. 예를 들면 야채가 수분은 없지만 파란 그대로 싱싱했다. 무엇이든지 한 움큼 집어 가마솥에 끓이면 그대로 국이 된다. 중량도 없고 압축해 놓으니 용적도 지극히 적었다. 생선은 시베리아 담수와 함(鹹)수가 교차되는 바다 근처에 나는 연어가 대부분인데, 서양 사람들이 불기운과 연기로 말리듯이 훈(燻)해서 돌덩이처럼 압축하고 부피를 줄여 저장하고 있었다. 고기는 겨울이니까 얼어서 딱딱해진 통고기를 그대로 찍어서 발급했다. 고기는 양과 말고기로 우리에게는 말고기를 주고 양고기는 자기네 적군, 당부, 혹은 중공업 공장의 공인들에게만 배급되었다고 생각된다. 이렇게 만든 채소는 나무궤짝에, 어류와 육류는 생철궤짝에 넣어 쌓아 놓았다. 그밖의 여러 부식도 분류해 쌓아 놓았다. 한 창고는 몇 만 명이 몇 달 동안 먹을 수 있는 분량을 갖고 있었다. 나중에 알았지만 기타의 군수품, 장비나 피복 등도 다른 창고에 전부 이처럼 대규모로 준비하고 있었다.

위치는 톰스크 교외 대삼림 여기저기였다. 당시 비행기는 아직 크게 발달하지 못해 러시아가 전시 상태에 들어가더라도 비행기의 원거리 항정은 미치지 않았다. 그럼에도 벌써 군수 물자와 보급품을 소개(疏開)시켜 놓은 것이다. 이로 미루어 러시아의 5개년 계획은 중공업 건설과 국방 건설에 중점을 두었음을 볼 수 있으며 특히 이는 군수 공업에 치중했다. 세계 정복의 침략주의 음모가 여실히 눈에 드러난 것이다.

다음으로 우리의 수송과 수용 문제에 대한 러시아 측의 책임자를 찾을 수 없었다.

우리가 접촉하는 상대는 코민단트 우쁘라블레니에라는 소위 검찰 기구에 불과했다. 그네가 적색 러시아 정권을 대표하는 바나 다름없이 우리와 접촉하고 지시하고 수송하며 감시했다. 이야말로 우리는 미아가 되어 근본적으로 제도가 다른 나라에 들어선 것이다. 모든 것이 오리무중인 비밀의 자물쇠로 잠긴 나라에 들어온 것이다.

자유로운 나라에 살던 사람들이 얼마나 답답했겠는가. 자기 운명이 어찌되는 건지 알 도리가 없어, 올라가라는 대로 기차에 올라가 탈 뿐이었다. 이 기차가 어디로 가는지 조차 알 수 없었다.

러시아 검찰 측에 '어디로 가는가' '언제쯤 발차하는가' '어디를 거쳐 얼마 동안 걸리는가' 등등 궁금증을 풀려고 물어보면 시원하게 대답하는 사람이 하나도 없었다. 단지 '모른다'는 간단한 말뿐이었다. 물어보는 게 마치 담벼락을 향해 소리를 지르는 것처럼 무모한 짓이었다. 화를 낼 수도 없고, 이상의 기대도 갖지 않는 게 마음이 편할 정도였다.

러시아 기차의 궤도는 세계에서 가장 크고 따라서 기차 칸도 무척 넓다. 차량 규모가 크고 내부 구조로 보면 사람을 싣는 객차였으나 사람이 타고 가도록 시설이 되어 있지 않았다. 영하 40도의 혹한 속에 덩그레 한 내부에는 스팀은 애당초 없고, 공간에 난로를 놓았는데 지금 우리나라의 드럼통으로 만든 난로가 오히려 근사할 것이다. 그저 한번 두드려 만든 생철난로였다. 여기에 통나무 장작을 계속 집어넣으며 가는 판이다.

차창에 방풍 설비도 없었다. 극한의 추위에 밤새껏 차가 간대야 물 한 모금 얻어먹을 수도 없었다.

군대들이 타고 있는 열차에는 비록 무장해제를 했다지만, 군대 조직이 그대로 남아 있는 까닭에 비교적 질서가 정연하고 그때까지도, 시호와 행령이 밑에까지 관철되어 정숙을 유지하고 나갔다.

열차 행진은 한 역에서의 정차와 발차에 일정한 시간이 없이 제멋대로였다. 어떤 때는 가당치도 않은 조그마한 역에서 서너 시간을 지체할 때도 있었다. 차가 언제 떠나느냐고 물어보아도 역의 책임자도 어느 누구 하나 대답하지 않았다. '모른다', '떠나게 돼야 떠난다'뿐이었다.

나는 궁금증에 못 견뎌 앞쪽 군대들이 탔던 열차에서 내려 민중들이 타고 있는 뒤쪽 열차로 가보았다. 민중과 일반 권속들, 노인 부녀자 어린애들이 탄 차 칸은 그야말로 아비규환의 생지옥이었다. 비록 후방에서 떠났기에 두터운 이부자리, 방한 의복을 가질 대로 가진 사람이 많았지만 워낙 춥고 방한 시설이 되어 있지 않은 데다가 더운 물조차 얻어먹지 못하니 생지옥 바로 그대로였다.

그나마, 길고 긴 이 몇 개의 열차는 당시 시베리아의 단선 궤도로 전진했다. 오르내리는 기차들이 시간을 맞춰, 규모가 큰 대표 역에서 갈려 옴직이는 실정이었다. 그런데 우리가 탄 열차는 우리 때문인지는 모르지만 일방 발차였다. 엇갈리며 오는 기차는 보질 못했다. 가다가는 서고, 가다가는 서고, 거기다가 낮에는 전혀 전진 못해 본 것과 다름없었다. 꼭 어두운 밤중에 움직였다. 그 밤은 얼마 안 가서 날이 새곤 했다. 그렇게 해서 그라스노야르스크까지 가는 데 7~8일이나 허비되었다.

도중에 평소 전설처럼 상상도 했고 한편으로는 동경하기도 했던, 신비의 웅장을 상징하는 바이칼 호수를 끼고 지났다. 어떤 때는 바이칼 호수를 바로 굽어보는 절벽 위로, 어떤 때는 별빛에 한조 각의 거울처럼 떠오르는 바이칼을 바라보며 초원을 달렸다. 이 호수의 주변을 남쪽 기슭으로 도는 데 15~16시간이 걸렸다.

그라스노야르스크를 지나 계속 서북쪽으로 며칠을 달렸다. 노보시베리아스크에 다달았다. 이곳은 러시아 5개년 계획의 한 거대한 산물이라 할 수 있는 곳이었다.

이 도시는 무인 황야, 게다가 수천 리 연결된 습지 복판에 건설되었다. 우랄산 동쪽 광대한 시베리아의 서편으로 치우쳐 1/3 거리에 위치한다. 불과 5~6년 동안에 인구가 거의 백만이 된다고 하며 동서 양면의 가상 적국으로부터 침략당할 것을 예상하고 당시 원항정(遠航程) 폭격기의 행동반경을 벗어난, 안전도가 가장 높은 곳이었다. 건물 일체는 급조되어서 대부분 목재를 사용했지만 완전한 군수 공업의 중심으로 발전되어가고 있었다. 어디에서나 다 그랬지만 우리들에게 발 멈출 시간을 주지 않고, 먼 발치로나마 볼 기회를 갖지 못하도록 그들이 신경 쓰는 게 역력했다.

그때 만주의 군대에는 군벌 기운이 농후했다. 고급 장성은 호화로운 생활을 했다고 말할 수 있다. 이들이 갑자기 이런 곤경에 부딪치니 군복단추를 금으로 하고 호화 장엄한 위신을 유지하고 허세를 부리던 모습이 열흘이 못되어 한없이 초라해졌다.

첫째는 패전 때문이었다. 둘째는 자유를 상실한 비 교전국가의 사실상 포로가 된 탓이었다. 그런데 우리를 포로 아닌 포로로 잡은 나라 자체가, 부유하고 모든 게 궤도에 올랐다면 포로의 꼬락서니도 그렇게 되지는 않았을 것이다. 러시아 자체가 무슨 천지인지 모를 지경이었으니…….

그라스노야르스크에 가니 연해주에서 혹은 흑룡주에서 국경을 넘어 러시아에 들어온 길림, 요녕, 흑룡성 등 각지의 정규군 및 의용군들을 수송해 들어오는 열차가 굉장히 많이 집결되어 있었다. 이들과 우리는 먼발치로 서로 보았다. 그러나 물론 서로 간의 통화는 있을 수 없었다. 그들과 함께 북으로 달렸다. 노보시베리아스크에서 곁길로 다시 들어서서 북으로 가게 되었다. 시베리아 원선에서 갈라진 뒤 사흘 만에 닿은 곳이 톰스크이다. 10여 일 걸려 겨우 목적지에 도달한 것이다.

톰스크에는 눈이 약 1미터 50센티나 쌓여 있었다. 시가지 주위는 뼁 돌아간 원시림 울타리가 서 있었다. 가운데가 불뚝 원추형으로 솟은, 말하자면 커다란 임공(森空)이나 다름없었다. 나중에 알았지만 톨스토이가 톰스크에서 말년에 저작을 했고 세계적 음악가 차이코프스키가 또 이곳에 와서 오랫동안 작곡을 했다고 한다.

톰스크 교외 약 40리에, 제1차 세계대전 때 사용하던 수용소가 있었다. 이는 독일과 오스트리아 포로를 수용하느라고 만들어 놓은 건물이었다. 수용소는 15~16만 명을 수용할 수 있는 큰 규모였다. 비록 열 몇 해가 지난 건물이지만 건물 형태는 그대로 남아 있었다. 당초, 제정 러시아 때 지어서 아주 원시적이고 간단했다.

통나무를 원시림에서 벌목해다가, 가로 걸치고 중첩해 쌓아서 지은 통나무집이다. 위생적, 예술적으로 머리를 써서 지은 게 아니라 그저 기다랗게, 1동에 약 1개 대대 인원을 수용할 수 있도록 만들어져 있다. 안은 이층으로 엮어져 있는데 그저 중간에 시렁을 맺을 뿐이라 할 정도, 대패질도 안 한 널빤지를 올려 놓았고, 그 밖에는 아무것도 없었다. 귀퉁이마다 사닥다리가 놓여 있다. 그래도 단층보다는 약 배의 용량을 수용할 수 있는 셈이다.

난로는 그때 새로 놓았다. 역시 생철통 난로였다. 1개 대대를 수용하는 통나무집에 좌우편에 1개씩뿐이었다. 옥내 온도는 영하 35도.

우리 쪽에서는 몇 가지 목표를 세웠다. 러시아 사람의 관리 감독을 될 수 있는 한 조금 덜 받아 보자는 게 하나의 목표였다.

둘째는 그들이 설혹 관리 감독을 한다 하더라도, 우리 사정을 전혀 모르니 성의껏 주도하게끔 할 도리가 없을 것이고 언어가 불통이니 우리 생활을 자치적으로 한다는 것이다. 물론 부대는 군제가 그대로 있으니 러시아인의 내부 간섭을 받지 않기로 작정했고, 민중도 자치적으로 움직이도록 했다.

요샛말로 대의 제도를 시행하고, 삼권을 분립시켜 자치 생활을 영위하기 시작한 것이다. 다만 러시아에서 해준 일은 우리에게 식료품의 보급에 국한된다 해도 과언이 아니다. 식료품을 하루에 아침·점심·저녁의 세 때에 보급하는 게 아니라, 처음에는 한꺼번에 사흘 치씩을, 나중에는 일주일 분을 발급했다. 그들 자신이 귀찮으니까.

주식은 물론 빵. 그들 안목에서는 군대이든, 민중이든 우리 모두가 불생산 인원이었다. 소위 생산에 목적을 둔 5개년 계획을 추진하는 러시아 측으로 보면 우리는 백 퍼센트 소비하는 식객이었다. 러시아 자체가 식량난에 봉착했고 일용할 생활필수품을 전혀 생산 않고 중공업에만 치중하다보니 부족했다. 그래서인지, 주식도 우리에게는 장교에겐 하루 450그램, 사병에게는 700그램의 빵을 배급했다. 부식은 채소, 육류 할 것 없이 모두 과학적 방법으로 변질되지 않게 건조시켜 저장했던 걸 공급했다. 여기에서 군사적 안광으로 볼 때 러시아의 5개년 계획의 성질이 무엇이었는지를 일목요연하게 간파할 수 있었다. 그네는 벌써 전쟁을 계획했고 전쟁에 대비했다고 볼 수 있다. 피동이거나 능동이거나 간에 전쟁이 언제 닥쳐도 응보하겠다는 생각을 한 것이다. 5년 계획은 군수 공업과 군수 보급품을 제조할 수 있는 기계를 생산하고, 유사시엔 상당한 기간 동안 유지할 비상식량도 준비한 것이라 볼 수 있다.

채소는 한 사람이 하루에 도합 2백 그램에 불과했다. 2백 그램은 부피도 얼마 안 되고 끓는 물에 집어넣으면 국거리가 되었다. 그밖에 소금과 당분이 배급되었다.

육류라는 건 말고기. 폐마를 죽여서, 소와 돼지고기 대신 주었다. 쇠고기는 한 조각도 먹어보지 못했다.

아주 작은 일이며 그대로 넘길 수도 있는 것이긴 하지만, 주식의 분량 그것만으로도 적색 러시아의 정체를 알기에 충분했다. 장교와 사병에게 차이를 두어 지급했다. 주식 분량의 차이는 러시아 공산주의가 우리 내부에 계급적 대립 감정을 조장시키려는 한 수단이었다. 이것을 나는 간파할 수 있었다. 우리가 불생산적 인원이라면 장교나 사병이 모두 똑같은데, 어째서 차이를 두어 주식을 주었겠는가.

4백 50그램은 더 말할 나위도 없었고, 7백 그램의 **빵**이 뭉쳐보아야 사람의 주먹 두 개를 합친 것 밖에 되지 않았다. 형편없이 부족한 분량이다. 이걸로 '하루에 세 끼니로 나누어 먹든 두 때로 먹든 먹을 대로 먹으라'는 것이었다. 반 배라도 부르면 그럭저럭 견딜 수가 있겠으나, 도리어 허기증만 일으킬 정도, 위장을 간질이는 정도의 분량이었다. 그러니 배고픔에 온 몸이 나른할 수밖에 없었다. 견디지 못할 추위가 **뼈**를 삭이는 듯했다. 뱃가죽이 등에 붙은 듯해서 허리를 펴기에 힘이 들게 되었다. 기운을 쓸 수가 있나 움직일 힘조차 없는 노릇이었다.

한 가지 우리가 나중에 알게 된 것은 공산당의 잔인한 정책이었다.

러시아의 프롤레타리아 혁명은, 혁명 초기에 인텔리를 투쟁 대상으로 삼고, 적으로 돌렸다. 그런데 그들이 사회를 움직이는 동력은, 노동력이 아니라 머리였다는 것이다. 그러므로 노동 혁명을 성취한 러시아는 인텔리에게 죄책을 묻고 인텔리를 말살시킨다는 것이었다. 인텔리로 하여금 기진맥진하게 하여 머리를 쓰지 못하게, 움직이지도 못하게, 말할 기운도 없게 만든다는 것이었다. 그래서 장교들에게도 4백 50그램을 준 것이다. 그들은 과거의 혁명 정책 기준에 해당하는 대우를 우리에게도 했던 것이다.

러시아의 인텔리는 각 직장의 사무실 책상에 앉아 있던 사람들이라고 했다. 그들은 육체노동을 안 하니 먹을 필요가 없다는 것이었다. 굶어죽지만 않으면 된다는 것이다. 앉혀 놓고 미라를 만들어 죽이자는 것, 그때 러시아 공산당의 정책이었다.

그러다가 3차 5개년 계획이 지나고 난 뒤부터는 배워야 된다는 것이 목표가 되었다. 여기에 문화 운동이 전개되고, 다시 공산주의 사회에 필요한 인텔리를 만들어 놓아야 한다는 필요성이 대두됐다. 자본주의 시대의 귀족화한 인텔리는 다 잡아 죽여야 한다는 게 당시의 정책이었다.

우리나라에서 대기업가, 돈 푼 있다는 사람, 또는 권력을 쥔 사람들 얼굴에 기름이 흐르지 않는 사람 어디 있으며, 살 두둑이 찌지 않은 사람 몇이나 되는가, 얼마나 대조적인 현상인가. 제정 러시아 때 대학을 나왔거나, 사회적으로 영도 위치에 있었다는 사람 가운데서, 살아남아 있던 사람의 모습은 모두 아편장이 같았다. 걸음을 똑똑히 걷는 사람 하나도 없었다. 모두 비틀거렸다. 먹지 못했기 때문이었다.

우리는 그들이 여하한 속셈으로 우리 내부를 이간시키고 계급적 대립을 조장하려 하거나 말거나 자치를 통해 자위해 나가는 게 가장 중요한 일이었다. 가뜩이나 고향은 아득해지고 돌아갈 시기는 꿈같이 느끼게 된 심리가, 풍설 진 톰스크에서 팽배해졌기 때문에 내부 이간이나 대립을 막는 게 급선무였다. 침투될 가능성이 있기 때문에, 자치기구로서 모순을 없애고 침투하지 못하게 신경을 썼다.

군대에서는 서로가 도의심에서 우리 생활환경을 정리하거나 땔 나무를 해 오기도 했다. 사병들도 먹을 게 모자라지만 장교들을 아끼는 마음에서 스스로 육체노동을 했다. 주위의 눈을 쓸었다. 말이 눈을 쓰는 것이지 빗자루를 들고 마당을 쓸 듯 쉬운 일이 아니었다. 매일 내리는 눈이 한두 치만 쌓이는 게 아니었으니까. 게다가 제설 도구를 공급받지도 못했으니까, 그저 노력으로 눈을 밀어냈다. 톰스크가 아무리 짙은 원시림이지만 매일 계속 해서 불을 때야 하니 연료인 장작이 이만저만 필요한 게 아니었다. 그래서 벌목도 사병들이 했다.

그리고 러시아 감시병이 밖에서 우리를 감시하고 있지만 우리 스스로의 경계도 자체적으로 했다. 바꿔 말하면 한국전쟁 당시의 거제도 포로수용소 격이었다. 사병들은 돌아가며 보초도 섰고 실내에 불침번을 맡았다.

장교들은 사병들이 하루 1킬로 2백 그램을 먹어야 되는데 7백 그램으로야 어떻게 여러 가지 노동을 하겠는가를 염려하여 4백 50그램 가운데 50그램을 사병들에게 떼어주었다.

우리가 알기로는, 그때 러시아 군대는 하루 1천 2백 그램을 먹었다. 그리고 중공업 분야의 중노동자는 배급량을 1천 6백 그램까지 받았다는 것이었다.

얼지 않도록 시설된 상수도가 없어, 그저 얼음을 녹여 먹었다. 그릇이라고는 한 사람마다 하나씩 발급된 구르쉬카뿐이었다. 쪽 자루 달린 물그릇인데, 알루미늄이 아니라 강철로 된 것이었고, 위에 사기를 뒤집어 씌웠다. 주식인 빵을 먹을 적에는 이걸로 끓인 국을 나누어 떠서 먹어야 했다. 식사를 다하고 난 다음 물을 먹으려면, 얼음을 녹여 놓은 큰 가마의 물을 나누어 떠먹어야 했다. 세수를 하려면 세숫대야가 없으니, 이 그릇에 물을 받아서 먼저 두어 모금으로 이를 닦고 나머지로 세수했다. 구루쉬카의 물을 쏟아서 하는 게 아니라, 물을 입에 물었다가 손바닥에 뱉어 받아서 씻었다.

이 같은 생활도, 낮에는 그런대로 배겨낼 수가 있었지만 밤은 견디기가 힘들었다. 아무리 장작을 2개의 난로에 집어넣는다 하지만 워낙 실내가 넓어, 모두 덥히지 못해 밤이 되면 온도가 내려갔다. 밀폐된 방도 아니고 자꾸만 사람들이 들락날락하는 데다가 통나무집에 파도처럼 휘몰려 들어오는 냉기가 위세를 떨쳐 그 추위란 말할 수가 없었다.

그나마도 소병문 부하처럼 후방에서 철퇴한 사람들은 덮을 것 입을 것이 넉넉하고 얼마간 유지할 밀가루 같은 것이라도 가지고 오기도 했지만, 일선에서 전쟁을 하다 후퇴한 마점산 휘하 장병들과 그 권속들의 고난은 더 말할 나위 없었다.

죽었다가 소생했다고 말할 수 있는 나의 내자 같은 사람은 동상이 반도 치료되기 전에 다시, 동상을 입게 되었다. 그나마 굶주림과 추움이 그토록 매운 채찍질을 하니, 북시베리아의 겨울밤은 한 마디로 죽음의 밤이라고 밖에 할 수 없었다.

웃지도 울지도 못할 얘기—그때 우리 내외는 수용소 이층, 그 시렁 맨 위에서 기거하는데 밑널판지에는 내자의 외투를 벗어 깔고 두 사람의 가슴 위에는 내 외투를 벗어 덮었다. 추워서 잠을 잘 수 없고 배까지 고프니 소변이 잦았다. 일어나자니 밑에는 후방에서 후퇴한 얼굴 아는 사람들이 가지고 나온 밀가루로 난로 불에 밤새워 떡을 구워먹는 게 입장을 난처하게 하곤 했다.

중국 사람들처럼 인정이 많다면 많고 체면을 차린다면 체면을 차리는 민족은 없다. 우리가 일어나는 걸 보고 다 같이 배고픈 사정을 아는 그네가 먹으라고 권하지 않을 수도 없는 게고, 그걸 안 받아 먹는다니 그건 거짓말이고, 받아먹자니 그 사람들이 모자랄 것이고…… 이런 사정이니 내자가 일어나면 내가 팔을 비틀어 못 일어나게 하고, 내가 일어날 땐 내자가 나를 꼬집어 뜯어 못 일어나게 했다. 피차에 난처함을 면하기 위해서…….

그러다가 나는 뜻밖에도 자치회에서 러시아 보급창과 사무적 연락을 맡아 약 7만 명이나 되는 우리 측의 보급을 타는 대표가 되었다. 내가 대표가 된 데는 몇 가지 이유가 있었다.

그때나 지금이나 '먹어야 산다'는 속담이 절실한 진리임에 틀림없었다. 그때까지 선출한 대표가 모두를 위해 성실한 봉사를 하지 않고 왕왕 중간에서 협잡질을 했음이 탄로 났다. 여러 사람이 먹을 걸, 자기 혼자 배 불리도록 하는 사욕에서 생겨난 병집 탓이었다. 다들 배가 고프니 여러 대표들이 그렇게 행동했던 것이다. 이렇게 되니 일반 공론이 간접적으로 나에 대해 널리 알려져 결국 '지극히 공정하고 양심적이다.' '인격을 믿을 수 있다'고 해서 맡게 된 것이다. 그래서 내가 추천돼 만장일치로 뽑히게 되었다. 둘째는 비록 잘은 못하지만 간단한 러시아 말을 할 줄 알기 때문에 편리한 점이며 적격이라는 것이었다. 셋째는 군대에서의 나의 지위가 여러 사람의 존경을 받을 수 있고 따를 수 있어 질서유지가 용이하다는 점 등등이었다.

내가 사흘에 한 번씩 보급품을 타는 총대표가 되었고, 내 밑으로 보좌역 네 사람이 선출되었다. 덕분에 나는 보스타야늬 쁘로뽀스크를 얻었다. 이는 정규 패스포트로서 언제나 사용할 수 있는 무상 출입증이었다. 전체가 톰스크 시내에 들어가는 건 물론이고 수용소 밖을 한 걸음도 나갈 수 없던 형편이었다. 마점산 장군 이하 약 7만 군대 중 6, 7명의 고급 장성들도 수용소 밖에 나올 필요가 있으면 그 이유를 러시아 검찰 측에 제출해서 허가를 받아 임시 출입증을 발급받아야만 했다. 그런데 나는 언제든지 자유로이 출입하고 자유행동을 취할 수 있는 특권을 부여받은 셈이 되었다. 만약 그것이 없다면 하루에도 몇 번씩 보급창에 드나들어야 하는 일을 볼 수가 없는 까닭에 발급받게 된 것이다.

나는 그 기회를 이용하여 자유롭게 톰스크 시내에 들어가게 되었다. 또 공산주의 제도하의 사회가 어떻다는 그 이면 상을 목격할 수 있었고, 그네들이 공산주의 사회 변혁을 어떤 수단 방법으로 추진하는가도 엿볼 수 있었다.

자유의 억압.

이것이 첫째로 꼽힌다. 독재성을 띤 나라는 어디든 다 그렇지만 러시아에는 행동의 자유가 일체 없었다. 거주지를 떠나는 경우 쁘로뽀스크를 신청해서 발급받아야 하는데 지급과 동시에 곧 갈 곳의 게·패·우 당국에 연락이 되어 신청자가 도착 즉시로 감시를 받는다.

추운 곳에 사는 사람들은 알코올과 불가분의 관계를 가져 러시아 사람치고 술 못 먹는 이 없다 해도 과언이 아닌데 혁명 이후 전면 금주령을 내리고 다만 맥주만 허용했다. 맥주는 다른 물가에 비해 가격이 조금 쌌다.

화폐는, 철의 장막으로 문을 닫고 자기네가 발행하니까 일종의 통용권에 지나지 않을 뿐 사실상 돈이라 말할 수가 없었다. 화폐 발행의 기금이 있는지 없는지도 알 수 없었다. 그러니 국민들 자체가 숫자의 증서 정도로 취급했지 돈으로 보지 않음이 뚜렷이 나타났다. 자유 시장이 없으니 그 돈을 가지고 어디 가서 무엇을 살 수도 없고 기껏해야 자기 소속 직장의 꼬뻬라치프(소비 합작사)에서의 물건 교환권에 지나지 않았다. 그 직장에서 내주는 루블을 손에 쥐어도 물건을 살 데가 없었다. 정부가 지정해서 매매를 허용하는 물건이 나오면 소비 합작사에서 바꾸는데 불과했다.

그러하니 민간인들의 곤궁상은 형언할 수 없었다. 맥주 집 같은 곳엘 들어가면 대개 그 정치 제도 하에서 민중의 정서랄까, 정치에 대한 국민 감정을 들여다 볼 수 있다. 언론 자유가 없으니 어느 한 사람 맥주 집에 들어와 앉아 마음 속의 말을 입 밖에 내지 못했다. 피차에 누가 감시원인지 비밀경찰인지 알 수 없으니 말을 아예 안 해 버리는 것이다. 혼자 침울한 표정을 짓고 있을 뿐.

맥주 값은 한 잔이 아니라 한 사발로 국내 돈으로 70전쯤에 해당했다. 질도 괜찮았다. 맥주 값의 10분의 1쯤 더 내면 쉐라라는 치즈 비슷한 고체 우유 한 조각을 안주로 먹을 수 있었다. 양은 눈 씻고 봐야 보일 정도이지만. 그리고 다 각각 다른 생각, 다른 욕망, 다른 심정에서 맥주를 마시는 게 환히 보였다. 어찌나 지독히 감시와 조사, 통제가 엄격했던지 가정이라는 게 본래 있다고 할 수도 없는 형편이었지만 부자 형제 사이에도 터놓고 무슨 말이고 하고 싶은 대로 하지를 못했다.

주택은 백여 년 또는 수십 년 된 것도 있고 대부분 목조 가옥이었다. 러시아 정부가 민간의 가옥을 모두 접수하여 국가 소유 가옥과 합쳐 직장별로 다시 할당했다. 그 직장이 정해서 배급했다. 배급의 기준은 공산당 통치하의 어떤 지역을 통해서나 똑같았다. 두 식구에 방 하나. 끓여 먹을 부엌이 필요 없었다. 직장에서 이미 만들어진 음식물을 배급받고, 직장에 나가는 사람은 직장에서의 도구로서 이용될 뿐 인간 본래의 존재가 허용되지 않았으니까.

그리고 직장에 나가지 않는 사람은 생활이 허락되지 않아 굶어죽는 수밖에 없었다. 십시일반 격으로 여러 사람이 자기네 식량을 줄여서 한 사람을 먹여 살리는 게 전연 있을 수 없었다. 그래서 사람은 모두 직장을 갖지 않을 수 없게 되었다. 전표를 받아 시간이 되면 배급을 타서 먹는 것이다.

남편의 직장과 아내의 직장이 같다는 법이 없었다. 매일 8시간 노동이라고는 하지만 직장이 다르니, 내외가 같은 시간에 집에 앉아 식사를 같이 할 기회도 거의 없었다. 앞당겨 성공하고 목표 생산량을 초과했어도 당의 영웅적 산업 전사니 하여 경쟁을 시키니 쉴 사이가 없었다. 그러니 8시간 이상을 직장에 매달려야 했다. 따라서 내외가 집에서 만나는 시간이 일정하지 않았다. 혹 비슷비슷한 시간에 아파트에 돌아온다면, 일주일에 한번 쯤 밥이나마 함께 먹고 싶다면, 저녁 밥 배급을 타서 싸 가지고 집에 돌아오곤 했다. 그러나 국물 있는 음식은 가지고 올 도리가 없었다. 떡 덩어리와 부식 나부랭이를 방 한가운데 테이블에 놓고 같이 먹는 게 즐거운 저녁 한때가 되는 것이었다.

어린애가 생기면 젖꼭지를 물려 잠을 재우고, 이튿날 직장에 나갈 때 부근의 지정된 탁아소에 맡겼다. 백일 전후의 아이, 돌 전 아이들을 연령과 지능별로 적당히 완구를 주고 놀게 했다. 보모가 붙어 하루 종일 맡아 길렀다. 우유도 주고 저녁에 퇴근할 때 어미가 자기 아이를 찾아 곁에 뉘이고 피곤에 몰려 잠들고 만다.

근본적으로 가족 제도를 부정·파괴하면서 새로 세상에 태어난 목숨은 장래 성실한 공산당 당원을 만들고 직장에 충실한 공인을 만들자는데 목적이 있었다. 툭하면 전 세계의 노농 조국이라 했는데 노농 조국의 정예분자를 만들자는 거였다. 가족제도라는 기본적인 전통 사상을 발본 색원하는 게 그네들 정치의 핵심이었다.

기회가 있어 톰스크 주변의 농민 집을 방문도 해 보았다. 추운 겨울 밖에서 '누구 있소?'라고 부르면 대답이 없었다. 한 번은 몇 번인가 소리쳐 부른 뒤 모기만한 소리가 났다. 그런데 사람은 보이지 않았다.

방 복판에 벽돌로 쌓은 뿌리따(페치카와 비슷한 난방시설, 안에는 두호까라는 게 있어 빵을 굽는다)가 있는데 뿌리따 위 평평한 곳에 담요가 우물우물 움직였다. 아이들이 빠져 나왔다. 대가리만 생겼고 몸뚱이는 발육이 안 되어 있었다. 전부가 기형아였다. 마치 선천 매독아처럼 모가지는 손가락처럼 가늘고 머리는 컸다. 아이가 나이는 상당히 먹었는데 영양실조로 그 지경이 된 것이었다. 소아마비도 아니었다. 이렇게까지 굶주림을 강요했다. 더구나 어린이들은 자기네 장래 국가를 의탁하는 소재라 해서 지금은 양육에 굉장히 힘을 쓰고 주의하지만, 그때는 어린이는 불생산 소비계급에 속해 있던 것이다. 어린애가 죽을 테면 죽고 살려면 살라는 식으로 돌보지 않은 실정이었다.

혁명의 물결이 지나고 난 과도기여서 혹 자유 시장엘 가보면 가끔 검정 빵이 나왔다. 대부분이 메밀 가루였고 속에는 말이나 소가 겨울에 먹는 억새가루를 섞어 만들었다. 이것도 거의가 물물 교환이 되었다. 헌 속옷 조각, 헝겊 등과 빵이 바뀌었다. 루비에 팔고 사는 게 아니었다. 혹 어떤 때는 담요 조각에 말아 가지고 나온 우유병, 또는 한두 병의 우유가 보였다. 이게 민중의 자유 시장이었다.

형편없이 뒤떨어진 과학과 기술을 메꾸어 중공업을 발전시키기 위해 러시아는 외국 기술자 특히 미국과 독일의 기술자를 많이 데려다 썼다. 그들의 습관된 생활을 본국에서처럼 유지해 주기 위해 특별한 방법을 썼다. 본래 외국의 여행자가 없었지만 이들 여행자와 기술자들에게 편의를 주는 방법으로 무역상회를 두었다. 마치 PX와 마찬가지다. 서구라파의 훌륭한 사치품까지 거기엔 마련됐다. 육류는 물론 식료품이 없는 게 없도록 진열됐다.

그 쇼 윈도우는 가난과 굶주림에 지친, 특히 공산당의 요시찰 대상이 된 과거 귀족 찌꺼기들과 제정 러시아의 관리를 지내던 사람들 등, 인텔리들이 모여서 들여다보는 곳이 되었다. 들여다보는 사람들의 입에서는 침 마를 새 없었다. 정신을 잃어버릴 정도로 휘황찬란한 상품이 진열되어 있었다.

　이는 우선 대해외서 외국 기술자에게 편의를 주면서 달러를 흡수하는 데 이유가 있었다. 둘째는 혁명수행의 목적에 있었다. 혁명 이후 아직도 비밀히 보존하고 있는 값진 각 개인의 사유재산-귀금속·보석 등을 마지막으로 빨아들여 국가만이 기금을 가지고 통제 경제를 철두철미하게 실시하기 위해 만든 시설이었다.

　예를 들면 어느 가정의 은으로 만든 사모와리나 좋은 직물, 보석 같은 등등을 가져와 식료품과 바꿔갔다. 한 때 먹고 이튿날 죽어도 한이 없겠다고 생각할 정도의 기아선상에서, 영양실조된 사람들의 마지막 물건까지 빨아들이는 곳이다. 또한 미국 기술자들에게 지불한 달러를 대부분 여기서 흡수한 것이다.

　가족 제도의 말살과 곤궁한 식생활을 바탕으로, 사회의 일반적 분위기가 특이했다.

　공포— 대중은 뭔지 모르게 기분 나쁘게 불안을 느꼈다. 밤잠을 마음대로 못 잤다. 털어 먼지 안 나는 사람이 없듯이 5, 6년 전으로 소급해 올라가면 공산주의 정치 아래서는 반혁명 죄에 해당되지 않는 사람이 없는 셈이었다. 러시아 혁명의 원흉이며 국방 사령관이었던 두하프쩨스키가 스탈린에게 숙청당한 뒤였다. 군부에 숙청 대상이 제일 많았던 모양이다. 밤중이면 라겔 주변의 길에서 와작와작하는 발소리가 떠들썩 울려오곤 했다. 한대 지방이라 눈이 많고 눈이 습도가 도무지 없어 눈가루 위를 지나는 '와작와작'하는 신발 소리가 요란했다. 대개 밤 한 시경부터 소리가 요란해지기 시작했다.

　한시, 두시에도 추워서 잠을 못 자다가 유리창 밖에서 나는 발소리에 밖을 내다보면 과거 일제 때 왜놈들이 형사 죄인을 잡아갈 때 얼굴을 못 보도록, 그리고 밖을 보지 못하게 얼굴에 용수를 씌웠듯이 얼굴을 가리고 수갑을 채워 앞세워 끌고 갔다. 뒤에는 시커먼 총창을 등에 들이밀어 심장부를 겨눈 1개 분대 또는 1개 소대의 군대가 뒤 따랐다. 어떤 때는 한꺼번에 7명 내지 10여 명씩 줄 지어 잡아갔다.

대열에서는 한마디 소리도 나지 않았다. 밖을 내다보는 사람도 별로 없지만 내다본다 해도 누구 한 사람 감히 말하지 못했다. 그런 눈길 복판을 밤 5경쯤에 분대 병력이 잡아가는 죄인은 무슨 운명에 처할까? 잡혀가는 곳은 어디인가? 어디서 잡혀왔을까? 무슨 사건의 재판 결과가 어찌되었다는 소식은 조금도 없었다. 누가 그 사람들을 처형했다는 광경을 구경한 사람도 없었다. 그냥 사라지고 만 것이다. 이런 대열은 거의 매일 저녁 안 보이는 날이 없었다.

이렇듯 공포와 불안의 공기에 차 있었다. 저기압 속에 숙청은 끊임없이 지속되었다. 이 나라는 오직 우울뿐이었다. 명랑과 즐거움의 웃음을 거의 보지 못했다.

나는 어떤 때는 호기심을 억누르지 못해 무슨 사건이 나면 물어보았다. 아지 못하는 사람에게 혹은 맥주집 주인에게, 아니면 몇 번 맥주를 먹는 동안 낯익은 사람들에게. 한 사람도 한 번도 내 물음에 대꾸해서 자신 있게 대답하지 않았다.

러시아에는 아시아 각 민족이 전부 다 섞여 있다. 우리는 얼핏 보면 중국 사람 같기도 하고 몽고 사람 같기도 하고 일인 같기도 했다. 각각 색다른, 피 다른 민족들이 공산 러시아에 들어와서는 누구든지 당에 공명하며 충성을 다하는 이상, 거기서만은 평등한 대우가 보장되었기 때문에 누가 누군지 알 수 없고 '저 자가 당원이 아닌가' '게빼우(구 소련의 비밀경찰)가 아닌가' 의심되었기 때문에 털어놓고 말하는 사람이 없었다.

의복은 대개가 수십 년 전에 집안에 남았던 것을 변조하고 변조해서 입었다. 의복감은 하나도 생산하지 않았다. 그네가 경공업에는 눈도 돌리지 않았다. 새 의복 입은 이는 남녀 간에 한 사람도 있을 수 없었다. 예를 들면 7만 명이나 되는 중국 군인들이 톰스크에 들어와 배급으로는 못 견디겠으니까 팔기 시작했다. 지금은 그렇지 않다고 믿지만 그때의 러시아는 제정 러시아의 부정과 부패 여훈이 남아 있었다. 웬만하면 사바사바가 통용 안 되는 곳이 없었다. 군인의 보초 서는 보초병 혹은 검찰 측의 인원들까지도 중국 군인들은 어떻게 해가지고 용하게 심부름을 시켰다. 가지고 있던 가죽의복 나부랭이, 러시아에서는 볼 수 없는 편리한 생활도구 등등을 팔아먹었다. 그때도 러시아 사람들이 시계를 어찌나 좋아했던지 아마 7만의 중국 사람이 가졌던 시계의 반 수 이상이 톰스크에 퍼졌으리라 생각한다. 급한 사람들은 심지어 외투까지 벗어 빵으로 바꿔 먹었다.

교육이란 건 그때까지도 중학교니 대학교니 하는 건 없었다. 노동직장 단위로서 에라파크(노동자 훈련기관)에서 그때그때 필요에 따라 단기 훈련을 시켰다. 나중에 이것이 재훈련이 되고 차츰차츰 학교가 건립되고 전문방면으로 가르치기 시작했다.

가장 놀라운 건 에라파크에서의 군사교육이었다. 말은 군사교육이라 않고 '노동조국을 수호하는 방위교육'이라 했다. 여자 직공까지 밤이면 보병총, 기관단총 등등을 분해 결합시켰다. 깜깜한 그믐밤에 분해된 부분품을 불도 없이 삽시간에 손짐작만으로 결합하여, 들고 나가면서 발사할 수 있도록 하는 훈련부터 시켰다. 초등학교의 의무교육 가운데 제일 중요한 것은 비오네르(소년 돌격대)였다. 어린애들을 당 지도 방침대로 조직화하여 교육시킨 것이다. 청년들은 콤소몰로 조직하여 교육이라기보다도 조직생활과 의무부터 가르쳤다.

총괄적으로 보아 사회복지 시설 같은 건 없고 궤도에 올라 눈부시게 발전되어 가는 것은 군대였다. '그라스느이 알미' 적색군대・훈련・장비・편조・정신교육 등이 가장 훌륭했고, 혁명은 무력이라 해서 적색혁명을 수호하는 것이 총자루라야 된다고 적위군에 대한 대우가 최고였다. 다음이 중공업에 종사하는 노동자.

군대와 당원은 똑같은 최고의 대우를 받았다. 당원이나 군대에서 본분을 망각하고 탈선의 사치 생활이나 허영 생활을 하지 않는 걸 눈으로 볼 수 있었다. 그때 장관은, 우리나 미국의 별 대신에 능형(정방형을 좌우로 잡아당겨 낮추어 놓은 형태)을 4개 붙였다. 별 4개 장군도 마찬가지 표식을 달았다.

나이가 60이나 되어 수염이 허옇고 허리가 굽어지려는 장성이 공무 이외에는 꼭 걸어 다녔고 물건을 스스로 들고 다녔다. 사유재산이 허용되지 않아, 자기에게 속하는 차나 말이 없었으니 당연했다. 예를 들면, 자기 소속 단대에 가서 조석 식사를 가족과 함께 먹기 위해 이틀분인지 5킬로짜리 빵과 부식을 타가지고 장갑을 벗어 옆구리에 끼고 연방 비비면서 손수 걸어갔다.

일반 다른 나라에서 볼 수 있듯이 당번병이 대신 들고 오는 일이 없었다. 고급 장성이 물건을 어찌 손에 드느냐고 독일이나 일본의 과거 군국주의 겉껍데기 위엄과 프라이드를 높이는 그따위 짓은 하지 않았다. 그건 우리도 한번 주의해 볼 만한 노릇이고 신중히 비판해 볼 만한 점이라고 본다. 꼭 옳다는 것은 아니지만……

처음에는 길에 나가면 톰스크처럼 비군사 도시이며 과히 크지도 않은 곳에 왜 그리 계급 높은 장성이 많은가 의아했다. 알고 보니 당·정·군이 모두 인사가 일원화되어 계급적으로 통일되어 있었다. 그리고 전부 군복을 입게 마련이었다. 보직이 바뀌면 거의 만능으로 당원의 중장이 군의 사단장이나 군단장이 될 수 있고 행정 계통의 소장 계급을 붙인 사람이 그런 자리에 앉을 수 있었다. 당·정·군을 최고 통치기구 마음대로 필요에 따라 넘나들 수 있었다.

여기에서 우리가 공산당 지상의 국가라는 것, 모든 것이 당 아래 완전히 통치된다는 걸 당장 알 수 있었다. 그런데 공산당의 지상 목표는 공산주의 사회를 철저히 건설한다는 데 있고, 이를 위해 신앙 자유의 완전 말살과 가족주의 사상을 완전 소멸한다는 것이 가장 중요했다. 다음에는 탄압과 숙청으로 공산주의와 다른 사상과 습관을 전멸시킨다는 것이다. 모든 것이 마르크시즘의 철학에 근거하여 새로운 문화를 건설한다는 것이다. 다음에는 경제적으로 철저한 집산중의의 실현·일반 사회에 공과 사로 가지고 있는 모든 동산·부동산을 일단 빼앗아 재분배하는 것이었다.

당시 러시아는 외교가 거의 없어 대외적으로는 고립 상태였다. 그러나 노농 조국이라고 대외선전을 했다. 본래 원시 농업국가였으므로 농업이 제일 중요했으나 사실 내용에 있어서는, 그때 단계에는 완전히 공업에 전 국력과 당력을 집중시켰다.

개개 농작인에게 토지를 분배한 게 아니니까 우리가 말하는 농사라는 건 없다. 농민은 과거 소유하던 모든 토지를 뺏겼고 당이 영도하는 집단농장 단위로 토지가 분배되었다. 바꾸어 말하면 중공의 인민공사가 집단농장인데 러시아 말로는 콜호즈라 했다. 이 집단농장에 가담하지 않은 농민들, 자기네 계획에 인적 여건이 미처 배합되지 못하고 뒤따르지 못한 관계로 밖에서 그럭저럭 지내는 농민들은 기아선상에서 죽음의 직전에 이르렀다. 배급도 받지 못했고 기껏해야 완전 통제되기 전에 비경작지에 그냥 포기 심은 감자나 메밀 정도로 근근이 연명해 나갔다. 농민의 참상은 형언할 수 없었다.

자유가 있을 수 없는 사회이므로 특히 고압적 수단으로 일체 보도를 봉쇄하고 언론 자유를 박탈했다. 오직 허용되는 것은 듣는 것뿐 - 듣는대야 다른 것은 들을래야 들을 도리가 없다. 오직 당의 선전을 듣는 것이 전부였다. 그리고 선전을 듣고는, 곧 선전을 받아들여야지 어떠한 불평도 비판도 용허되지 않았다.

　당의 선전 내용은 '○○의 중공업 공장에서 영웅이 생겼다. 당의 표창을 받는 열성 당원이 몇 사람 생겼다'는 식이었다. 이것은 북괴가 배워 하는 짓과 똑같다. 광산에서 어쨌다…… 다음에 나오는 건 모두 숫자다. 그래, 요사이 내가 퍼센티지 보고를 들으면 우스워지지 않을 수가 없다. 여하튼 그게 사실이냐 하면 사실 여부를 알아 볼 기구도 없고 그럴 도리도 없다. 대부분이 허위 날조이다. 나중에 결론으로 나오는 건 '우리도 노력하면 온 러시아 백성이 머지않은 장래에 서구를 능가할 수 있게 좋은 버터에 흰 빵을 먹을 수 있다. 때마다 좋은 고기를 먹을 수 있다'는 내용이었다.

　러시아 인은 커피를 참말 먹고 싶어 했던 모양이다. 러시아에는 당시 커피가 전혀 없었다. 있다고 해야 카자흐스탄에서 희귀하게 나는 실과 부스러기를 잘못 저장해 썩은 걸 빵 굽는 두호까에 던져 집어넣어 고체화시킨 다음 물에 끓여 먹는 것이었다. 이게 러시아의 커피였다. '우리도 곧 남미나 아프리카에서 나는 커피를 먹을 수 있다'는 거의 매일 같은 선전도 있었다. '더 참아라. 더 노력하라'는 선전에 커피도 이용된 것이다.

　본래 러시아라는 나라는 옛날부터 군주가 통치하는 데 우민 정책을 사용했다. 그 주요 방법으로 종교를 도구로 삼았다. 한 대표적 예로 목욕을 한 주일에 한번은 꼭 해야 한다는 신앙을 심어놓았다. 러시아같이 추운 곳에 있어 물이 귀한 나라에서 남녀 노유가 매주 한 번 목욕한다는 건 간단한 문제가 아니었다. 물론 목욕시설이 우리네처럼 끓는 물에 푹 담그고 들어가는 경우는 적었다. 그래서 그네들은 대개 한증식으로 목욕을 했다. 터키탕이란 규모 작은 한증식이고— 빨래도 마찬가지였다. 목욕과 빨래를 만일 토요일에 하지 않으면 나중에 지옥에 간다고 했다. 그렇기 때문에 시베리아 산골 원시림 속에 사는 어떤 가난한 촌사람도 토요일이면 꼭 목욕을 하고 조그마한 커튼 조각(추운 지방이므로 방한을 위해 창이 작다)이라도 다 떼어 빨고 테이블보 등도 바꿨다. 토요일이면 사람과 집안이 깨끗이 일신됐다.

예로부터 고급 학부는 귀했다. 뻬떼르그라드(레닌그라드)나 모스크바에는 국립대학이 있었다. 수준은 프랑스에 뒤떨어지지 않았다. 대학에 들어갈 수 있는 사람은 귀족이나 대지주의 자제들뿐이었다. 일반 서민 자식들은 대학은 망매지갈이라 할까(매실을 쳐다보고 목마름을 위로) 하는 식이었지 들어갈 수 없었다. 들어갈 필요도 없었다.

그런데 일상생활은 아주 합리적이고 위생적이었다. 과학적인 면도 많았다. 놀부·흥부 식으로 악한 행위를 지양하고 좋은 일을 권하는 것에 백성들이 습속화되어 있었기 때문이다. 이로써 국가 질서도 유지했고 공덕심도 배양되었다. 또한 호조 정신도 생겨 사회가 서로 도와 나갔다. 그런데 혁명 목적은 계급투쟁에 있었다. 그러니 높은 교육을 시키는 학교 자체가 교회와 마찬가지로 투쟁 대상이 되었다. 과거 좋은 학벌을 가졌으면 귀족이나 지주라는 특권 계급의 자제였다는 증거가 되었다. 그래서 인텔리가 혁명 후 구박을 받았다.

혁명 후 기구라든지 통계라든지를 움직여 꾸려 나갈 도리가 없으니 무식한 노동계급이 인텔리를 데려다 이용한 것이다. 그러나 인텔리의 사상은 아무리 세뇌를 시키고 자아비판을 공개적으로 하고 전향한 것을 표시하더라도 소용없는 겉으로만의 행위였다. 그에 대한 감시와 학대는 내면으로 깊어져 형언할 수 없는 정도였다. 과거에 학대받던 계급이 주인이 되었으니 보복하는 성격도 띠었다. 그 사람들은 과거의 지식을 전부 뿌리뽑아 버리고 철두철미한 공산당의 인텔리를 길러내는 데 목적을 두었다.

미국과 독일 사람을 청해서 과학 기술을 들여왔다고 앞서 말했다. 외국에 굉장히 선전을 해대서 외국 기술 전문가들이 러시아에 들어오고 싶어

했던 것도 사실이다. 또한 얼치기 마르크스주의자들이 많이 들어왔다고 볼 수가 있다. 그네에 대한 대우는 그 이상 융숭할 수 없었다. 보수나 일상 생활의 편의가 최대로 제공되어야만 갖은 지식과 기술을 러시아에 쏟아 놓을 테니까. 가장 좋은 집에 가장 좋은 음식 등등…… 그리고 돈은 밖으로 나가지 못하게 갈 때 가져가라고 저축시켰다. 그네로 하여금 믿음직한 공산주의 동지 내지는 열매의 씨를 만들어 보고자 애를 썼다. 그러다가 조금이라도 가능성이 희박하다든지 하면 갖은 지식만 다 빨아내었다. 나중에는 하나둘 간첩으로 만들어 버렸다. 조작 간첩극으로 뒤집어 씌웠던 것이다. 외국의 유명한 기술자들이 하나하나 재판을 받고 처형 직전에 놓이게 되었다.

그 동안에 철두철미한 공산당원 자제당원을 믿음직한 사람만으로 뽑아 그네의 교육을 받도록 하고 조수 노릇을 하게 만들었던 것이다. 오늘 날 그네가 소유즈 몇 호니 하는 게 이런 덕분이었다. 여기에 세계 제2차 대전 때 포로로 잡은 과학자들의 두뇌가 합쳐진 것이다.

내가 톰스크에 들어갔을 때 러시아 사람들의 미국에 대한 존경심과 의구심은 무한했다. 심지어 무식한 농민이라도 쇠붙이로 만든 농기구 하나를 흥정할 때나, 빌려줄 적에라도, 한마디로 '에따아메리까느끼'(이것은 미국 거)라고 했다. 미국 것을 최고의 영예로 삼았던 것이다. 미국 물건이 가장 좋은 것이라는 말로까지 이른 것이다.

그러면서도 러시아 공산당원들의 미국에 대한 적개심의 고취는 굉장했다. 오늘날까지 이르는 '미제국주의'라는 정치 교육의 내용이 그것이었다. 미국은 자본주의 국가라는 점이 근본 원인이었다. 공산주의와 근본적으로 철학과 사상이 달랐기 때문이었다. 바꾸어 말하면 오늘날 미국의 민주주의를 공산주의와는 1백 80도로 대립되는 제도로 백성에게 철저히 가르쳤다. 공산주의 통치자들은 자기의 미국 민주주의관이 정확하다고 풀이

해대며 설교했다.

한편 드문드문 미국 정치가들은 소련과 평화 공존을 해 볼 양으로 소련에 접근해 오곤 했다. 물론 2차대전 때, 과거 나폴레옹보다도 더 강한 세력으로 들이몰고 스몰린스크까지 들어가던 히틀러 세력을 저지하고 붕괴시킨 것이 미국의 지원 때문이라고 볼 수 있듯이, 계속 소련에 협력했다. 그렇게까지 소련과 동맹국의 입장에서 가깝게 접근하려고 여러 각도에서 노력해왔다. 지금도 닉슨이 소련을 방문하려 한다고 한다.

그렇지만 공산주의 통치하의 러시아와 그 위성국가들의 대미관, 즉 민주주의에 대한 관은 그리 간단한 문제가 아니다. 정치적으로 어느 한도까지 흥정은 될지 모른다. 그네의 본의, 즉 미국 민주주의를 박멸하겠다는 의지를 행동으로 옮기기에는 힘이 모자라 불가능하기 때문에 언제까지 늦출지 모르지만, 결코 영원한 평화에 큰 도움이 되리라고 생각한다는 건 망상에 지나지 않는다고 나는 단언한다. 미·소의 평화 무드는 일시의 정치적 흥정에 지나지 않는다. 미·소의 정치적 대립상은 근본적으로 일조일석에 해결될 수 있는 게 아닌 것이다.

소련은 5개년 계획에 성공하면서부터 한 나라씩 외교 관계를 풀고 들어갔는데 특히 미국 기술자들을 포로 아닌 포로로 삼았다가 기술과 지식을 다 흡수한 다음에 돈 한 푼 주지 않고 쫓아냈다. 기술자들의 조국을 삼킬 정도로 이용하고는 추방하고 만 것이다. 이런 기억은 뚜렷이 각국에 있을 것이다.

한편 러시아에서 좋게 눈에 띄는 것도 한두 가지는 없지 않아 있다. 우선 인종 차별이 전혀 없었다. 특히 공산당 기구에서 같은 값이면 소위 피압박 민족으로 망명해온 남의 식민지 백성, 혹은 러시아 공산사회가 좋다고 하는 사람에게는 최우선의 기회를 주었다. 예를 들면 톰스크의 문화부장은 나와 제일고보 동창으로 나보다 두어 해 후배였다. 그의 신변을 염려해서 이름을 쓰지는 않겠다. 그는 나와 이상스런 인연을 갖고 있다.

나의 내자 마리아의 외사촌 여동생의 남편이었다. 나는 그에게 처음에는 내 본명을 대지 않았다. 김요두라는 변성명 그대로 안면을 트게 되었다. 처음 그를 우연히 톰스크 시가에서 만났을 때 외모가 틀림없이 한국 사람 같기에 내가 먼저 말을 걸었다. 내 조국 내 동포가 그리워서 먼저 말을 걸었다. 역시 피는 물보다 진했던 모양이다. 그는 러시아 공산당원으로서 신임을 받는 사람이지만 조국이 그립고 동포가 그리웠던지 모든 걸 터놓고 나에게 얘기해 주었다. 나는 쭉 김요두로 그를 상대했다. 그의 입에서 자기 부인 이야기가 나오고, 자기 부인의 외사촌 언니가 아무개의 부인이 되었다는 얘기를 들었느냐, 지금 혹 어디쯤 있겠느냐고 물었다. 아무개라는 이름 즉 나의 본명을 말하지 않는가?

이 질문에 내 민족적 애정이나 양심이 더 이상 그를 속일 수 없어 '내가 아무개'라고 얘기했다. 나중 일은 생각하지 않았다. 내가 톰스크를 떠날 때, 피는 물보다 진함을 다시 한 번 깊이 느꼈다. 아무리 공산당원이지만 사람에 따라서는 역시 민족의식은 살아 있고 인간성은 그대로 남아 있음을 인정하게 되었다. 깊은 데까지 들어간 공산당 내부의 일은, 그 사람을 통해 알게 된 것이다.

그밖에도 그네들이 눈에 띄게 잘 해나가는 것은 공공 질서였다. 어디 언제라도 일사불란이었다. 달구치니까 맞는 거겠지만, 그네의 미덕이 아니면 도저히 있을 수 없을 것이다. 흔히 우리 주위에서 택시를 기다릴 때 앞지르는 이가 많다. 러시아는 모든 게 배급이고, 교통수단은 곤란하기가 더욱 말할 것 없다. 허나 역에서든지, 생필품의 배급 장소에, 어느 한 사람 질서를 깨뜨리지 않았다. 지극히 자연스런 표정이고 초조해하는 사람도 없었다. 앞질러 나가려 하지 않았다. 즉 자기가 도착한 때, 그 위치의 순서대로 차례를 지켰다. 톰스크는 시베리아의 문화 도시라 해서 예술품 전시

회니 극장이니 하는 것도 많은데, 그런 델 가 봐도 더욱 그랬다.

다음으로 퇴폐풍조가 없었다는 것이다. 서울에서는 퇴폐풍조를 바로 잡느니, 히피 머리를 깎느니, 미니스커트를 못 입게 하느니 판타롱을 어찌 하느니 한다. 당시 러시아 여자는 얼굴에 분도 안 바르고 포마드 바르는 이도 없었다. 분 자체, 포마드 자체가 없었다.

화장은 화장을 할 만한 처지에 있어야 하는 것이다. 직장에서 바쁘고, 피로하니 외출할 필요가 없었다. 게다가, 당 교육한다고 소조 활동으로 야반까지 분초의 시각을 쪼개는 생활을 했어야 했으니, 의복이라야 직장에 다니는 사람에게만 몇 달에 한 번 배급이 있는 정도였다.

수브(털옷)는 그리 쉽게 해지는 물건도 아니어서 오래 입었다. 속옷이 쉽게 해지고 떨어져 고쳐 입는 판에 화장이 어울릴 수가 없었다. 사치 풍조는 모두 생활시간의 여유가 있을 때 생겨난다. 그리고 사치할 수 있도록 여러 가지 요인이 조화를 이루어야 나타나게 되는 것이다. 노동이 건강하게도 했겠지만, 극한 지방에서 추위를 극복하느라고 발개진 젊은 아이들의 혈색 좋은 얼굴이 화장을 짙게 한 여자들보다 더욱 매력이 있고 생명력이 충만해 보였다. 결국 화장이란 건 바라볼 수 없는 아득한 꿈에 지나지 않으므로 사치품은 아주 없다 해도 과언이 아니었다.

그리고 정상적인 오락, 예를 들면 오페라나 미술 전시회를 빼놓고는 우리나라에 굉장히 많은 '티 룸' '커피 숍' '빠' 같은 건 하나도 없었다. 하물며 '고고'춤이 있겠는가, '나이트클럽'이 있겠는가. 있을 수도 없었다. 그네들이 나타내려 하지는 않았지만 생활의 건조무미는 느꼈을 것이리라. 객관적으로 전체를 살펴본다면, 쓸데없이 시간과 금전을 낭비하고 사치의 경쟁 장소가 되는 소지가 전혀 없었다.

교통수단이 아주 부족해 불편했다. 먼 거리는 물론, 시설이 형편없는 기차를 이용해 다니는 수밖에 없었다. 그렇지만 가까운 거리는 추운 겨울

날씨이니 천천히 걷지 않고 냅다 달렸다. 배급 타는 곳, 직장, 교육 받는 곳이 집단생활의 구역에 있어서 거리는 멀지 않은 셈이었다.

신발은 까다니크란 걸 신는데, 값어치는 크고 작음에 달려 있지 않고 무게가 얼마나 나가나, 안에 받힌 털 종류가 부드럽고 좋은지에 따라 결정됐다. 두 발에는 열 파운드 이상의 까다니크를 신어야 한다. 까다니크는 짐승의 모피에서 떨어낸 가벼운 털을 신발 모양으로 두드리고 엉키도록 압착해서 만든 신이다. 한 짝이 설탕 5킬로짜리 부대만 했다. 이걸 신지 않으면 발이 얼어 움직이질 못했다. 까다니크를 신고 썰매를 타고 가까운 거리를 다녔다. 그리고 가까운 거리에는 구두 위에 부츠라는 걸 신는데 이것은 덧신발과 마찬가지였다. 덧신 안에는 고무가 두껍다. 그 대신 구두 안에는 털버선을 신고 부츠를 신으면 단거리는 달음박질할 수 있다. 이것을 신고 늙은이 아이 할 것 없이 달음박질했다. 아침에 등교 시간이든 출근 시간이면 그냥, '딱딱 닥닥닥 딱'하는 소리가 요란했다. 얼은 땅 위를 뛰어 달리는 소리였다.

나오는 소변이 땅에 떨어질 때 우박이 땅에 부딪히는 듯 '후툭툭' 소리를 냈다. 톰스크 추위의 또 다른 특성으로는 두만을 들 수 있다. 온대 지방의 안개와 비슷한 현상으로 생기는 두만은 안개는 아니다. 얼음가루의 안개라고나 할는지. 수증기가 얼은 안개라고 할지. 대기층이 얼어붙어 대기가 흐리게 된다. 대기가 얼음가루로 변했을 때 두만이 일어난다. 두만이 끼면 다섯 걸음 저 편도 보이질 않았다. 짙은 안개보다 시야의 길이를 짧게 했다. 두만은 한겨울에 약 3주일 동안은 매일 생겼다. 지상에서 수백 미터의 높이까지 그 두께가 올라가, 온 천지가 자욱하게 보일 뿐이었다. 이 두만을 통해 대낮의 광선은 이상한 빛을 뽀얗게 뿜어댔다.

그래서 톰스크 사람들은 온 몸을 옷으로 휘감고 노출되는 얼굴엔 얼지 않도록 동물성 지방—곰의 기름을 발랐다. 천천히 느직느직, 쇼핑하며 기웃기웃하는 모습은 전연 볼 수 없었다. 그것으로 러시아가 생기 있어 보였다. 뛰는 사람 자체는 고통스러웠겠지만—. 그렇게 해야만 목적지에 갈 수 있다고 법칙으로 되어 있었다. 또, 뛰는 게 그네에게는 정신적 고통이 아니었다고 믿는다.

나는 몇 마디 러시아 말을 알고 단체에서 보급을 타는 중책을 맡겨, 오직 몇 사람과 함께 자유 시간을 가질 수 있었고 시가지의 일반인들과 접촉할 기회도 남달리 가질 수 있었다. 여기 말한 모든 것을 직접 볼 수 있는 기회도 가졌던 것이다. 그러나 이 수용소 안에서 행동의 제한을 받는 7만 군대와 그 권속의 형편은 말이 아니었다. 자기네가 장차 어찌될지, 지금 수용소 안에서 무엇하고 지내야 할는지 그런 것조차 모를 정도였고 물을래야 물을 곳도 없었다. 어떤 러시아 사람에게 말을 건네봐야 시원한 대답하는 이는 하나도 없었다. 딱 두 마디였다. '야네즈나유'(나는 모른다)와 '넷드'(아니오). 추운 하룻밤 지내는 것도 고통스러운데, 쌓이고 쌓인 눈 속에서 겨울해라고 해야 우리나라의 절반 길이밖에 안 되니 기온이 올라갈 틈이 없었다. 더욱이나 훤한 오로라 때문에 어두운 저녁이 없어 잠이 잘 오지도 않았다. 잠이 들 만하면, 들락날락하는 소리와 찬바람이 휘몰아 들어와서는 야트막한 잠마저 가로채어 가곤 했다.

배고픈 낮과 밤, 잠을 설치는 엄한의 밤! 이 고난의 안개 속에 매일 우물대어 신경만 날카로워질 대로 날카로워졌다. '왜 전장에서 죽지 못했는가?'하는 것이 공통 일치되는 후회로 변했다. 중국인들은 비애와 자포자기의 감정을 가지면서도 일루의 희망은 잃지 않았다. '그래도 의지할 곳은 먼발치에 있으니 조국'이라는 신념이 원기를 북돋곤 했다. '우리에겐 정부가 있다. 정부는 우리 7만여 명이 만주에서 싸우고 아시아의 한 귀퉁이 톰스크에 쫓겨들어 온 점에 관심을 가져줄 것'이라고 스스로 다짐하는 것이었다. 그들은 중국 정부가 관심을 갖고 교섭을 벌여줄 것을 희망하며 그렇게 믿고 있었다. 다만 러시아와 중국 정부가 외교관계를 갖지 않아 피차에 내왕이 없었음을 걱정했다. 그래도 정부 당국이 책임감을 적극적으로 수행하리라 믿었다.

바꿔 말하면 민중이 얼마나 자기네 정부를 신뢰했는가를 엿보여 준다. 만주에서 고립무원의 전쟁을 하고 오늘 이런 고생을 겪으면서도 그 국가를 영도하는 사람에 대한 신뢰심이 그토록 돈독했던 것이다. 첫째는 조국, 둘째는 정부에 대한 신뢰심. 이 두 가지가 그네의 희망의 샘이었으며 그날그날 삶의 에너지였다.

앞에서 잠깐 말한 바 있는 나의 학교 동창 겸 내 내자 사이에 혈연이 있는 그 사람에 대해 다시 몇 가지 적어 두고 싶다. 톰스크의 문화 부장이었던 그의 조국과 동포에 대한 절절한 향수는 나에 못지않아 우리는 터놓고 얘기했다. 우리 내외는 내자의 동생 내외와 밖에 나가서 만날 수가 있었다. 마리아 외사촌 동생과 남편은 시간을 내어 한 달에 수용소로 두 번 정도씩은 우리를 찾아왔다. 마리아는 러시아 말에 능숙했고 그 땅에서는 수단이 좋아 보급품을 타는 나의 일을 내적으로 도왔는데 러시아 측도 동의했다. 우리 내외가 함께 행동할 수 있어 외출하는 기회를 이용해서 그들과 만났다. 마리아의 외사촌 동생 뉴라의 여동생 슈라가 수용소에 있어 겸사해서 그들은 우리를 찾아왔다. 여동생 나이는 열아홉 살쯤이었다. 그들 셋이 우리를 찾는 게 주요 월례 행사였다. 올 때마다 셋이 의논해서 타는 배급을 절약해서 우리를 갖다 줬다. 문화부장 지위에 있으니 1천 1백 그램의 빵을 타지만 내외가 건강체가 못 되어 남는다며 가지고 오곤 했다. 말이 그렇지 남는다는 건 우리를 생각한 거짓말이었고 자기네가 절약한 성의의 음식이었다고 생각한다. 빵 말고도 차니쉐라, 비록 말고기지만 얼린 육류 등을 먹지 않고 우리를 주었다. 나는 서로 만나는 기회에 러시아 심층의 사정을 하나라도 더 들어보려고 얘기할 적에 배고픔을 잊었다. 그와 오랜 시간을 통해 여러 가지 이야기를 자세히 듣는 가운데 처가 소식도 듣게 되었다.

내자의 친정은 모두 서른일곱 식구(나이가 많은 분은 자연사)인데 내자의 한 어머니 소생은 15남매나 된다. 남매 모두가 제 구실을 톡톡히 했다. 그 가운데 다섯째 동생 '오남'은 러시아 공산 혁명 뒤에 공산대학과 육군대학을 졸업했다. 브라고베셴스크(소위 우리 독립군이 당한 흑하사변이 일어났던 곳의 러시아 쪽. 흑룡강역에서 그리 멀지 않은 대도시. 시베리아의 전략책 원지라 볼 수 있다)의 문화·정치부장으로 있었다. '오남'은 그곳에서 우연히 러시아정교회의 수녀와 연애를 했다. 이로 말미암아 극형에 가까운 중죄인이 되었다. 왜냐하면 과거 정교회의 수녀·신부는 대개가 귀족 자제였는데 이는 혁명 성격상 투쟁 대상이고 말살 대상이기 때문이었다.

혁명 대상과 연애를 했다고 반혁명으로 몰린 것이다. 뻬뜨로그라드(레닌그라드)에서 핀란드 쪽으로 향한 가로리아 지협으로 엄동설한에 압송되었다. 거기서 운하를 파는 중노동을 했다.

당시 러시아에는 트랙터가 상당히 귀해 중죄수의 육체로 곡괭이와 삽만 가지고 지축까지 얼어붙은 땅을 파게 했다.

사실이 증명했지만 핀란드에 진격하기 위해 북해에 있는 리투아니아·에스토니아·라트비아 소국 세 나라를 혁명 후 집어먹은 러시아가 이 운하를 팠다. 핀란드 진격은 스칸디나비아에 대한 발판을 만들려는 속셈이었다. 러시아 붉은 군대는 이 운하로 핀란드의 만네르하임 방어선을 진격했다. 이 러시아의 붉은 야망을 달성하려는 군략적 운하를 파다가 얼고 배고파서 오남은 죽었다는 것이다.

날은 몹시 춥고, 중노동에 힘은 들고, 배급은 검정 메밀가루와 밀가루에 말이 먹는 건초가루였다. 영양이 부족하고 허기를 참을 수 없어 말의 똥에 그대로 나온 귀밀(보리) 같은 곡식알을 골라 물에 씻고 일어, 다시 덥혀 집어 먹는 걸로 배를 채우다 죽었다. 37명 처가족이 대개가 반혁명죄 또는 경제 범인으로 몰리고 하여 다 죽었다는 것이다. 지상 천국이라고 선전하면서도, 연애를 못하게 금하는 정도가 아니라 생지옥의 시련을 주다니 적색 러시아의 정체를 짐작할 수 있었다.

그런데 여동생 하나가 남아 시베리아의 하바로브스크의 지구 공산당 서기로 있었는데 연락이 끊겨 생사를 모른다고 했다.

나중에 러시아가 핀란드로 진격하는 것을 보고, 여러 가지 모순된 선전임을 깨달을 수 있었지만, 제국주의 타도를 명분으로 내세운 러시아 자체의 적색 제국주의의 음흉한 모습을 똑똑히 볼 수 있었다.

얼마 전에 <주간조선>에서 소개했고, 『북극풍정화』(北極風情畵)라는 소설과 수년 전에 대만에서 영화화까지 했던 나의 로맨스 스토리가 이때 생겼다. 마리아는 심한 동상이 조금 회복되어, 중국 군인들에게 절실히 필요한 러시아 말을 가르치느라고 바쁜 시간을 보낼 때의 일이었다. 지금 와서 생각하면 부도덕했다고도 볼 수 있겠지만 내 딴에는 로맨스를 위한 로맨스로 시작된 게 아니었다. 우연히 자기 조국에 가고 싶어 하는 사람, 조국을 그리워하는 사람, 더욱 우리와 마찬가지 처지로 식민지로 세 번이나 찢기었던 폴란드의 한 여성을 알게 되었다.

그 여성은 처음에는 나를 마 장군의 막료인 줄만 알았다. 그가 폴란드 사람이라는 얘기를 듣고 내가 코리안이라는 걸 말해주었다. 입장이 상통하는 사이였다. 그렇게 애절한 사연을 엮게 되었다.

내가 중원 대륙에 돌아온 다음 어떤 작가가 광복군의 내 곁에 와 있으면서 내 지난 날 생활 경험의 복잡한 바를 알고 소설 재료가 될 만한 걸 제공하라고 졸라대서 그 로맨스 얘기를 해주었다. 그의 심금을 어떻게 울렸던지 원고를 쓰라고 나를 못살게 굴었다. 그의 권고도 간절했지만 어떻게든 우리 광복 운동에 중국의 지원을 얻기 위해서는 우리나라 사람의 인정과 조국애를 중국 사람들에게 좀 더 널리 소개하는 것이 의무라고 생각하고 장난삼아 썼다. 그 작가가 원고를 재수정하여 출판한 소설이 『북극풍정화』이다. 역시 똑같이 조국이라는 것 때문에 이 소설이 그렇게 많은 독자를 가졌을 것이다. 수십 년이 지난 다음에도 대만에서 화제에 올라 영화화되었다. 러시아 같은 대자연의 빙설 천지를 로케하기가 어려우니까 수백만 원을 들여 일본 북해도에 가서 러시아 풍경에 근사한 것을 로케했다 한다. 이는 마치 영화 <지바고>를 스페인에 가서 로케했다는 이야기와 같은 것이다.

세월은 흘러 길길이 쌓였던 톰스크의 눈도 점점 사라졌다. 윗가지가 땅에 맞닿도록 나무에 눈이 쌓이고 그것이 얼어붙고, 하얗던 나무가 눈과 어름의 옷을 조금씩 벗으며 허리를 조금씩 폈다. 언제든지 우울과 침울의 장막을 뒤집어 쓴 듯하던 톰스크의 하늘에도 양광이 비추기 시작했다. 통나무집 처맛가에서는 낙수가 한 방울 두 방울…… 봄이었던 것이다. 그것은!

깊은 산중에 들어가면 세월 가는 줄 모른다는 옛사람의 말과 마찬가지로, 우리 자신은 격절된 생활 속에서 세월 가는 걸 정말로 몰랐다.

톰스크에 온 지 7개월이 훨씬 넘었으리라 여겨진 때다. 하루는 모스크바에서 어떤 지위 높은 고관이 마점산 장군을 방문한다고 하는 말이 들렸다. 이야말로 대양을 항해하던 조그만 배가 섬을 발견하는 심경. 그것처럼 무엇인가 좋은 일이 생겼나보다고 모두 웅성대었다. 내가 불려가고 막료회의가 소집되었다. 일의 상황이 정확히 밝혀지게 되었다.

중국 국민정부에서 의무장관을 두 번 지낸 일이 있는, 유명한 외교가 안혜경 박사를 프랑스의 주선으로 모스크바에 들여 보내 러시아 정부와 직접 접촉하게 된 것이다. 이는 단절된 국교가 풀어지는 실마리라는 의미에서 중요한 일이었다. 지금 오가는 말도 있지만 그때 러시아와 중국의 단절된 국교가 정상화하는 것이 7만 군대가 톰스크에 있었기 때문이라 해도 과언이 아니다. 그것이 계기였다.

민 박사가 활동을 시작한 지 벌써 한 달 반이 넘었다는 거였다. 그러나 당사자인 톰스크의 우리에게는 전혀 일언반구 비치지도 않았다. 자기네끼리 흥정을 했던 것이다. 결말이 났다. 러시아가 우리를 보내기로 한 것이다. 민 박사 측이 우리를 중국으로 데려가는 데 성공한 것이다. 그 외에 자세한 내용에 대해서 우리는 아무것도 몰랐다. 단지 우리가 돌아가는 방법에 대한 합의만 알게 되었다. 그 방법에 따라 모든 준비를 마치라는 연락을 받았다.

첫째는 약 7만의 전투 부대는 책임 지휘관의 영솔 아래 기차로 수송한다. 카자흐스탄으로 해서 중공이 핵무기를 개발하고 있는 신강성 건너편 타청(塔城)을 경유, 신강성으로 중국 땅에 수송한다는 것.

고급 사령부의 지정된 장성 및 막료들은 모스크바를 지날 때 그곳에서 국민정부의 구체적 지령을 받아 행동키로 한다. 우선 인원수는 60명 이내로 규제한다.

둘째로 나머지 민중과 군대의 군속들, 부녀자, 노약자들은 모두 블라디보스토크까지 기차로 수송한다. (시베리아로 들어온 길을 되돈다). 그 곳에서 제3국의 배를 알선하여 우리나라 동해를 거쳐 현해탄을 빠져 상해로 보낸다.

막료회의는 이 원칙에 따라 모든 계획과 실천 방법을 짰다. 그런데 고급 장성 및 막료의 숫자가 60명 이내라는 점이, 나중에 어떻게 될는지는 모르지만 만일 공개된다면 수많은 높은 계급의 지휘관들이 끼어들려고 와글와글대어 문제가 복잡하게 될 것을 염려했다. 이 숫자는 국민정부가 높이 배려해서 뽑아 낸 인물을 중심으로 결정된 것이므로 불평이 나올 가능성이 있었다. 그래서 숫자를 비밀에 붙이고 우선 부대부터 출발시키자는 결론을 얻었다.

부대 각급 지휘관의 책임 아래 영솔되어 서남쪽을 향해 부대가 톰스크를 떠났다. 약 보름이 걸렸다. 내 생각으로는 그때, 부대 안에는 소장 이상 중장까지 약 6, 7명이 있었다. 그 아래 각 사단, 여단 이상의 참모장을 중심으로 연대장 이하 각급 지휘관들이 부대와 함께 출발했다. 출발시키는 일을 러시아 사람들이 다 맡아 해서 어느 한 사람도 전송 나갈 수가 없었다. 기쁘게 오간 말은 '중국에 돌아가 남경에서 다시 만나자'는 작별 인사뿐이었다.

그러나 운명의 신은 그때 벌써 규정지었다. 그네들 대부분과는 생리사별, 다시는 만날 기회가 없었다.

신강성을 향해 출발한 약 7만에 가까운 부대들은 신강성에서 발이 묶였다. 신강성 주석 성세재 때문이었다. 당시 신강성의 교통은 철도도 없고, 단지 막 개통한 구아(歐亞)항공 회사의 조그만 비행기 수단뿐이었다.

그것도 신강성 수도 적화(迪化)까지밖에 못 들어갔다. 한 달에 두 번밖에 날지 않는 이 비행기의 수송 능력은 미국의 쌍발 46형기보다 모자라는 독일 윙커스 여객기였던 것 같다.

나머지 수단은 육상 교통으로, 말과 낙타가 이용되는 게 고작이었다. 그런데 장장 수만 리 길을, 이렇게 많은 군인을 육상 통로로 수송할 길이 없었다. 여기에다가 성세재라는 사람이 야심만만하여 이 군대를 장악해 볼 양으로 러시아에 외교권을 행사하며 신강성을 막아 버렸다. 신강성은 금단의 지역이 되고 말았다.

그런데 성세재가 수만 군대를 놓아 보낸다 해도 중원까지는 간단한 행군의 여정이 아니었고 수송에는 막대한 돈이 들었다. 항차 성세재는 자기

세력 팽창에 부하 병력이 모자라는 형편이었다. 수만 군대는 이미 러시아에서 해제를 당해 무장은 없었지만, 성은 러시아에 이권을 내놓고 무장을 이끌어 들였다. 사람만 부족했다. 여기에 사람이 신강성에 들어섰으니 놓치려 했겠는가. 손 안에 날아 들어온 꿩을 잡은 셈이었다. 그래서 그들은 가족과도 생리사별의 운명을 당하게 되었다. 그들은 성의 손아귀에 잡혀 항일전을 목숨으로 치렀는가 하면 국공의 대결이라는 동족분쟁의 와중에서 희생되어 가거나 일생을 바쳤던 것이다.

그 후 성은 러시아 공산당 이상의 독재를 했다. 자기에게 충성하지 않는 사람은 모조리 소멸했다. 그 세력은 크게 팽창했다. 중국 한 성의 주석 행세는 물론 대외적으로는 성 주석 이상으로 행세하여 성세재 왕국을 건설했다. 그는 공산당에 가담하여 국민정부의 명령을 듣지 않고 총부리를 들이대기도 했지만 나중에는 다시 태도를 바꿨다. 공산당이 본토를 점령했을 때 대만에서 장개석 총통의 지도 아래 있었는데, 장 총통은 성이 나중에 태도를 바꾼 걸 고려하여 그의 목숨을 살려주었다. 2년 전에 세상을 떠났다.

이 속에는 내가 만주에서 고려혁명군 결사단을 이끌었을 때 데리고 있는 남경우라는 사람이 끼어 있었다. 이 책 가운데 <정회록>에도 그 이야기가 나온다. 내가 마점산 장군의 막료가 되자 남경우도 종군하겠다고 나에게 뜻을 말해 마 장군 휘하 한 부대의 소속이 되었다. 그는 신강성에 갔고, 말을 함부로 하다가 성세재의 게뻬우 아닌 게뻬우에게 죽임을 당했다고 들었다. 그 외에도 마점산·소병문 두 휘하에 있던 우리나라 청년 4, 5명도 모두 신강성에서 불귀의 고혼이 되고 말았다고 한다.

조국을 독립시켜 보겠다는 피 끓는 청년이 중국 천산·알타이산맥, 고비사막의 한 귀퉁이에까지 그 핏자국을 남긴 것이다.

그 후 뒤이어 러시아 측의 재촉으로 곧 권속을 보내게 되었다. 수천 명이었다. 내자 마리아도 자연 그 일행에 끼었다. 비록 짧은 동안이나마 우리 내외는 톰스크에서 작별했다. 제3국의 배를 타고 일본 해를 통과하는 중에 별 위험은 있을 수 없겠으나 본래 외로운 두 식구가 외로운 길을 떠나니 섭섭하지 않을 수 없었다. 더구나 마리아는 아직 몸이 완전히 회복되지 않았고, 몸에 걸쳤던 옷 말고는 수중에 돈 한 푼 없었다. 또 단체에만 의존해 생활해 왔고 중국 말이 서툴러 많은 불안을 느꼈다고 나중에 중국에서 만났을 때 나에게 말했다.

마점산, 소병문, 이규, 왕덕림, 공혜영 장군 등 나머지 사람은 모두 52명. 가장 중요한 다섯 장성을 빼면 47명이었다. 47명의 한 사람으로서 나는 모스크바로 떠났다. '톰스크'에 도착해서 8개월이 될락말락했다. 그 날짜를 기억하지 못한다. 준비된 열차는 소나 돼지를 싣는 열차가 아니고 '러시아에도 이런 열차가 있었는가' 할 정도의 호화로운 객차여서 나 자신도 깜짝 놀랐다. 우리가 탄 객차는 2개의 완전한 일등차였다. 늦은 봄. 며칠 만에 모스크바에 도착했다. 우리는 호화찬란한 열차에서 별천지 생활을 며칠 동안이었지만 맛보았다. 우리는 차 안의 설비를 마음대로 조종할 줄 몰라서 별별 우스운 얘기를 남겼다. 톰스크의 8개월과는 하늘과 땅 차이의 시간이었다.

모스크바 역에 도착하니 노 외교관 안 박사가, 남보다 큰 괴위한 체격과 흰 머리에 안경을 쓰고 차에 올라섰다. 그 모습을 보고 마치 절경에서 신의 화신, 신의 상징을 대하는 듯한 감격을 느꼈다. 구세주를 만난 것 같았다.

차 안에서 마 장군 주재로 막료회의가 열렸다. 중국 군사위원회(위원장 장개석 총통) 이름으로, 러시아에 들어가 고생한 우리들 국민정부와 5억 인구가 민족의 영웅으로 가상한다는 뜻이 전달되었다. 또한 일행 52명으로 마 장군을 단장으로 한 임시 군사시찰단을 만들라는 명령이었다. 세계

1차대전 이후 약 10년 동안의 구라파 각국의 모든 군사 시설과 시책 등을 돌아보고 오라는 지시였다.

열차가 웨스트리아 강을 건너고 폴란드 지경에 들어서면서부터, 나는 깊이 모를 지옥에 떨어진 것 같은 절망과 슬픔과 선모와 부러움에 빠졌다. 다른 사람은 갈수록 기뻐했고 갈수록 감격에 벅찼고 무얼 알고 싶어 애쓰곤 했을 것이다. 나도 감격에 벅찼지만 그 종류가 달랐다. 이때 나의 이야기는 볼가의 향수에서 자세히 썼다.

우리 일행이 국민정부 소재지 남경에 돌아와서 비로소 러시아의 흉악하고 파렴치한 모습을 새삼 알게 되었다.

러시아 측은 국민정부 대표 안 박사와의 교섭에서 우리 무장을 돌려주지 않겠다고 버티고 끝내 먹어버렸다. 더구나 8개월 동안 우리에게 제공한 밥값을 톡톡히 청구해 받아냈다는 사실이다.

우리의 포로 아닌 포로 생활. 게다가 무려 7만에 가까운 군대의 무장은 어마어마했다. 신강성으로 간 군대는 총 한 자루 안 가지고 갔다. 전부가 도수로 갔다. 우리가 러시아에서 그렇게 학대받고 비참한 생활을 했는데도 국민정부가 만주에서 항일전쟁을 하다가 톰스크에서 8개월 동안 묵었던 7만을 위해 지불한 값은, 7만 명이 구라파의 어떤 나라 최고의 호텔에 8개월 동안 묵은 값이었다는 이야기다.

그네는 중국 민족성이라든지 역사 배경을 볼 때 만주 항전의 용사들을 국민정부가 우대하지 않을 리 없다는 것, 어떤 방법으로든지 빨리 중국으로 데려가야 한다는 책임감이 강할 것이라는 점까지 알고 있었다. 벌써 해결될 수 있는 문제인데 돈을 더 받아내기 위해 날짜를 일부러 늦추면서 시간을 끌었던 것이다. 또한 회계장에는 전연 우리에게 대접한 것과는 관계가 없는 가지각색의 조항을 쭉 늘어놓았다. 구체적 숫자는 중국 외교부와 거리가 멀어 알지 못했지만 몇 백만, 몇 천만 달러인지 모른다. 그네는 그토록 흉악했다.

  이는 러시아가 혁명 초에 전 세계 약소국가나 피압박 민족들에게, 러시아 혁명을 원조하면 장래의 해방과 자유와 평등을 위해 러시아의 지원을 받게 된다는 걸 신념으로 삼아, 협력해 달라고 호소하던 것과는 판판 내막이 다름을 말한다. 그네는 침략을 하고도 해방을 했다 하고, 약탈을 하고도 도와주었다는 식으로 떠들어대는 사람들이다. 새삼 러시아가 무엇인지 공산주의가 무엇인지 깨닫게 되었다는 말로 톰스크의 8개월을 끝맺음한다.

6 볼가의 향수

......1933년 한겨울.

마점산 장군 이하의 7만여 명의 중국군과 함께 나는 8개월 동안이나 포로 아닌 포로 생활을 겪어야 했다.

중국 국민정부는 안혜경(1970년에 작고, 외무장관을 여러 차례 지냈음) 박사를 모스크바에 특사로 파견, 러시아 당국과 송환 교섭을 벌였다.

그 결과, 우리가 러시아에 체류한 동안 대줬던 모든 경비를 러시아 측 계산대로 중국이 갚도록 하고, 러시아는 수송 편의를 제공한다는 조건에 합의를 보아, 마침내 우리는 여러 가지 방법으로 중국 땅에 되돌아가게 되었다.

카자흐스탄을 돌아서 지금 중공이 원자 무기를 개발하고 있는 신강성 맞은편의 타청을 거쳐 신강성을 경유, 부대는 중국 내륙으로 되돌아가게 됐다.

그리고 장병의 권속인 부녀자와 어린이들은 시베리아 철도를 거꾸로 타고 다시 블라디보스토크로 가서, 그곳에서 일본과의 비교전국가인 제3

국의 선박을 세내어 상해로 가기로 했다. 나머지 고급 장령들, 마점산 장군이라든지, 이규, 소병문, 왕덕림, 공혜영 씨 등과 그의 막료들, 도합 52명은, 중국 국민정부 군사위원회에서 유럽 방면 군사시찰단으로 편성, 구라파 각국의 군사 근황을 시찰하고 돌아오도록 했다.

그래서 나는 유럽 방면 군사 시찰 단원의 일원이 되어 독일, 이태리를 거쳐 상해로 돌아왔다. 중국 민족항전의 영웅 마 장군을 단장으로 하는 사찰단 일행은 러시아를 출발해서 1차대전 이후 독립된 지 얼마 되지 아니한 폴란드를 지나 독일로 왔다. 그때 폴란드를 보고, 나는 여간 깊은 감회에 빠지지 않을 수 없었다. 부럽지 아니한 것이 없었다.

일제의 쇠사슬에 묶인 조국을 생각할 때 폴란드의 독립은 내 가슴에 새로운 불을 질러놓은 것과 다름없었다. 그것은 한없는 부러움이었다.

차 위에서 먹지도 않고 홀로 눈물만 삼키면서 독일로 들어섰다.

도처에 중국 교포가 많았다. 베를린에도 그러했다. 베를린 주변의 화교들은 우리가 온다는 소식을 듣고 몰려들어 환영회까지 대규모로 벌여 주었다.

마 장군 등 전 시찰 단원들은 마음이 흐뭇했겠지만, 나만은 예외로 그렇지 못했다. 나만이 혼자 받은 자극은 너무나도 큰 것이었다. 환영회 석상에서 시찰 단원의 감정과는 상반된 심정으로 나는 우울했다. 부럽고 원통한 감정, 그것에 사로잡혀 나는 넌지시 화교들에게 물어봤다.

'혹 조선 유학생이라도 베를린에 있소?'

그때 베를린 중국 유학생 대표 제라는 사람은 "있고 말고요. 십여 명이나 있죠."

라고 말해주었다.

제 씨는 제일 먼저 명이라는 사람을 소개시켜 주었다. (실은 명이 본명이 아니다. 그의 성명을 밝히고 싶지 않아 그저 명이라고 하는 것이다.)

우선 반가움에 명과 만나, 러시아로부터 마음에 서렸던 여러 가지 감정을 베를린의 밤거리를 헤매면서 풀어 보려 쏘다녔다.

이 글은 그때의 기억을 더듬어 옮겨 놓은 것이다.

이 글은 중국 항전 시기에 우리 독립을 목표로 중국의 지원을 받기 위해 중국인에게 우리의 주의와 인식을 주어 보고자, 다른 한 편의 글과 함께 출판되었던 것임을 밝혀 두고자 한다. 이 소설을 중국 백화문으로 썼고 그 원고를 중국의 젊은 문인 변내부(卞乃夫)라는 친구가 교정을 해서 무명 씨의 처녀작『로서아지연』(露西亞之戀)이라고 제목을 붙였다. 이 원본이 우리나라에 들어와 해방 이듬해 처음으로 송지영 씨에 의해 번역되었다. 송 씨는 그 제목을 바꿔, 단편의 이름을『볼가의 향수』라고 달았다. 이미 국내외 신문에 연재되었고, 단행본으로도 나와(1950년), 이미 읽은 사람도 있을 것으로 안다. 이번에 다시 정리해서 원고를 고쳐 실었는데 제목을 <볼가의 향수>라 하는 것이 적당하다고 생각되어 그대로 붙였다.

6월의 밤, 베를린의 밤, 나치 표지의 깃발의 밤, 불야성의 밤. 칠색 무지개로 아롱대는 네온사인은 색 뱀이 도시를 뒤덮은 듯 꼬리에 꼬리를 물고 흘렀다. 장미색 포도색 오렌지색으로 얽히어 이어가는 색깔의 물결. 청색, 코발트색, 빨간색으로 명멸하는 글자들. 그리고 오리알 빛으로 은은히 흐르는 밤의 낭만.

부드럽고 아름다운 세레나데, 소나타, 콘체르트가 빙산 위에 웅크린 한 마리 곰을 그린 찬란한 등이 달린 옆의 커피 집에서 넘쳐 흘러나왔다. 대낮처럼 밝은 커다란 백화점의 큰 유리 출입문은 연상 맴을 돌면서 한 무리의 손님을 집어삼키고 또 한 무리의 손님을 토해내곤 하였다. 물결처럼 흘러 들어가고 나오는 사람의 흐름 속에는 나치 표지의 완장과 검은 연미복과 갈색의 나치 제복들도 우글거렸다.

이 거리는 유럽에서 가장 우뚝하고 넓은 심장부였다. 각양각색의 구둣

발 소리가 들끓었다. 검은 헝겊을 팔에 두른 대전(大戰)의 희생자는 개를 끌고 적적히 거리를 지나고 있었다. 길 옆의 가로수는 바람에 떨고 있었다. 거리에서 노래를 부르는 늙은 가수의 목소리-원한에 젖은 낮은 베이스가 거리의 빈 곳으로 흘러, 어둠과 함께 거리를 메우고 있었다.

그 소리는 수많은 예각을 내포한 것이었다. 수레들이 덜그럭대며 분주히 거리를 달렸다. 거리의 주점에는 술 냄새가 풍겼다. 그때 그것은 향기로웠다. 거리의 모퉁이마다 짙은 화장으로 제 모습을 감춘 매춘부들이 행인에게 교태를 던졌다. 두 뺨엔 값싼 분이 더덕더덕했고 그 때문에 입술칠은 유난히 짙고 돋보였다. 뱀장어처럼 허리를 꿈틀대며 행인에게 육감적인 목소리를 속삭이는 것이, 세계 남자의 정열을 한 품에 독차지나 하려는 듯이 징그러웠고, 지나가는 사람에게 고깃덩이를 모두 한 조각씩 나눠 줄 수 있다는 것처럼 보였다.

사라툰버그 정거장에서는 갑자기 레일이 진동하는 듯, 함성이 울려나왔다. 6월의 밤, 비바람 속에 나치 대회가 외치는 니이체식 소리가 터져 나왔다. 그 부르짖음의 우렁참은 고딕식 교회당의 뾰족탑을 싸돌면서 여운을 남겼다. 뾰족탑은 높이 치솟아 밤하늘을 똑바로 꿰뚫고 있었다.

무리 지어 밀려가는 싸(CA)와 현대의 승려들은, 전쟁으로 황량해진 국회당을 지나가면서 휘황찬란한 둥근 지붕에 오만스런 시선을 던졌다. 먼 곳 공장에서 나오는 모터 소리는 마치 시가전의 요란한 소리처럼 들렸다.

흑맥주로 깊어가는 이 6월의 어느 날 밤, 불야성은 번쩍이는 네온으로 나치 황제의 원한의 등불을 비추어가며, 우울한 게르만 민족을 현혹시키고 있었다. 나와 명이 흑맥주와 샴페인의 포위를 피해서 열망과 환희가 가득한 한인 교포 환영대회에서 빠져 나왔을 때는 이미 9시가 넘은 밤이었다. 흑맥주를 반 다스 이상이나 들이켰던 때문에 이미 술기운이 내 몸엔 흥건히 감돌았다. 피의 체내 회전이 걷잡을 수 없는 물방앗간 같았고,

불이 가슴 한쪽에선 타오르는 것 같았으나 의식만은 또렷했다.

　바로 한 시간 전의 모국어와 친절한 대화, 정다운 목소리들이 얼마나 우리를 달래 주었고 또 아늑히 포옹해 주었는가는 분명히 기억할 수 있었다. 같은 운명을 겪고 있는 그 얼굴과 어깻죽지로부터 우리를 공명하는 마음의 소리를 쉽게 나눌 수 있었고, 그것은 침묵의 대화로 이심전심 이야기할 수 있었다. 그 마음의 소리는 나로 하여금 거룩하고 맑은 샘물 흐르는 조국에 돌아간 느낌을 갖게 해줬다.

　진달래꽃 피고 지는 고향땅의 벌판, 아름답다는 표현이 부족한 푸른 무궁화의 나라, 내 눈앞에서 아직도 쏟아지고 있는 박연폭포, 노량진의 늘어진 수양버들, ……말할 수 없는 감회로 흑맥주를 계속 목으로 넘겼던 것이다. 한 병, 또 한 병…… 그렇게 마셔도 마치 맹물을 들이키듯—그런 기분이었던 것이다.

　러시아의 톰스크를 떠나 폴란드를 거쳐 처음, 이 게르만의 수도 베를린에 이르렀을 때, 베르사유 조약으로 얽매여 그 쇠사슬 밑에서 생존을 위해 투쟁해온 게르만들이 정말 가슴에서 우러나오는 열성으로 우리를 환영해 주었다.

　어설픈 북국의 눈보라를 무릅쓰고 찾아온 용사들을 환영하는 단순한 행사만은 아니었다. 같이 사나운 비바람 속에서 살아온 형이며 아우를 접대하는 그런 심사로 우리를 맞아주는 것이었고, 갖가지 형식의 환영회는 가지각색의 열정과 격려로 넘쳤다.

　그 속에서 천만 뜻밖에도 베를린대학에서 교편을 잡고 있는 이명이라는 동포를 만날 수 있었던 것이다. 열심히 철학을 파고드는 명으로 말하면, 벌써 10여 년 전, 조국에 있을 때 어떤 일본 신문에서 내가 풍운아로서 혁명을 위해 싸우다가 부상했다는 기사를 읽은 기억을 가지고 있는 사람이었다.

수만 리 타국에서 처음 만나게 된 명과 나는 어찌나 만나는 순간부터 감격스러웠고 이내 친근해졌던지, 그 서로의 감동은 몸을 덜덜 떨게 할 지경이었다.

경의와 흥분의 주인공이 된 명은, 곧 베를린 시내에 산재해 있던 십여 명의 유학생과 동포들에게 전화를 걸어 '9.18항전'(일인이 말하는 만주사변)에 참가한 조국의 혁명가로서 나를 소개하고, 당장 잔치를 베풀자고 그들을 불러 모아 그날 밤 환영회를 갖게 된 것이었다.

처량한 향수로 분위기는 곧 바뀌었고, 열렬하면서도 비통한 가운데 연회는 계속되었다. 나는 그때 이런 말을 했다. 그것은 연설이라기보다 목메어 외치는 호소였다. 기차로 러시아에서 폴란드로 넘어설 때 가슴을 딱 버티고 늠름한 자세로 국경선을 지키고 섰던 젊은 폴란드 군인의 모습이 떠올랐기 때문에 그때 받은 충격적 감동을 되살려 냈던 것이다.

"자유로운 태양 아래서 뛰노는 폴란드 어린이들을 나는 영원히 잊을 수 없을 것 같습니다. 폴란드의 자유로운 벌판을, 폴란드의 자유로운 태양을, 나는 또한 잊을 수가 없습니다.

그리고 나는 다시금 새롭게 살아나는 바르샤바의 기억도 영원히 간직하게 될 것이라 믿습니다. 바르샤바의 모든 것은 오직 새로움에 차 있었습니다. 새로움에 벅찬 바르샤바의 한 송이 꽃, 한 포기의 풀, 돌 하나, 나무 한 가지까지도 날 비웃고 꾸짖었습니다.

'바르샤바는 이렇게 새롭다……. 너희는 도쿄의 노예가 되어 살아가고 있지 않느냐? 노예로 살아가는 자들아! 보았느냐?' 하고 날 꾸짖는 것이었습니다.

바르샤바는 타버린 잿더미 속에서 떨치고 일어나는 봉황새였습니다. 그는 교만한 머리를 쳐들고 꼬리를 치면서 나에게 꾸짖어 묻더이다…….
'우리는 세 번이나 이리 찢기고 저리 찢기는 처절한 운명을 감수하고도 그 경험을 이긴 민족…… 그래 오늘날 이렇게 소생하여 생생하지 않느냐? 그래 그대는, 단군의 자손은 무엇을 하는가…… 오늘 이 시간까지 스물 두 해를 도쿄의 쇠사슬에 얽힌 채 끌려 어디로 가는가'라고

우리들의 태극기를 다시 한양성에 높이 꽂기 위해서 우리는 지나간 스물 두 해 동안 얼마나 피를 흘렸습니까? 나는 이것을 보았습니다. 얼마나 눈물을 흘렸습니까? 나도 울었습니다. 그렇습니다.

우리는 반드시 한양성에 태극기를 다시 꽂아야만 합니다."

나의 열변은 터진 물처럼 계속되었다.

"그렇습니다. 우리에겐 오늘날 조국이 없습니다. 고향도 없습니다. 대동강도 금강산도 다 잃었습니다. 노들강변의 수양버들도, 박연폭포도 모두 우리 것이 아닙니다. 우리들에게 있는 것은 다만 쇠고랑뿐입니다. …… 죽음이지요. 썩고 시들고 병들어 가는 것뿐입니다. 마치 집 없는 강아지 새끼처럼 쫓기어 아름다운 강산을 두고 남, 북만주 시베리아로 유럽으로 떠돌고 있습니다. 흘러 다니듯 떠돌며 아리랑의 가락에 구슬픈 마음을 싣고 있습니다. 아리랑! 아아, 얼마나 슬픈 아리랑입니까……?

그러나 우리는 돌아가야만 합니다. 저, 진달래 곱게 피고 지는 고향으로 돌아가야 합니다. 맑은 샘 솟아오르는 우리의 조국으로 기어이 돌아가야 합니다. 우리 조상의 피와 눈물이 스며 있는 땅, 그 흙 향기에 입을 맞춥시다. 다시 한번 그 흙에 입 맞춰 봅시다. …… 다시 한번!"

눈물 때문에 나는 스스로 잠시 억제해야만 했다. 그리고 대강 중국에 남아 있던 혁명 동지들의 소식을 쭉 얘기했다.

"모두 나아가 싸웁시다. 우리는 죽어야 합니다. 모두 나아가 괴로움을 사서 안읍시다. 마땅히 괴로움을 받아야 합니다.

죽음과 괴로움 속에서만 능히 재생할 수 있는 것입니다. 일본 제국주의자들이 모조리 멸망하거나, 아니면 삼천만 단군의 자손들이 모두 쓰러져

버리거나…… 그 한 길뿐입니다."

이야기는 더 남았는데 나의 목은 오열로 메워지고 말았다.

그 자리를 함께 한 십여 명의 동포들은 한결같이 술잔에다 눈물을 섞었다.

내가 한 모금 목을 트기 위해 잔을 들자 미친 듯 모두 술잔을 쳐들었다.

더 생각할 겨를이 없었다. 모든 것이 내겐 자극을 주는 것뿐이며, 조각조각의 절망이 눈 앞에 흩어져 있을 뿐이었다.

절망! 러시아의 톰스크를 떠난 그날부터 절망은 내게서 떠날 줄을 몰랐다.

칸트스트라제(칸트거리)에 있는 난킹 호텔에서 성대한 환영회가 열렸을 때도 독일에 있던 중국 화교들이 우리 항일 장성을 영웅처럼 추켜올리고 갖은 찬사를 아끼지 않았으며 우레 같은 박수로 호텔을 뒤흔들었지만, 내게는 모든 것이 한갓 날카로운 풍자로밖에 들리지 아니했다.

'왜 나는 한국 사람이 되었을까? 한국에서 태어났기 때문이겠지. 그렇다면 왜 한국인으로 태어났는가?……'

밤을 내 머릿속에서 밀어내고자 나는 문을 안으로 걸고 혼자 입술을 깨물며 통절히 스스로를 학대하기도 했다. 그것은 괴로움을 떨쳐 버리려는 노력이었지만, 그럴수록 괴로움은 더 내게 밀착되어 붙었다. 베를린의 밤거리를 거닐면서도 그런 생각이 구둣발 뒤꿈치에 매달려 다니기 때문에 조금도 이국 풍경, 이국 야경에 취해들 수가 없었다.

일부러 발걸음을 크게 내디디며 모든 것을 떨쳐 버리려는 듯, 뚜벅뚜벅 걸었다. 이때 만약 어떤 사람이라도 내게 대수롭지 않은 멸시를 주었던들 당장 칼을 빼들고 덤벼들었을 것이다.

내가 걷고 있는 거리는 프레데릭 대제와 비스마르크의 도성도 아니며, 온 세계를 위협하는 나치 황제의 수도도 아니다. 눈에 비치고 있는 거리는 고비사막보다 더 거친 광야로밖엔 보이지 않았다. 아무것도 보잘것없는 것이라는 듯이 훌훌 지나쳐 걸어보고 싶었다.

"자, 이제 우린 어디로 가나?"

유명한 프레데릭 대제의 궁전 앞을 지나다가 명은 문득 걸음을 멈추고 이렇게 물었다.

"지금 우린 어디로 가는 판이오?"

"아무 데로나 갑시다. 어디 피곤할 때까지 걸어봅시다 그려."

나는 이렇게밖에 대꾸할 수가 없었다. 그러면서도 나 역시 멈추지 않을 수 없었다.

"안 돼요! 지금 벌써 ……."

명은 시계를 꺼내 보면서

"열시 사십분이나 되었는데요……."

하며 날 쳐다봤다

"어디 찻집이라도 들어가 조금 앉아 봅시다. 오늘밤은 내가 정성껏 대접할 테니까……."

"대접은 무슨 대접이오 만일 대접을 한다면 오늘밤은 내가 해야지요"

"도리어 나를…… 하하 어째서요?"

"까닭을 얘기해야 되겠소?"

나는 명에게 오늘 아침에 있었던 일을 얘기했다.

공중 사격장에서 총 쏘기 내기를 하여 열 번 쏘아 94점을 땄다. (과녁이 10개. 가운데 10점, 밖으로 나갈수록 둥근 테 하나에 한 점씩 줄어든다.) 그러자 그 사격장에 있던 독일 사람들이 깜짝 놀라며,

"오라, 마점산 장군이 그처럼 항일에 이름 있는 장군이라더니, 부하도 저렇게 훌륭하군!"

그 말은 마침내 마 장군 귀에까지 들어가 마장군은 너무 기뻐서 당장

50달러를 내게 주었다. 그리고는 내 기량을 격려하고 기념으로 바르샤바형 권총 한 자루를 사라고 했던 것이다.

"자 이만하면 내가 대접하는 것이 당연치 않소?"

"야, 굉장한데요. 그런 까닭에서라면, 내가 대접을 받아도 좋지만, 단 한 가지 내가 주인이 된다는 것만은 인정을 해야지요."

그는 끝내 지지 않으려 했다. 그러더니 웃으면서 다시,

"누가 주인이든, 그건 더 말하지 않기로 하고, 대관절 간다면 어떤 곳에 가고 싶으세요?"

라고 물었다.

"여기서도 방랑하는 민족이 어디든 살고 있지 않겠소? 오늘밤 이 감정은 그런 사람들과 한 자리에 앉고 싶소."

"좋습니다. 그럼 같이 가보십시다."

"……"

"또 뭘 따질 것 없이 암말 말고 날 따라와요."

거리를 지나고 또 건너서 명은 날 베를린 교외의 널찍한 아스팔트길로 인도했다.

"예가 바로 베를린에 살고 있는 유랑민의 거리요……"

명은 한참 만에 이렇게 입을 열었다.

나는 머리를 들어 몇 집 상점을 훑어보고 나서 약간의 흥분이 스며드는 것을 느꼈다. 이 일대는 바로 백계 러시아인들의 바가 몰려 있는 곳이 아닌가?

여러 집을 지나치면서도 선뜻 들어가게 되지 않았다. 그렇게 여러 집이면서도 밖에서 보이는 장식만으로도 그 바와 나의 영혼 사이에는 무엇인가 신비의 줄이 연결되지 않았기 때문이었으리라.

이렇게 한 집, 두 집 지나치면서 나는 다소 실망을 금치 못했다. 그런

실망 비슷한 감정에서 그냥 걸어가다가 나는 갑자기 머리를 쳐들었다. 나의 시선이 어떤 집 휘황한 광고등에 닿았기 때문이었다.

내가 서 있는 곁 바로 그곳에 규모가 굉장한 바가 우뚝 서 있었다. 바의 정문으로 연이어 달린 큼직한 벽은 네모로 된 우윳빛 유리로 네온을 장식했다. 뿌연 유리에는 한 폭의 채색화가 그려져 있었다. 그림 속엔 비취빛의 하늘이 있고, 그 하늘 밑에는 은으로 칠한 듯한 북극의 빙산이 솟아 있었으며 빙산 위에는 흰곰 한 마리가 올라앉아 머리를 수그리고 검푸른 바다를 노려보고 있었다.

곰 뒤에는 멀리멀리 바라보이는 북빙양의 아득한 수평선 위로 찬란하기 이를 데 없는 오색의 네온으로 오로라의 빛이 돋보였고, 꿈틀대는 전류로 그것은 발광하고 있었다. 그 위엔 모양 있는 러시아 글자로 '흰곰 바'라고 새겨져 있었다.

이 북빙양의 채색화는 지남철처럼 나를 이끌어, 나의 두 발은 땅에 붙은 듯 움직일 수가 없었다. 이곳을 그냥 지나칠 수 없었다. 아니 꼼짝도 할 수가 없었다.

안에서는 밴드의 가락이 흘러 나왔다.

선 채로 한참을 생각하다가 아무 말 없이 바로 들어가 버리고 말았다.

명은 그저 내 뒤를 따를 뿐이었다.

문을 밀치고 들어서자 금실로 수놓은 하얀 제복의 백계 러시아 보이가 우리를 맞아들였다.

움푹 들어간, 따로 꾸며놓은 스테이지 위에는 20여 명의 백계 러시아 악사들이 석 줄로 열을 지어 둘러앉아 독일의 악곡을 연주하고 있었다.

악단의 양편으로는 스탠드가 둘러 있고 그 위에는 맥주통, 보드카병, 우유병 등의 음료와 깔빗시, 세르 치즈 등 몇 가지의 마른 술안줏감들이 있었다. 흑빵 사이코 같은 것도 눈에 띄었다.

손님들은 홀에 놓인 좌석에 앉아 있었고 흰 색깔로 곱게 칠한 둥근 테이블들은 마치 바다 위에 떠있는 듯 가볍고 한가롭게 보였다.

둘 혹은 셋씩 둘러앉은 손님들은 저마다 어울려 맥주를 마시기도 하고 잡담을 하기도 하며 음악을 듣기도 했다. 홀 안의 불빛은 광선을 반쯤 가려서 흐릿하게 만들어 검고 누르스름한 네 벽에 담황색 빛깔이 줄줄이 뻗도록 해서 말할 수 없이 부드럽고 아늑한 느낌을 담고 있었다.

스테이지를 가운데 두고 양쪽으로 반씩 갈라진 두 벽에는 커다란 두 폭의 유화가 가득 벽을 가리고 있었다.

오른편엔 북빙양을 그린 것인데 입구에 그려진 것과 별 차이가 없는 것이었고, 그 크기만 몇 배가 될 만한 것이었다. 왼편에는 활활 타오르는 불빛이 그려져 있는데 그 불꽃은 한참 타오르는 모스크바의 모습을 비추고 있었으며 불빛 속에 삼각 모자를 비스듬히 쓴 나폴레옹이 침울하면서도 격분한 표정으로 서 있었다. 그는 두 팔을 가슴에 얹었고 배를 내밀고 서서 한 손으로는 아래턱을 고이고 눈은 찌푸려 화광이 충천한 모스크바를 바라보고 있었다.

불빛에 또렷이 그려진 나폴레옹의 얼굴에는 어쩔 수 없는 어두운 환멸의 그림자가 깃들여지고 있는 듯 해보였다.

'이것이 러시아의 명화, 모스크바의 화염을 모방한 작품이구나!'

나는 어디에 앉아야만 이 두 폭의 그림을 바라보기가 좋을는지 몰라 한참 동안 망설였다. 보이가 몇 번이나 손짓을 하며 안내를 하려 해도 나는 멍하니 서 있었다.

마침내 나는 북빙양 그림 밑에 한자리를 차지하고 앉았다.

홀 안에는 특유한 매력의 냄새가 가득했다. 코를 찌르는 북유럽의 시거 냄새, 빠뻬로씨의 냄새, 담담한 천연의 향기, 여인의 머리칼에서 풍기는 냄새, 연미복 포켓에 꽂힌 행커치프의 향수 냄새, 이 모든 냄새가 연지와

분과 커피와 그리고 여러 가지 음식물 냄새에 섞여 배이고 절은—그 냄새의 지방 속에 잠겨 있었다.

이런 냄새 속에 꿈틀거리는 아코디언과 발랄라이카가 섞인 관현악의 멜로디는 한층 짙은 매혹을 휘몰면서 홀 안을 맴돌았다.

명은 유창한 독일어로 보이에게 생맥주 두 조끼를 청했다.

보이가 큰 컵에 흰 거품이 부글부글 핀 흑맥주를 공손히 갖다 놓았다. 그때 나는 입 안에 맴돌던 익숙한 러시아 말을 불쑥 뱉어 이들 백계 러시아인—방랑자를 깜짝 놀라게 해줬다.

'우아스 이매빗체— 윗카 일리넷트?'

(당신 집에 보드카 술이 있습니까?)

이런 곳, 또 이렇게 깊은 밤에 황색 인종이 여기 나타난다는 것은 원래 대낮에 혜성을 보는 것처럼 극히 드문 일이었다. 두 사람의 동방인이 들어와 홀 안을 거닐 때부터 손님들의 시선은 일제히 이쪽에 쏠렸던 것이며, 더욱 말쑥한 양복의 옷차림에 바짝 깎은 중머리와 짤막한 윗수염이며 넓은 어깨가 그들에게 이상히 여겨지기에 충분했던 것이며, 또 이제 천만 뜻밖에 그렇게 정확한 러시아 판박이 말이 슬슬 흘러나오니, 모든 손님들은 일시에 이야기를 끊고 놀라는 듯 동양인의 중머리인 내게 호기심을 집중시켰다.

오랫동안 이역에서 방랑 생활을 해온 뚱뚱보 백계 러시아의 이집 주인은 카운터 뒤에서 불쑥 일어나 그 모국어의 근처로 달려오는 것이 아닌가? 황급히 내 곁에 다가와 하인들을 물리치고 허리를 굽히더니, 약간 어색한 목소리로,

"죄송합니다. 무엇을 청하시는지요? 술은 어떤 것을……?

러시아 말을 하는 동방사람을 이곳에서는 뵙기가 퍽 힘들어요."

라고 혼자 지껄이면서 러시아 말을 했다.

이 뚱뚱보의 파란 눈동자 속에는 넓은 안개와 같이 서글픈 빛이 갑자기 솟았다. 이 홀을 경영하여 온 지 어언 10여 년. 오늘 밤 처음으로 황색인의 입을 통해 반가운 러시아의 고향 사투리를 들었다면서 그리운 고향의 흙냄새를 맡는다고까지 말했다.

뚱보 영감의 망설이는 태도를 보던 명이, 독일말로 설명해 주었다.

"이분은 러시아에 오랫동안 있었습니다. 그래서 러시아 말을 잘하지요."

"러시아에 계셨어요?"

뚱보 영감은 몇 번이나 중얼거려 보더니, 주먹으로 한 대 얻어맞은 것처럼 의식적으로 한 걸음 뒤로 물러서 푸른 눈망울을 몇 분 동안이나 굴리며 나의 중머리를 쏘아 보았다.

"옳아, 알았소이다. 당신이 바로 마점산 장군과 함께 온 일행의 한 분이시군요. 엊그제 러시아에서 막 오셨지요? 그렇지요? 선생님들 소식을 며칠 전 신문에서 보았고 또 오늘 석간에 더욱 자세히 난 것을 읽었습니다. 전부 읽었어요. 한 자 한 자 **빼놓지 않고** 모조리 읽어 잘 알고 있습니다."

얘기를 하는 동안 뚱보 주인은 약간 몸을 떨며 얼굴빛이 무서울 만큼 창백해졌다. 고통스런 생각이 그의 머리에 몰려오는 때문이었으리라.

조국인 러시아와 격절된 지 그 얼마 만에, 수없이 오랜 그 세월에 다시 러시아의 냄새를 맡는 것이니 당연하리라.

그러나 바로 얼마 전에도 러시아로부터 이곳을 지나는 손들이 들렀던 일이 있었단다. 하지만 그들은 이 뚱보 영감을 업수이 여겼다고 했다. 더욱이 최근 두어 해 동안 나치의 황제가 올라앉은 뒤로는 베를린과 모스크바 사이에 하늘 높은 장막이 가로막혀 모든 것이 완전히 끊겼다는 것이다.

명은 맥주를 들이키고 컵을 놓으면서 또렷한 목소리로 말을 옆질렀다.

"옳습니다. 이분이 마 장군의 고급 참모로 얼마 전에 귀국에서 오셨습니다."

 명의 이 한 마디는 최면술을 부리는 자의 어떤 암시와도 같은 작용을 했다.

 악단 위에서 울려나오던 현악 소리가 일시에 가지런히 멈추었다. 슬라브 민족의 피가 흐르는 20여 명의 눈초리는 용솟음치는 감정의 파도를 따라 약속이나 한 듯이 나의 바짝 깎은 머리 위로 일제히 시선이 조여들었다.

 눈 깜짝할 사이에 홀 안은 죽은 듯 적막이 흘러 이상한 고요가 넘쳤다. 사람마다 긴장했고 그들의 숨소리까지 나직해졌다. 감히 누구 하나도 얼른 이 고요를 깨치지 못했다. 어떤 위대한 물체가 파괴될까 두려워하는 것과도 같이 긴장과 고요가 밑으로 눌려 쌓였다.

 나의 이마에는 구슬땀이 맺혔다. 얼굴로만 온 몸의 피가 몰리어 나는 일어설 수밖에 없었다. 그리고는 참을 수 없는 감정을 터뜨리고야 말았다.

 "그렇습니다. 나는 당신들의 고향, 당신들의 조국, 러시아의 품으로부터 왔습니다. 나는 당신들의 조국의 새로운 소식을 당신들에게 전해 드릴 의무를 느낍니다."

 조국이라는 것! 이 두 글자는 그들에게 우렁찬 종소리였다. 이 종소리는 벽에 울려 더욱 큰 음향으로 눈덩이처럼 불어나 끝없는 메아리를 일으켰다.

 갑자기 전류에 부딪치기나 한 듯이 악단 위의 악사들이 일제히 일어섰다. 홀 안의 독일 사람들까지도 이 분위기에 휩싸여 엉거주춤 따라 일어섰다. 그들의 얼굴에도 경의를 표하는 듯한 심각한 표정이 어리었다. 20여 명의 악사들은 마치 석고상처럼 제각기 악기를 든 채 말이 없었다. 그 장엄한 모습!

 그들은 모두 늙은 꿀밤나무와 같이 미끈하고 야무진 체격을 갖추고 있었으며, 그들의 앞가슴은 탁 트여 넓었다.

꽃을 수놓은 어루바스가의 소매를 걷어 올린 팔뚝에는 거친 털이 살을 감추고 있었다.

바이올린, 만돌린 등에서 발산되는 불그스름한 광채의 은빛 거문고 줄이 줄줄이 뻗은 모양과 털이 숭숭한 억센 팔뚝과 어울려 더욱 건실해 보였다. 이렇게 건실한 팔뚝은 로마 제국이 멸망한 다음에 남아 있던 로마 무사들의 팔뚝처럼 보여, 그야말로 피와 살로서 이루어진 것이 아니라, 피 눈물과 비애로 섞여 이루어진 듯싶었다.

마치 깊은 가을밤 달빛 아래 한줄기 싸늘한 시냇물이 목메어 흐르면서 가을의 애수를 자아내는 것과도 같이 그들은 애수의 음악을 그 팔뚝으로 연주해 온 사람들―그들의 얼굴, 뺨 위에 남아 있는 상처의 흔적은 그들이 일찍이 로마노프 황실의 총아이며 기사들로서 10월혁명의 불길과 칼 앞에 싸우다가 마침내 쫓겨나 조국 러시아의 검은 땅을 등지게 되었음을 증명하고 남음이 있었다.

그때부터 영원히 이역의 하늘 밑에 떠도는 신세가 되어, 말을 팔아 술을 마시고 어린 딸을 팔아 술을 마시며, 사랑하는 아내까지도 팔아 술을 마시는 자포자기의 생활로 전락된 것, 그 한 면을 여기서 보게 된 것이다.

깊이깊이 알코올 속에 잠겨 밤이건 낮이건 하늘이 가라앉건 땅이 쪼개지건 아랑곳없이 술! 술! 숲 속에서 해와 달을 보는 그들의 신세―.

그러나 그때도 교양 있는 그들의 얼굴에는 여전히 고통의 자국이 서려 있었다. 더할 수 없는 생활의 쪼들림, 그 속에서 터럭 끝만치도 사납고 무서운 흔적이 남겨져 있지 않으나, 그러나 그처럼 서글픈 그림자가 어두운 눈썹 사이에는 무어라고 헤아릴 수 없는 비애와 우울을 숨길 수 없었다. 너무나 지나친 고통에 얽혀 살아온 동안 그들의 표정은 일그러진 것이 분명했고, 마침내는 어리석은 것같이, 마비된 것과도 같아 보이기도 했다.

그런 침울한 얼굴과 부르르 떨리는 팔뚝을 번갈아 한눈에 볼 때 내 감정은 폭풍우처럼 격동되어 그 순간, 신비하고 뜨거운 빛이 번갯불인 양 나의 온 몸을 치고 지나갔다. 내 일생을 통해 불우한 가운데서 얼음보다 차고 굳게 맺힌 슬픔의 덩어리가 이때 완전히 풀어져 높은 산에서 눈 녹듯이 흘러내리는 것이었다. 내 목에는 큼직한 돌덩이가 막힌 것 같아, 무언가 말을 하고 싶었지만, 한마디도 나오질 아니했다.

침묵은 계속 되었다. 내가 흘리는 두 줄기 눈물이 이 침묵을 더 끌게 했다. 그것은 하얀 테이블을 젖게 했다.

벅찬 가슴에 한동안 어쩔 줄 몰라 하다가, 마침내 입술이 움직여 주어, 음성이 나왔다. 그것은 육체의 소리가 아니라 영혼의 소리였음이 분명했다. 당위의 소리가 아니라고 믿고 싶다. 천만 근 깊은 물 속에서 솟아 오른 어떤 힘을 내가 대신 말하는 그런 것이었다.

"오늘 밤 내게 제정 러시아나 소련에 대해선 그 어떤 의견도 묻지 말아 주시오. 도덕이나 사회 문제 같은 것도 내게 제청하지 마시오. 무엇을 비평하거나, 무엇을 꾸짖는 것도 내게 요구하지 마시오. 그리고 또 무엇 때문에 당신들은 아내와 자식을 팔아서까지 술을 마시지 않으면 안 되게 되었나 하는 것도 제발 묻지 마시오. 생명이란 본디 고통스러운 것입니다. …… 알 수 없는 것입니다. 우리들 사이에 있어서 모든 이론은 죽어버린 것입니다. 지금 있는 것은 오직 순수한 사람과 사람 사이의 깊고 두터운 동정이 있을 수 있는 것뿐입니다."

내 목소리는 어느덧 높아져 사뭇 명령조가 돼 있었다.

"나에게 물으십시오. 그 대들 조국의 사정은 무엇이나 물어 보시오. 내 정성껏 당신네들의 물음에 대답해 드리리다. 당신네들의 일생에는 다시 러시아의 품에 안겨 볼 기회가 없을 것으로 나는 알고 있습니다."

뚱보 주인은 떨리는 손으로 가슴에 십자가를 그었다.

"……그렇습니다. 하느님의 힘일지라도 우리는 다시 고국의 흙을 밟아 보지 못할 겁니다. 그렇게 된 것을 알고 있습니다."

악사와 손님들은 주머니에서 손수건을 꺼내들었다 집어넣고는 다시 꺼내고 하면서 눈시울을 닦기에 바빴다.

한 차례 손수건을 꺼낼 때마다 눈시울은 젖고 벌겋게 부어 달았다. 그렇다고 누구 하나 소리를 내는 이도 없었다.

소리 없는 오열로 천 년이나 묵은 듯한 고요를 일렁이고 있었다.

시가와 커피의 냄새가 짙었고, 그것은 깊은 호흡으로 쉽게 맡을 수 있었다.

저마다의 감상에 표정이 모두 제각기도 달랐다. 그것은 볼 수 있는 것이 아니라 내가 그들의 가슴으로 들어가 능히 알 수 있는 심정이었다.

벽화의 북극 빙산 위에 서 있는 흰곰이, 귀를 찡긋거리며 소리 없는 소리를 엿듣는 것 같았다. 그러다간 이들의 모습을 응시하는 것 같았다. 모스크바의 불길 속에서 삼각모를 비스듬히 쓰고 서 있는 나폴레옹도 괴로운 눈길로 백계 러시아 악사들의 팔뚝을 건너다보고 있는 것만 같았다.

그러자 한 음성이 골짜기를 빠져나온 바람인 듯 들려왔다. 그것은 러시아의 소리였으며, 검은 흙의 소리였다. 또한 그 밤, 바 안에 있는 백계 러시아 유랑자들의 간절한 용기였다. 한 마디 한 마디가 마음 속 가장 깊은 곳에 숨었던 애절함 때문인지 마디마디 끊어져 나왔다.

"선생! 톰스크의 눈은 스러졌던가요?"

"…… ……."

"선생! 모스크바 교외엔 푸른 풀이 돋아났던가요?"

"…… ……."

"선생! 폴란드 국경지대엔 아직도 눈이 그대로 쌓여 있던가요?"

"…… ……."

"선생! 우리 동포들의 얼굴빛엔 혈색이 좀 돌던가요?"
"...... ......"
"선생! 정부에서 주는 빵은 모자라지는 않던가요?"
"...... ......"
"선생! 볼가강의 얼음은 풀렸던가요?"
"...... ......"
"선생! 조국의 어린이들은 겨울옷이나 입었던가요?"
"...... ......"
"모스크바의 거리는 지금도 예와 같이 꽃 파는 아가씨가 많던가요?"
"...... ......"
"선생! ......"
"...... ......"

나는 한 마디도 대답하지 못했다. 그건 그 말마디들이 모두 내 눈물샘을 꽉꽉 찌르는 것이었기 때문이었다.

나는 이를 악물고 참다가 끝내 참지 못하고, 있는 힘 그대로 버럭 소리를 지르고 말았다.

그 한 마디 한 마디는 꼭 내가 내 동포 그 어느 누구에게라도 묻고 싶었던 바로 그 말들이었기 때문이다.

"제발! 애원합니다. 다시 더 아무런 말도 하지 말아 주십시오."

그러나 눈물범벅의 목소리는 그들을 금방 화석처럼 만들어 버리고야 말았다.

대강 나는 그 물음에 겨우 대답을 해두었다. 그리고는 주먹을 불끈 쥐고 큰 결심이나 한 듯이 한 발 앞으로 걸어 나가, 고함을 터뜨렸다.

"자, 이젠 그만하고…… 우리 마음껏 술이나 마십시다. 내 여러분께 보드카를 한턱 내지요, 그래요…… 보드카! 우리 보드카를 마시고 모든 것을 잊어버립시다. 잊어봅시다······."

독일에서 제조된 보드카는 베를린에선 귀한 편이었다. 그래 어떤 술보다 비싸게 받았다. 나는 한꺼번에 솔개미표 보드카 서른 몇 병인가를 가져오라고 해서 뚱보 주인 영감부터 문지기 하인에게 이르기까지 모든 러시아인에게 병채로 한 병씩 안겨주도록 했다. 로마노프 왕조의 군관들에게 보드카를 대접하는 것은 최대의 경의를 표하는 것임을 나는 잘 알고 있었다.

과연 내 행동에 그들은 압도당하고 말았다. 큰 홀은 갑자기 큰일이 난 듯이 웅성거리기 시작했다. 감동받은 뚱보 주인 영감은 자진해서 연어 안주를 내놓았다. 그건 연기를 쐬어서 말린 것 같기도 하고 구워서 만든 것 같기도 했다. 이건 보드카 술안주로는 최고품이었다. 그는 연어를 한 사람 앞에 한 덩이씩 돌렸다. 과연 보드카 술병이 옮겨져 왔다.

가져오자마자 나는 포장을 뜯고 언저리에 봉해 놓은 봉납을 뜯어버린 다음, 병을 쥐고 두어 번 아래위로 흔들었다. 병 속의 가스가 끓어오르면 그것이 팽창할 때 알맞게 병 밑을 손바닥으로 탁 때리면 병마개가 **빠진다**. 그건 쉬운 일이 아니었다. 그러나 난 익숙해 있었다. 보기 좋게 병마개를 뽑아내고 그 솜씨의 연장인 듯 그대로 입에 대고 나팔을 불듯이 가슴을 턱 내밀고 두 다리를 양쪽으로 벌려 고개를 치켜들고 꿀꺽꿀꺽 들이켰다. 이렇게 단숨에 반 병쯤 마시고 나서 병 주둥이를 손바닥으로 문질러 테이블 위에 내려놓았다.

코사크 군인들이 보드카를 마실 때 하는 동작을 그대로 재연하는데, 나는 조금도 어색한 품이 없었다. 손바닥으로 병 밑을 쳐서 마개를 **뽑아내**는 건, 간단한 듯하지만 아주 기술이 필요한 멋이었다.

약간 힘을 적게 주면 마개가 빠지지 않고, 그렇다고 너무 지나치게 때리고 보면 마개가 펑! 하고 **빠져나옴**과 동시에 술까지 솟구쳐 쏟아지기가 일수였다.

　서슴없이 정도가 알맞게 치는 솜씨를 보고 코사크 군인 출신인 백계 러시아인들까지도 어이가 없는 듯 멍하게 바라볼 뿐이었다.

　백금색의 술이 그들의 입술을 흥건히 축여 주게 되자, 푸른 눈방울들이 점점 커지며 꿈을 안은 듯이 흩어졌다.

　어렴풋한 기억이나마 결코 잊어버릴 리가 없다.

　인생의 화려한 꽃이 피던 젊은 시절.

　생각만 해도 가슴이 뛰는 그날.

　마을에서 열린 댄싱파티에서 마음 속에 연모해온 젊은 여인과 사랑의 왈츠를 출 때, 심혼이 날아가도록 매력을 부어주던 손풍금 소리며 거기에 맞춰 돌아가는 춤의 리듬! 말할 수 없이 따뜻하고 부드러운 정서, 그 달콤한 순간.

　그 사랑의 춤은 가장 아름답고 매력 있는 것이어서 한 발자국에 한 번씩 끌어안고 키스를 하는 것이었다. 박자에 맞춰서 빙빙 돌아가는 연인의 자태는 한여름 바람결을 피하는 연잎과 같이 가볍고 날씬한 것.

　손풍금에 맞춰서 가볍게 리드하면서 발을 떼놓는 사나이들은 밤바람을 풍기면서 슬쩍슬쩍 발을 앞으로 내딛는 것이었다.

　활활 타오르는 젊은 사랑의 눈동자가 마주치면, 키스가 이루어지고 그리고는 물러섰다가 나아가고 또 눈동자가 마주치면 키스가 나오고……키스를 받은 연인은 그 수줍음이 가실 때 저도 모르게 콧노래를 부르고

　'이봐요, 내 사랑은 당신뿐이에요.'

　그래서 또 키스가 쏟아지고 이어서 노래가 나오고

　'이봐요 내 사랑 얼마나 타는가를!'

　"…… ……"

　그뿐이랴? 스러지지 않는 추억은 얼마든지 있는 것이다.

흰 눈이 펑펑 쏟아지는 밤. 코사크의 젊은 사나이가 말을 달려 눈길을 헤쳐 나갈 때 머리에 쓴 뽀빠크(러시아 코사크 기병의 군모)의 느실느실한 긴 터럭이 달리는 말 걸음에 흔들려서 흐느적거린다. (보통 민간인이 쓰는 뽀빠크는 짧은 염소 가죽으로 되어 있는데, 요즘엔 미국과 프랑스에서도 유행하며 특히 여자들이 많이 쓴다.)

1백 30도쯤 기울여 머리 위에 쓴 뽀빠크가 날리며, 두텁디 두터운 두스리크(가죽으로 만들고 솜을 두어서 만든 윗저고리) 위에는 눈발이 허옇게 오리털처럼 붙어도 젊은이는 말을 계속 몬다.

두 줄거리 가슴 단추에 목깃은 바깥으로 칼라처럼 널찍하게 젖히고 양복 윗저고리보다 긴 두스리크를 펄럭이는 그 젊음과 여운―.

멀리서 들려오는 성당의 저녁 종소리가 눈 오는 밤의 적막을 한층 더 돋워 주면 말을 몰아 눈길을 달리면서 가벼운 휘파람과 콧노래를 번갈아 불어댄다.

은빛 하늘에 노랫소리는 퍼져 여운 남은 종소리에 얹혀 오래도록 귀에 남는 노래.

그 노래는 이런 것이었다.

'땀 흘리는 사랑의 길
가슴 뛰는 사랑의 길
사랑 길은 꿈속의 길
…… ……
다라라라 따라라라 다라라라
…… ……
은빛 터럭 반짝이는
눈 덮인 두스리크

사랑의 길 달리면
나의 마음 바빠라
이 길은 언제나
가까우며 멀고나!
발걸음은 왜 이리도 더디 가느냐
…… ……
다라라라 따라라라 다라라라
…… ……
어서 뛰어라 나의 말아
올라가 기다린다 나의 키스를
뜨거운 그 입술 다 마르기 전
달려라 더 빨리 나의 말아!
…… ……
다라라라 따라라라 다라라라'

이런 노래가 말발굽에 맞춰서 눈 날리는 벌판에 흩어져 퍼질 때, 멀리 한쪽 구석에 쭈그린 듯 나타나는 조그마한 마을 평화로운 집, 그 창 밑에 젊은 여인이 화려하게 잔 주름진 치마를 드리우고 불길 활활 타오르는 뿌리따에 나무를 집어넣고 기다린다.

테이블 사모와리에선 홍차가 한참 끓어 흰 김이 풍겨 오른다.

가벼운 말발굽 소리가 어둠을 제치고 점점 가까이 다가와 굳게 닫힌 유리창에 그림자 어릴 때 눈바람에 몸이 얼었을 것을 생각한 여인의 섬섬옥수는 나무 집어넣기에 더욱 애타는 것―.

이 모두가 누구나 가지는 추억이다. 아름다운 생각이 가라앉아 있는 청춘 시절의 옛 꿈이다. 추억의 그늘에 잠잠히 침전돼 있던 옛 꿈을 내가 휘저어 놓은 것이다. ― 그때 벌어진 그 광경.

홀 안에 앉아 있던 독일 사람들은 이 러시아인들의 흥분에 어리둥절해했다.

무슨 마술을 부려 그것을 구경하듯 눈 하나 깜빡이지 않고 일 막의 즉흥극을 구경하는 듯했다.

서른 몇 병이나 되는 보드카는 모조리 빈 병으로 테이블에 올려 놓여 있었다.

악대를 지휘하던 건장한 친구가 내게로 다가와서, 허리를 굽히더니 이렇게 말했다.

"제가 전체 악원을 대표해서 선생의 두터운 대접에 삼가 경의를 표합니다."

그러더니 기다랗게 숨을 들이쉬고 나서 계속 이런 말을 했다.

"우리들은 선생께 어떻게 고마움을 표해 드려야 할는지 모르겠습니다. 선생께서 러시아에 계셨다니, 혹시 러시아 음악이라도 좋아하시는지!"

나도 알코올에 새빨갛게 타고 있었다. 혀가 돌지 않아 말을 제대로 할 수 없는 지경이었다. 겨우 오른손으로 왼편 벽에 붙은 모스크바의 불빛 벽화를 가리키며 떨리는 목소리로 겨우 말을 했다.

"아아! 뾰사르, 모스코―스키!"

그러자 알아들었다. 여러 악사들이 일시에 함성을 질렀다. 뾰사르 모스코스키는 차이코프스키의 <1812년 서곡>으로 러시아 명곡의 하나였다.

뿐만 아니라 이 바의 전속 악대가 가장 잘하는 악곡 중의 하나였던 것이다.

지휘자가 내게 다시 허리를 약간 굽히더니 곧장 악단으로 올라갔다. 단상에서는 음을 고르느라고 여러 악기들의 제각기 짧은 소리가 섞여 나왔다.

이윽고 검은 지휘봉이 한번 공중에 휘둘러지자, 분수와 같은 음률이 홀 안에 금방 가득해졌다.

그리고는 단 몇 초가 안 되어 분수가 뿜어내듯 음악은 홍수로 변해서 모든 것이 그 안에 잠기기 시작했다. 범람하는 선율의 홍수, 그것은 금자탑 밑에 흘러넘치는 니로하의 흐름이었으며 베니스 강의 범선 그대로였다. 음악의 물결은 바다인 양 끝없이 넓어졌다.

그 흐름 속에 명랑한 것, 음침한 것, 불쾌한 것, 우울한 것, 모든 것의 파도가 굽이쳐 부풀어 오르기도 하고 퍼지기도 하면서 오직 한 덩어리의 파도를 일으키는가 하면, 또 갑자기 그 파도가 무너져, 몇 천 몇 만 갈래의 잔물결로 부서지기도 했다. 줄기줄기 밀리고 밀려나갔다가는 다시 줄기지어 밀려들어오고…… 이리저리 밀리고 퍼지고 일렁거리는 것이었다.

이렇게 취한 듯 미친 듯한 음악 가운데 발랄라이카(러시아의 3각금. 바이올린 비슷한 거문고)의 소리가 제일 또렷했고 맑게 퍼지어, 오동잎에 어지러운 빗방울이 떨어지듯 다급한 음향으로 울리기 시작했다. 그건 피아노를 치는 듯한 음률까지 자아냈다.

늦가을 황혼의 바람소리를 듣는 듯, 우울과 애원이 얽힌 나지막한 선율이 기타였고 번갯불인 듯 번쩍거리고 시냇물인 양 줄기지어 아름다운 정열을 떨게 하는 것이 바이올린이었다.

또 만돌린의 섬세하고도 우아한 소리는 알지 못하게 슬며시 추억의 나라로 이끌고 들어가는 힘을 발휘했다. 인도의 삼림과 하와이의 여름밤과 그런 그늘에서의 속삼임을 그대로 음으로 바꿔 그려주게 하는 힘― 이 여러 악성이 급한 연주로 교향되어 하나의 장면을 펼쳐놓았다.

1812년. 러시아 벌판의 거칠고 메마르고 처참, 우울한 전장.

나폴레옹의 풍운을 질타하듯, 삼군을 호령하는 우렁찬 목소리가 들렸다. 그 호령 밑에 52만 명의 대군사가 티몽하를 건너, 전진하고 있었다.

1천 2백이나 되는 대포를 싣고 가는 수레와 탄환을 실은 3천 병차, 4천여 개의 치중차, 20만 군마의 급한 질주와 말 발굽소리.

이 소리 등이 한데 어울려 지상의 우레가 옆으로 퍼지는 듯했다.

굵은 빗줄기가 쏟아지는 듯한 말발굽 소리에 복장을 차린 기병들 허리에 찬 군도가 부딪치는 소리까지 곁들였다.

비텝스크의 격전은 막 시작된 모양이다. 스모렌스크에서도 격전이 벌어졌다. 러시아 군은 뒤로 물러서기 시작했고, 52만 대군은 미친 듯 전진을 계속하여 하룻밤 사이에 모스크바를 향해 진격했다.

거만스런 나폴레옹의 자태가 기세 당당히 화려한 크레믈린 궁전을 들어서듯, 웅장한 리듬이 중복되어 흘렀다.

불!

불!

모스크바에 불이 일어났다.

그 화려한 모스크바에 불길이 튀고 불길은 미친 듯 적동색 팔다리를 내어두르고 원숭이 같은 손바닥을 움찔거리며 피가 도는 몸을 흔들어댔다. 그건 스페인의 춤이었고 또 재즈였고 왈츠였다. 시뻘건 불기둥이 충천하여 모든 것이 붉었다. 그 불빛이 가득한 천지 속에 삼각모를 비스듬히 쓴 코르시카의 영웅이 마침내 이마를 찌푸리고 돌아나기 시작했다. 그 침울한 표정! 마침내 음악은 낮아지고 그 선율은 가늘어졌다. 바이올린, 만돌린, 기타가 줄마다 불빛이 튀어오르고 있다.

백곰 바가 불빛에 휩싸이고 만다. 모스크바의 불길은 모든 것을 태우고 만다…….

불은—웃는다. 통곡한다.

불은—부르짖고 춤춘다.

불은—뒹군다. 뛴다.

불은—꾸짖는다. 때린다.

불! 불, 불—.

끝없는 불, 불, 불길 속에 마침내 52만 대군의 패전이 울린다. 그들이 돌아서 흩어지는 음향이 처진다. 곡이 스러진다.

불, 불, 불…….

최후의 줄이 그어지며 음악은 뚝 그쳤다. 박수갈채가 그 허전한 공기를 채웠다. 지휘자가 돌아서서 손님을 향해 예를 표하고 행커치프로 연신 땀을 씻으며 다시 내 옆으로 다가왔다.

"하나 더 연주하고 싶습니다. 선생께선 러시아의 음악으로 어떤 것을 또 즐기시는지요?"

"볼가의 뱃노래!"

이 한 마디를 듣자, 지휘자는 갑자기 침울한 표정으로 '볼가의 뱃노래! 볼가의 뱃노래……'하며 중얼대었다. 그는 몽유병자처럼 어슬렁거리며 다시 무대로 향했다. 고개를 숙인 채로. 그는 무엇인가를 한참 생각하고 있었다.

적막이 흐르고—검은 지휘봉이 그 적막을 튀기면서 움찔 흔들렸다. 이번 것은 앞의 연주처럼 그런 웅장한 불길을 연상시키는 것이 아니었다.

느리고 침울한 볼가강—흐느껴 우는 탄식과 애끓는 향수 바로 그것이었다.

도도한 물결의 흐름, 물줄기 따라 흐르는 뱃노래, 겨울이면 얼음 터지는 소리, 봄이면 얼음 녹아나는 소리, 이 모든 소리가 거문고 줄 속에서 그린 듯 흘러나왔다. 꿈을 감돌아 흐르는 물소리에는 러시아 검은 흙덩이의 우울함이 떠돌았고, 러시아 강변의 광야 그 넓은 풀밭의 향기가 배어 있고 아득한 시베리아 태고의 하늘 밑에 잠들었던 원시의 고요가 떠돌았다. 또 19세기적인 농노들의 신음소리가 그대로 섞여 있었다.

서곡이 끝나고 현악소리 속에서 머리를 풀어 헤친 뱃사공들이 나타났다. 붉은 가슴패기를 드러내 놓은 거무스레한 얼굴들이 볼가강 기슭을 천천히 올라가고 있었다. 땀이 샘솟듯 하나하나의 어깨마다 살을 파고 들어가는 길고 긴 줄을 메고 천천히 올라가고 있었다.

방울이 굵어지는 땀방울은 떨어져 흙 속으로 스미는데, 그들은 여전히 느리게 걸어가고 있었다. 고개를 푹 떨구고 허우적허우적 무엇에 끌리듯 걷고 있다. 그들의 어깨에는 몇 십 세기의 고통과 신산과 비애가 그대로 얹혀 있어, 한없이 길고 긴 줄을 이끌며 가고 있었다. 줄마다 흘러나오는 소리에는 연주자의 가장 깊은 감정의 흐름과 어리치는 추억의 자취도 역력히 드러나고 있었다.

우울하나 그런대로 소박한 아름다운 영혼이 떨리듯 한 떨기 꽃송이가 어둠 속에서 하소연하듯 부드러우나 애처로웠다.

연주자들은 온 몸과 한평생의 피눈물을 모두 이곳에 침통히 쏟았다. 비올론첼로(보통 첼로보다 크다)의 굵은 줄에서 울려 나오는 소리야 말로, 가라앉은 한 세기의 우울한 탄식을 그대로 우는 현음이었다. 그들의 얼굴은 점차 침울해졌다. 드디어 그들의 입술이 우물거렸다.

어기여차	어기여차
어기여차	어기여차
힘을 모아	어기여차
어기여차	어기여차
어기여차	휘어진 어깨
밧줄을 메고	다시한번 어기여차
어기여차	어기여차
어기여차	어기여차

얼굴에 구슬이 맺힌 것처럼 이들은 어느새 울고 있었다.

어기여차　　　　　　어기여차
어기여차　　　　　　어기여차
굶주린 창자　　　　　헐벗은 우리
노래마다 땀에 젖어　　어기여차
어기여차　　　　　　어기여차
어기여차……　　　　불러 불러서

'하느님께 비나이다.

누가 우리를 살려 주오'에 이르자 노래도 음악도 일시에 뚝 그치고 무대는 흐느낌으로 가득했다. 똥보 주인 영감도 테이블을 부여안고 울고 있었다.

이날 밤, 어떻게 해서 이 유랑인들과 헤어져 바를 나왔는지 나나 명도 알 수가 없었다. 내게는 겨우 1달러 반이 남아 있었다.

시계를 보니 새벽 1시 40분

머리를 들어 하늘을 우러러 보았다. 반짝이는 별들이 나를 엿보는 듯했다. 하나하나의 별마다 유랑하는 러시아인의 눈망울처럼 흐릿하게 젖어 있었다.

7　마점산 장군

중동철도 서부 지선에서 소병문 장군이 거의(擧義)할 적에 나는 비교적 그의 본영과 가까운 거리에 있었다. 그때 몽고 땅에 들어가 사냥을 할 양으로 준비하는 중이었다. 어느 날인가 별안간 소병문 장군의 부관장이 내게 와서 소 장군이 나를 찾느라고 애쓰고 있다는 전갈을 주었다. 나로서는 어떻게 소 장군에게 소개되어, 그가 나를 알게 되었는지 몰라서 만나자는 이유가 궁금하였다.

한편으로, 들리는 이야기로는 만주 일대의 우리나라 사람이 일본에 부역한다고 생각하고 그가 우리 동포를 마구 붙잡아 간다는 이야기가 있던 때였다. 마음에 안타까워하고 있던 나는 교포들을 도와줄 수 있는 길이 생길지도 모른다는 생각에 소 장군을 만나보기로 했다.

만나보니 그는 과거 청산리전쟁 등, 나에 관한 이야기를 적지 않게 알고 있었다. 자기가 금번 의거한 대의를 말하면서 자기에게 협력해 달라는 것이었다. 나는 기회가 좋다고 생각하고 협력이야 물론 하겠지만 그 대신 나의 요구를 들어달라고 했다.

홀라얼치에서 만추리에 이르는 중동철도 서부 지선 일대의 한국 사람에 대한 그릇된 의심을 버리고, 싸움이 시작되면서 한 곳에 집결시킨 그들에게 곧 자유를 주도록 간청했다. 말하자면 내가 소 장군에게 협력한다는 전제 아래 내 몸을 담보로 하고 중동철도 전선에 있는 한국 사람의 자유를 보장해 달라는 셈이 되었다. 소 장군은 즉석에서, 내 입장으로는 옳고 그럴듯한 생각이라며 쾌히 승낙했다. 그는 한국 사람들을 잘 이해하지 못했고 안다는 사람의 수도 극히 적었다. 수천 리 철도 연변에 있는 한국인들은 한 사람도 박해를 받거나 자유를 구속당하지 않고 있는 것으로 알고 있었다.

소병문 장군의 비서 역을 맡아 도와 달라는 것이었다. 적정 연구. 일본의 군사 행동에 대한 연구와 건의를 위촉했다.

그런데 그의 참모장으로 와 있던 마점산 장군의 전 참모장 사가라는 이와 참모차장 김규벽 두 사람이 나를 마점산 장군에게 보내도록 주선했다. 그때 두 사람은 마점산·소병문 두 장군의 합작을 알선하고 있었다. 마점산 장군은 흑룡강성 북쪽의 유화·통북·천려 등지에서 활동하고 있었다. 나는 소 장군의 양해를 얻어 마 장군에게로 가서 작전참모를 거쳐 작전과장에 임명되었다.

내가 소 장군 밑에 있을 때였다. 일본군이 공격을 개시했다. 그때 일본 관동군이 갖고 있던 장갑 열차는 봉천에 있던 중국 동북군 소유의 것이었다. 완전한 5개 열차와 불완전한 2개 열차였다. 만주 각지에서 의용군이 일어나고, 철도 연변에도 항일 정규군이 밀려들자 일군은 장갑 열차를 각 노선에 분산 활용했다. 소병문 장군이 웅거하고 있던 중동철도 서부 지선 지역에는 1개 열차밖에 배당되지 않았지만 이것이 중국군에게는 굉장한 타격을 주었다.

야전에서 탱크가 보병을 지원해서 포병의 대역을 하는 것과 마찬가지로 장갑 열차가 진격할 때엔 공격을 엄호하고 정지했을 때는 진지의 지탱점이 되었다. 강한 화력과 굉장한 돌파력을 발휘하므로 중요한 역할을 했다. 이 때문에 중국군은 훌라얼치에서 철퇴해서 넨즈산까지 쫓기었다. 대응책의 강구가 시급했다.

나는 궁리 끝에 찰란툰 역엔 아메리칸스키 뽀루바곤 무개 화물차가 많이 놀고 있는 것을 알게 되었다. 이 차량을 활용하기로 머리를 짜냈다.

우선 비밀조치를 철저히 했다. 기사들을 총소집하고 기재를 총동원 시켰다. 이것들을 격납고 안에 들여놓고 밤을 새워 감독 지도한 지 1주일 만에 훌륭한 장갑 열차를 내 나름대로 만들어 내고 말았다.

본래 군에서의 가장 중요한 창의는 없는 것을 있게 만드는 것이며, 대용품을 효과적으로 사용하는 게 중요하다고 생각한다. 기사도 아닌 나였지만 전술적으로 꼭 필요하므로 장갑 열차를 만들게 된 것이다.

무개 화차 안에 레일을 잘라 이것을 말뚝 삼아 돌려 꽂고 두터운 널을 돌려 붙여서 차에 이중벽을 만든 다음 이 사이에 돌과 모래를 부어 적탄을 막도록 했다. 차 위에는 레일을 촘촘히 걸치고 그 위에 모래주머니를 1미터 60센티 가량 쟁여 놓았다. 차는 삥 돌아가며 총 쏘는 구멍을 만들어서 소총·기관총을 자유롭게 발사하도록 했다. 또 기관차는 이들 열차 중간에 위치하게 하여 앞뒤로 움직이게 하고, 앞 2, 3량 뒤에 2, 3량씩 개조한 차를 달게 했다. 기관차를 중간에 놓으니 앞뒤 차에 보호되어 직격탄을 맞을 가능성이 적었다. 적당하게 차 칸을 달았으므로 진퇴가 자유로웠다. 구경 작은 포탄은 뚫지 못하게 두 겹으로 하고 벽돌, 발파로 깬 돌, 모래를 채워 넣어도 군인이 들어설 정도로 열차가 넓고 컸다. 시베리아의 중동철도는 세계에서 제일 넓은 궤도이므로 차량의 폭이 그토록 넓고 커서 가능했던 것이다.

보병 간부를 선발해서 내가 꾸민 열차의 활용 전술을 가르쳐서, 이로써 일본군을 기습, 마침내 넨즈산을 탈환했다. 마 장군이 이 소식을 듣고 치치하얼에서 달려왔다.

그때 이 장갑차 만드는 걸 목격했던 왕춘민(지금 대만에 생존해 있음) 을리목 역장이 종전 뒤에 편지를 보내와 새삼스럽게 옛날을 회고해 보기도 했다. 이 책에 그 편지를 넣었다. 아프리카의 튀니지에서 롬멜과 몽고메리가 싸우던 사막전 얘기와도 비슷하지만, 이 장갑차는 많은 일화를 남겼으며, 뜻밖에 이것의 출현을 당한 일본군이 한참 당황해서 큰 타격을 받은 것은 사실이다.

그래서 중동철도 서부 지선은 이 장갑 열차로 상당히 긴 시간 동안 버틸 수 있었다.

여러 번 마점산 장군을 언급했기에 독자에게 그 인물과 시대 배경도 간략히 소개하려 한다. 그는 중화민족의 민족 영웅, 역사적 인물이다. 마점산 장군을 말하자면 일본 군국주의의 만주 침략의 개관부터 말해야만 하겠다.

1931년 9월 18일 일본 군벌이 만주를 침략할 목적으로 본격적인 군사활동을 개시, 기습적 수단으로 랴오닝성 내에 있는 북대영 병영을 공격 점령함으로써 발단된 것이 '9.18'사변.

그 후 일본 군벌의 침략 야욕은 만주 점령으로 종식된 것이 아니라, 확대 과정에 불과했다. 만주를 점령한 후 놈들은 이를 발판 삼아 본격적으로 대륙 침략을 계속했다. 그 결과 전화는 온 아시아뿐만 아니라 태평양까지 번져 수천 만의 무고한 생령을 희생시켰다. 종말에는 그 자신도 나라를 폐허로 만들었고, 자유세계 인류의 공적으로서 문죄를 받았던 것이다.

일본 제국주의적 침략근성이 싹튼 것은 19세기 초 명치유신 이래 서방 각국의 과학문명을 도입한 때, 서방의 제국주의도 아울러 받은 데 그 원인이 있다고 볼 수 있다.

　1820년대에 들어서면서 벌써 그네는 허약한 청국을 잠식하겠다는 속셈으로 군비를 증강하고 국력을 강화했다. 1895년 청국와 싸워 승리했고 1905년에는 러시아 제국과 싸워 또 이겼다.

　이 여러 차례 승전에서 놈들은 대만과 팽호열도(澎湖列島)를 집어 삼키고 한국을 보호국으로 만들었다. 러시아로부터는 하얼빈—장춘(일인이 사변 뒤에 신경이라 함) 간의 철도와 장춘—대련 철도권을 뺏었으며 동시에 만주에서 러시아 세력의 절반을 빼앗아 남만주를 자기네 세력권 안에 넣어 버렸다. 그리고 독일에 전승한 대가로 청도와 교주만을 차지했다.

　이렇게 재미를 본 일본 군국주의는 갈수록 더 팽창, 아시아의 주인이 되어보려는 꿈을 품고 대담하게 지금으로부터 '9.18' 만주침략의 모험을 시도했던 것이다.

　원래 만주를 통치하던 장작림은 계속하는 일제의 압력에도 불구하고 놀라운 수완으로 시종 일제를 견제했다. 분이 오른 침략자는 파렴치한 테러를 감행, 북평에서 랴오닝으로 돌아오는 장작림을 황구툰 역 부근에서 열차를 폭파시켜 살해했다. 놈들이 노린 것은 자극받은 장의 휘하 군대의 대일 복수전이었다. 그러나 장의 권한대행이었던 랴오닝 성장인 장식의가 탁월한 식견으로 일제의 흉악한 기도를 간파하고 신중 침착하게 군심을 안정시켰다. 놈들은 허탕을 치고 말았다. 만약 이때 자칫 잘못하였던들 만주 사변은 3년 앞당겨졌을지도 모른다.

　일본 관동군과 참모본부는 오랫동안 만주 점령 후 국제적 여론과 만주에 있는 중국인의 반발을 염려한 나머지 만주족의 괴뢰 정권을 세우기로 했다. 전 청 황실의 후예인 선통을 끌어다 괴뢰국의 황제로 올려 앉히기로 했다. 국호는 만주국으로 내정하였고 국방과 외교는 물론이고 교통과 통신의 주요 부문까지도 일본이 장악하기로 작정했다. 국방·외교의 모든 경비는 괴뢰 정권이 부담토록 했다.

지방 치안은 지챠(熙洽)가 길림 지방을, 장해봉이 흑룡강성 지방을, 탕유이린(湯玉麟)이 열하 지방을, 유이즈산(于芷山)이 북간도 지방을, 장경혜(張景惠)가 하얼빈 지방을 각각 담당토록 인선했다. 이 자들은 모두 선통제위파(宣統帝位派)인 동시에 오래 전부터 일본 관동군과 비밀 관계를 맺고 있어 일제의 신뢰가 깊은 친일 간자들이었다. 이렇게 주도면밀한 시나리오를 써놓고 사변을 일으켰다. 길림성에선 군정 대권을 한 손에 쥐고 있던 장작림이 때마침 모친상을 당해 고향에 갔는데, 그 사이 그의 전권을 대행하던 지챠의 도배들이 일탄불발로 성문을 열어젖히고 승냥이 떼를 방안으로 맞아들인 격이 된 것이다. 랴오닝성은 만주의 수도 격인데 한밤중에 군대의 주력 소재지인 북대영을 기습 점령당하고 보니 비록 근방에서 부분적이고 산발적인 전투는 있었지만 이렇다 할 전투도 없이 일군의 말발굽에 짓밟히게 되었다. 이것이 바로 일제가 성공한 만주 '9.18' 사변의 내용이다.

그러나 승승장구하여 관동군 사령관 본장번(本庄繁)의 직접 지휘 하에 흑룡강성을 향해 북진하던 침략군은 도앙철도를 따라서 연강교역에 이르자 흑룡강 군에게 완강한 저지를 당했다. 후방으로 우회한 효용하기로 이름 높은 오준승의 기병군의 질풍 같은 돌격을 받아 무적을 자랑하던 침략자—'황군'은 풍비박산당해 지지멸렬에 빠졌다. 황급한 적 괴수 본장번은 단신으로 연강하반의 이름 모를 버들방천으로 쫓겨 들어가 권총 자살로써 무사의 전통을 현대화시켜 빛내 보려는 데까지 이르렀다.

그런데 운명의 신은 언제나 어디서나 깜찍한 장난을 그치지 않는 것일까? 놈들의 산산이 부수어진 보급 차량 속에서 난데없이 로털표(老頭兒票—日本紙幣)가 몰아치는 몽고바람을 따라 온 하늘에 춤을 추었다.

군인이 불애전 불파사(돈을 바라지 않고 죽음을 무서워 않음)의 철훈만

지켰더라면 적괴를 사로잡아 인질로 만들어 최소한 군사적 실패를 정치적 흥정으로 다소 미봉이라도 했을 것이다. 그런데 오준승의 기병군은 돈에 정신을 잃어 달아난 적괴를 추적치 않고 로털표를 제각기 추적하기에 얼이 빠져 적에게 귀중한 시간을 내주었다.

이 시간은 비단 본장번을 구했을 뿐만 아니라 전 흑룡강 군에게 파탄의 구멍을 뚫어 놓고 말았다. 이래서 대흥에서 양양계로, 거기서 또 치치하얼로 후퇴하게 되고 말았다.

형편이 이렇게 바뀌면서 당시 흑룡강성 제1군 사령관으로 흑룡강성 주석을 겸한 마 장군은 종래 강경하던 태도를 돌변하여 경우에 따라서는 침략자와 타협이라도 할 것 같은 휴전을 제기하였다.

일군은 자기네 무력 앞에 굴하지 않는 것이 없다고 속단하여 이를 받아들이고 2개월에 걸친 정치 흥정 끝에,

1. 마점산은 만주국 군정 부장에 취임한다.
2. 일군은 우선적으로 흑룡강성 군에게 반 년 분 군비를 발급한다.
3. 일군은 흑룡강성의 내정에 간여하지 않는다.

이상과 같은 귀결을 지었다.

이리하여 마점산 장군은 흑룡강성의 전화를 면케 하였고 막대한 군비를 얻어 줘었다. 또한 2개월의 시간을 벌었다.

본래 그는 침묵과언하고 심모원려한 데다가 확고하고 견절한 의지와 단호하고 과감한 결단력을 지녔다. 그는 모든 것을 유리하게 활용해서 계획적인 장기 지구전을 준비에 분망했다. 전 만주 각지의 애국 장성들과 극비밀리에 유기적 연계를 맺는 데 성공했다.

한편 각지의 필요한 작전용 물자와 치치하얼에 있는 재정 기금을 흑룡강성 북부 대도시 대흑하로 은밀히 이동, 집결시켰다.

이 역사적 거사의 준비는 한 마디로 '감쪽같이 침략자를 한 대 먹인 셈

이다.'

나 자신이 마 장군의 막료가 된 것은 그가 대흑하로 옮긴 직후이다. 그가 두 번째 의기의 기치를 높이 들자 전 민중과 학생의 옹호·성원은 물론, 멀리 송화강 유역 빈강 의란의 정초와 이두가 영솔하는 항일 자위군과 하얼빈 지방 풍점해, 왕덕림 등의 항일군, 또 중동철도 서부 지선 일대에서 일어난 소병문의 항일 구국군 등이 모두 호응하여 나날이 고조되는 성세는 전 만주에 항일 구국의 일대 노도를 일으켰다.

이 중화민족 구국 항일 장기전의 최고 중심인물인 마점산 장군은 1932년 말까지 흑룡강성 전역에 걸쳐서 15개월 동안 열과 성을 기울여 나라와 민족을 구하려고 삼군을 질타하여 악전고투, 더 이상 지속할 수 없을 때까지 항전을 지휘했다.

그는 장작림과 같은 시대의 일개 무명소졸로서 군인 생활의 경력만을 쌓아올려 흑룡강성 제1군 사령관에 이르렀고 만복림의 뒤를 이어 흑룡강성 주석까지 된 것이다.

'9.18'사변은 중화민족의 일대 참사이면서 마점산 장군을 역사적 영웅으로 세계에 널리 알려지게 한 계기가 되었다.

그의 키는 겨우 1미터 60센티에 불과했고 몸도 늘 수척해 있었지만 효용과 과단으로 명성이 높은 반면에 기경과 침착으로도 유명해서 요녕·흑룡강 두 성에는 가지가지 일화를 남겼다.

1933년 초겨울 그가 만주에서의 항일전을 더 지속하지 못하고 러시아에 몰려들어온 근 7만 군대와 함께 8개월 동안을 시베리아 북부의 작은 소시 톰스크에서 보냈다. 각지에서 항일하던 군대들이 지역마다 가까운 국경선을 넘어 혹은 연해주로 혹은 우수리 강을 건너고 흑룡강을 건너 수천씩, 2, 3만씩 들어서는 족족 수송되어 총집결된 곳이 바로 톰스크였다.

마 장군은 1934년 늦은 여름 중국 수도 남경에 돌아온 후 국민정부로부터 동북 정진군 총사령에 임명되었다. 산서성 북부에 있는 대동이라는 곳에 1개 군의 기병을 거느리고 주둔하면서 광복군 제2지대장으로 있던 나와 가끔 서신을 내왕했다.

    1941년 신병으로 천진에서 요양하다가 만주 수복의 꿈을 안은 채 파란중첩한 일생을 마쳤다. 그의 구국 애족의 정신은 중화민족사에 영원히 빛날 것이다.

후 기

　물은 지형에 따라 그 흐르는 형태에 변화를 나타낸다. 이와 같이 인간의 성장 과정에 있어서도 시대 배경과 생활 처경(處境)에 따라 사람사람의 성격과 행동이 달라진다고 생각한다.
　나의 소년 시절은 우리 민족 사상 일찍이 그 유례가 없었던 수난의 때였다. 집 밖에서 보고, 듣고, 또 당함으로써 순진했던 어린 심경에 받는 충격은 커서 단순한 증오와 저주의 감정에서 시작해서 나중엔 싹트는 이성을 따라 양심의 고통과 의지로 바뀌었다.
　마치 불빛을 보고 날아드는 불나비처럼, 거센 불길을 찾아 모든 것을 불계(不計)하고 몸을 던진 셈이다.
　그래서 부모도, 친구도, 내일이면 그처럼 그리움에 못이겨 몸부림치게 될 조국의 하늘과 흙까지도, 생각해 볼 만한 마음의 여유 없이 그저 미친 듯이 뛰쳐나갔다. 생소한 천지에 알 길 없는 내일의 운명에 무작정 도전한, 대담한 그러나 가엾은, 그리고 어리석은 모험이라 하겠다.
　해방 뒤 귀국해서 많은 친지들에게서 이 기나긴 날의 기록을 남겨 놓아야 한다는 끈덕진 권고를 받았지만 좀처럼 붓을 들 수가 없었다. 문필과 거리가 먼 한 무부(武夫)가 만용을 내서 글을 쓴댔자, 읽는 사람의 심금을 무엇으로 울리고 어떤 감명을 가히 줄 수 있으랴 하고, 믿어지지 않았기 때문이었다.
　러시아에서 중원 대륙에 돌아온 직후부터 해방 뒤 환국할 때까지 약 13년 동안 어디서나 어떤 상황 아래서나 하루도 빠짐없이 다만 몇 자씩 또는 몇 줄씩이라도 닥치는 대로 아무 종이에나 적어 놓았던, 50만 자가 훨씬 넘는 원고가 있었는데, 6·25 북괴 남침 때 서울을 떠나면서 휴대할 방도가 없어, 희귀한 증언 자료가 될 만한 것이라고 마음 속으로 독백을 하면서도, 부득이 이를 소각하고 말았던 것이다.

　이러고 보니 지금, 지난 날에 관해 무엇인가를 쓰려고 해도 오직 나의 기억력에 의거하는 수밖에 도리가 없게 되었다. 본래 사람의 기억력에는 한계가 있을뿐더러, 지난 생활이 복잡했거나 연령이 많아질수록 그것은 박약해 가는 것이다.

　나는 일찍부터 서구의 격언 가운데서 '문명(文明)한 두뇌와 야만의 육체를 가져야 한다,' '사람은 최후까지 정신력으로 육체를 지배할 수 있다면 그 이상의 행복이 없다'는 두 마디를 일생을 통해 믿고, 그렇게 노력해 왔다. 그런 까닭에 요사이 흔히 들리는 종합 진찰이니 입원 치료니 하는 것은 한 일이 없다 해도 과언이 아니다. 옛날 여러 번의 전상 치료까지도 입원해서 한 적이 없었다.

　지금도 매일같이 새벽이면 사나운 말을 타고, 계절이 오면 격렬한 사냥도 한다. 나이 70이 훨씬 넘은 몸에 무리를 느끼지 않는 바도 아니지만 이것이 끝까지 자연에 대해 지속해야 할 자세라고 믿고 있기 때문에 계속하고 있는 것이다. 이런 점에 '남달리 건강하다'고들 말하지만, 솔직한 말로 '그저 억지와 고집으로 버티고 살아 간다'고 말해야 옳을 것이다.

　그러나 기억력만은 억지로 버틴다고 해서 전과 같을 수가 없는 것이다. 어렴풋한 옛일을 더듬어 가면서 자신 없는 자료를 남긴다는 것은 무책임한 것이 아닐 수 없으리라. 그래서 여러 가지 생각 끝에 옛날 중원 대륙에서 출판했던 몇 가지와 국내 신문이나 잡지에 연재되었던 구고(舊稿)를 간추려 한 권의 책으로 내 놓는다.

　서명으로 정한「우둥불」은 함경북도 방언으로서 노영화(露營火)를 지칭한다.「우둥불」은 한데서 잠자는 군인들이 몸을 덥히기 위해 피우는 불이다. 나는 독립투쟁 30여 년간을 대개 이 우둥불 곁에서 지냈다 해도 과언이 아니다. 전선에서, 광야에서, 몽고에서 사냥할 때나, 혼자서나, 또 몇 사람이 둘러앉아 잡담을 할 때나, 수많은 군대를 데리고서나, 그 어디서나

이 우둥불은 나의 없지 못할 반려였다.

　우둥불. 그 불길을 바라보며 때로는 어린 시절을 회상했고, 그리운 조국을 생각했다. 우둥불 앞에서 불꽃 사이로 어른거리는 회상—쓰러져 간 전우들을 생각했다. 우리의 자유를 꿈처럼 그려 보기도 했다. 조국의 앞날을 환상으로 엮어도 보았다. 이글대는 불길 속에 내일의 승리를 다짐했다. 상념은 하염없이, 막연한 후세대의 생각도 해보았다.

　우둥불이 있었기에 이역만리, 살을 저미고 뼈를 에는 혹한을 참고 견딜 수 있었다. 그처럼 견디기 괴로운 향수와 고독도 달랠 수가 있었다.

　또 우둥불의 불길이 칠흑의 어둠을 뚫고 치솟을 때, 가슴 속에 겹겹이 쌓인 고뇌와 번민이 함께 타는 듯싶어 후련함을 느낀 적도 많았다. 뿐만이랴. 그 불길 속에 전우들의 얼굴이 하나씩 둘씩 솟아오른 것도 한두 번이 아니었다.

　우둥불은 사나이 뺨 위의 눈물을 언제나 말려 주었다. 어떤 밤에는 중얼거리는 나의 잠꼬대에 불티를 튕겨서 내게 화답도 해주었다.

　이 책의 한 장인「원야의 낭만」가운데서도 많이 썼지만, 눈보라치는 겨울밤엔 물론이지만 모기 깍다귀 몰려드는 여름밤에도 우둥불은 피워야 했다. 우둥불을 한자로는 낭화(狼火)라고 쓴다. 이는 몽고 사람들이 승냥이로부터 소나 양 무리를 보호하기 위해 피우는 불더미를 뜻한다. 낭화는 우둥불보다는 어감이 약하나 여러 개 모아 피우는 무리불(群火)이므로 고독하지 않다. 아마 남쪽 사람들, 더구나 안정된 사회에서 생활하고 자라난 청년들은 우둥불을 이해하기 힘들 것이다.

　그로부터 수십 년이 지난 지금 서울의 밤 하늘에 휘황찬란히 수놓는 네온의 채광을 보다가도, 가끔 옛날의 우둥불 생각에 빠지곤 한다.

　이처럼 내 마음 속 깊은 곳에 아직 꺼지지 않고 있는 '우둥불'이기에, 앞으로 계속 낼지도 모르지만, 우선 나오게 된 이 책에『우둥불』이라고 이름 붙였다.

　국내외를 막론하고 국가・민족 내지 세계 인류에 공헌이 큰 위인, 명사들은 흔히 『○○○회고록』이니 『○○○전기』이니 하지만, 나는 겸허한 생각에서가 아니라 그렇게 붙이기가 왠지 싫어 『우둥불』이라 명제했음을 아울러 밝힌다.

나는 일생을 오직 조국만을 위해 바쳐 왔다고 말할 수 있다고 생각한다. 물론 여생이 많지 않은 앞날도 그럴 것이라고 말할 수 있다. 나의 이런 생각은 잠시의 중단조차 있지 아니했다.

사람이 신이 아닌 바에야, 생각이 좋다고 해서 결과까지 꼭 좋을 수는 없다. 나에게도 결과로 보아 잘못된 것이 적지 않았을 것이지만, 언제나 개인의 '私'를 위해서 '公'을 해쳤다고는 꿈에도 생각조차 해본 일이 없다. 그래서 여기에 실린 소재도 한결같이 나의 조국애와 관련되어 있는 것이다.

시간은 흐르면서 모든 것을 씻어 가고, 또 모든 것을 바꾸어 놓는다. 그러나 조국애만은 희미하게나마도 바꾸어 놓지 못했으며, 또 못할 것이라 확신한다. 과거 몇 천 년의 시간의 거류(巨流)도 그랬거늘, 근래 수 년 동안 국제정세에 약간의 동요가 있다 해서 민족의 조국애에 변화를 가져오게 할 수는 없을 것이다. 만일 그렇지 않다면 국가도 민족도 역사도 다 소멸되고 말 것이다.

이 책을 읽는 분들이 우리 선배, 선열들이 이역산하에서의 고난과 투쟁 속에 그처럼 사라져 간 의의를 올바르게 조금이라도 이해하게 된다면 나는 그것을 큰 보람으로 삼을 것이다.

돌이켜 보면 광활한 대지에서 거의 청장년기를 황진(黃塵)과 눈보라 속에 한 잎의 휘날리는 낙엽처럼 지냈다. 그러나 한마디로 나의 생애는 언제나 '기락중첩(起落重疊)'의 생애였다. 그 사나운 바람과 눈보라 곁에서 나는 증오의 철학을 익혔다. 그것은 철두철미 조국을 괴롭힌 일본제국주의에 대한 증오였다. 이제 상대적으로 사랑의 철학을 이 조국 땅에 한 줌의 두엄으로 남기기 위해, 오늘도 마음을 썩히고 있는 것이다.

1971년 11월　李 範 奭

제2부
대한민국 국방건설의 아버지
초대 국방부장관
철기 이범석 장군 재조명

❶ 조선민족청년단을 창단한 철기 (1946. 12).
❷ 조선민족청년단 창립 1주년 사열식(1947. 10. 9).
오른쪽부터 철기(단장), 유해준(학생부장), 안춘생(훈련부장).
❸ 조선민족청년단 제1주년기념(서울운동장)식에서 단기를 끌어안은 철기 장군.

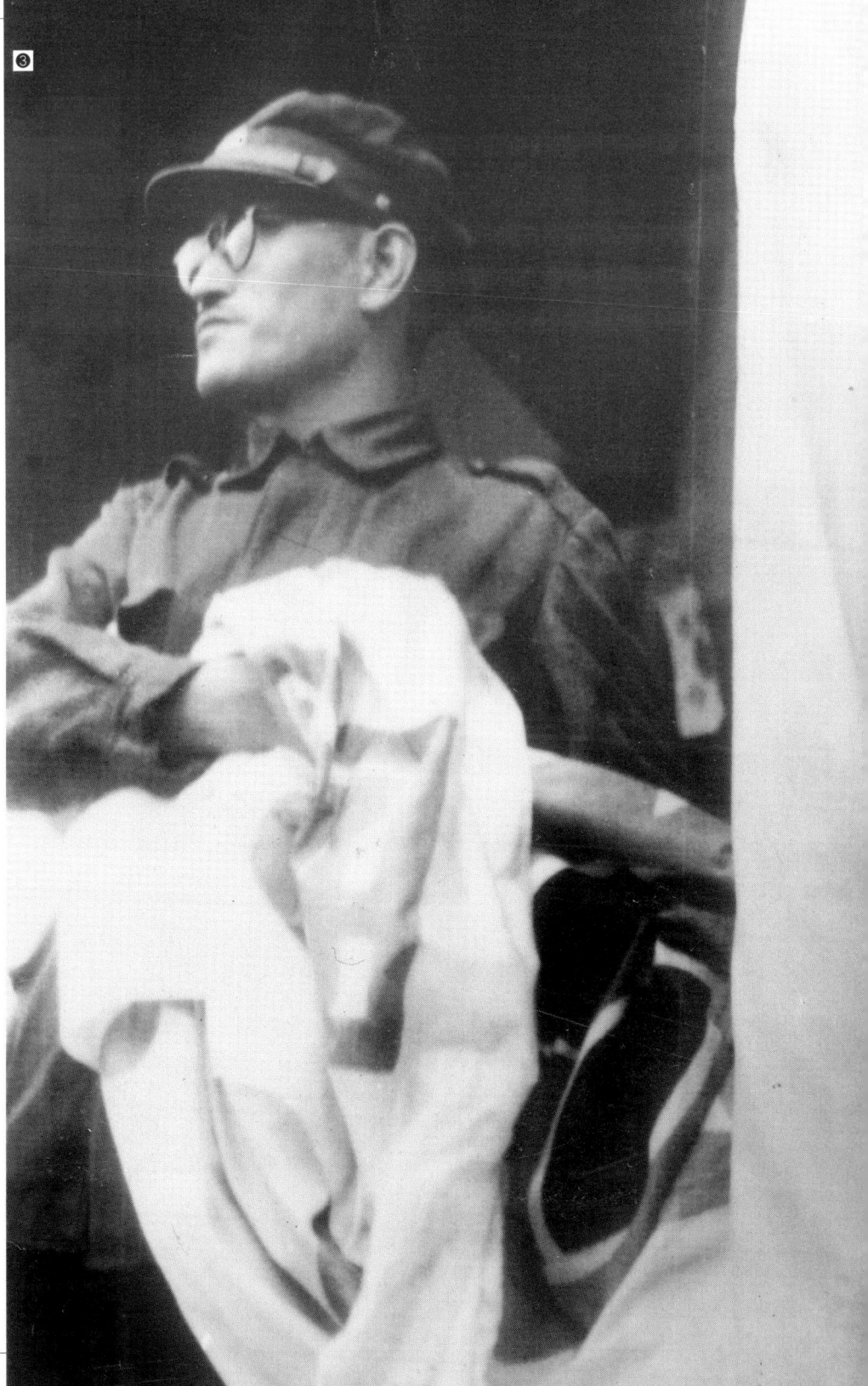

❶ 조선민족청년단 경남 훈련소 입소식(부산 남일초등학교, 1947. 9) 때 환영 연설하는 철기.
❷ 조선민족청년단 1주년 기념행사 준비.

❶ 조선민족청년단 용산구단 제1기 훈련생.
❷ 조선민족청년단 전남도단 결성식(1947년 여름).

❶ 대한민국 정부 수립 축하식(1948. 8. 15).
❷ 조선민족청년단 용산구단 훈련소 간부 일동.

❶ 대한민국 초대 정부 각료 명단 호외.
제헌국회에서는 이승만을 대통령, 이시영을 부통령, 철기를 국무총리 겸 국방장관으로 선출하였다
❷ 국무총리 시절 조선민족청년단원들과 함께.

❶ 집무실에서 업무를 보는 국무총리 철기.
❷ 여가 중에 애견과 함께 한 철기(1948년 경).
❸ 진해 해군 통제부에서 장개석 총통과 자리를 함께 한 철기.
❹ 부통령 재임 당시 철기.
❺ 유엔군 인도 대표 메논을 환영하는 철기(1948).

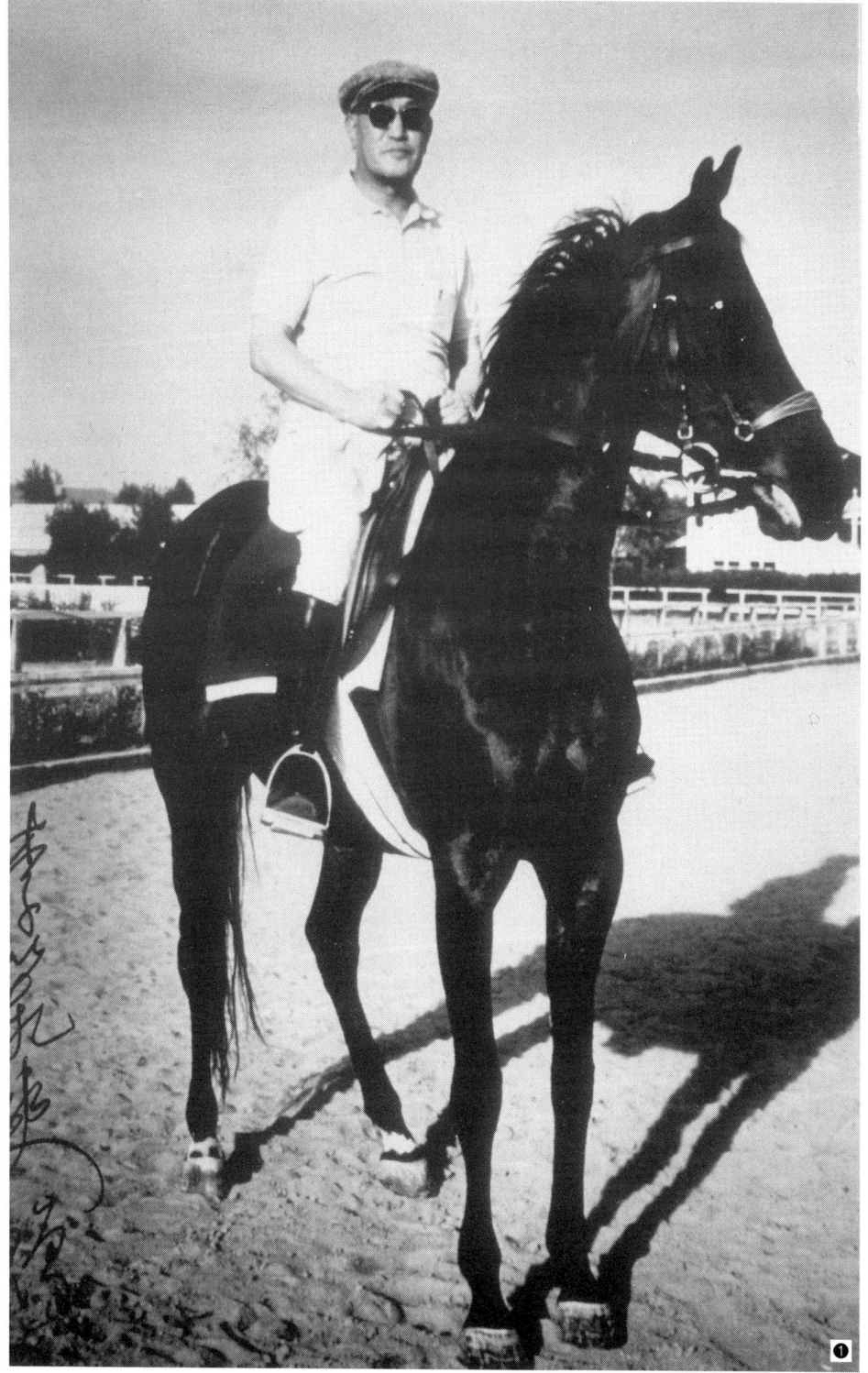

❶ 기병대 출신으로 승마에 능한 철기는 승마로 건강을 유지하였다.
❷ 정계에서 은퇴한 후 명견 핫사와 꿩사냥에 나선 철기.
❸ 신대방동 자택에서 철기와 이덕산.

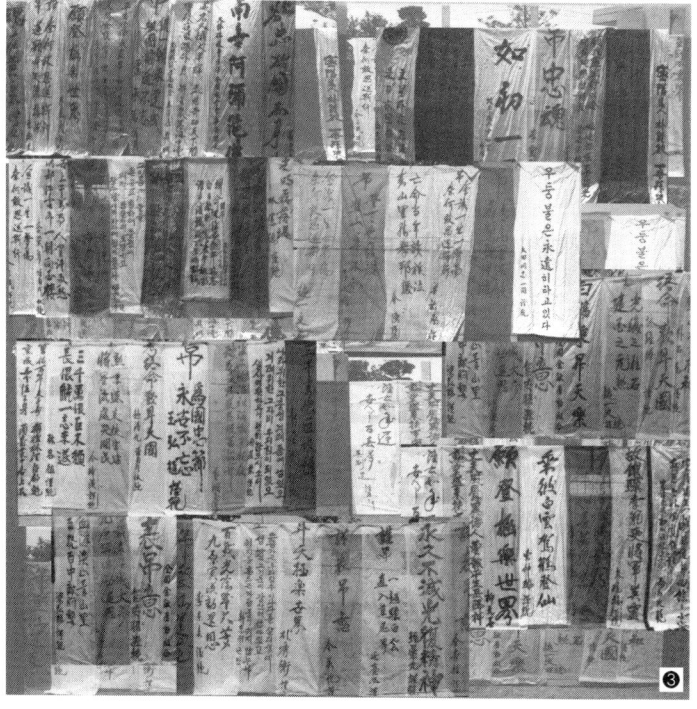

❶ 철기의 대형사진을 앞세운 도보 행렬.
❷ 영결식장을 출발한 장의 도보행렬은 남산 KBS-세종호텔-퇴계로-한국은행 앞-남대문-서울역-남영동까지 이어졌고 이후는 차량으로 국립묘지에 도착하였다.
❸ 철기의 운구와 함께 장지로 향하는 1천 백개의 만장행렬.
철기 서거 후에 각계 인사들이 보내온 1천 1백여개의 만장(輓章).
❹ 장개석 대만총통의 친필 만장. '勳望昭垂'(훈공과 명망이 밝히 드리워지리라) 라는 대형 만장을 보냈다.

❹ 勳望昭垂　蔣中正敬輓　李範奭將軍千古

❶ 육사에 기증된 애마 설희.설희는 1974년 5월 11일에 2주기 추도회를 끝내고 육군사관학교에 철기의 승마복과 안장, 장화 굴레와 함께 기증되었다.
❷ 철기의 항일전적지인 청산리를 방문한 철기기념사업회 임원들.

1. 초대 국방부장관 철기 이범석 장군의 업적과 의의*

개 요

본 주제의 핵심은 왜 지금 우리는 초대 국방부장관을 집중 조명하는가에 대한 답이다. 당면한 북한의 핵과 미사일 위협으로부터 대한민국을 수호하면서 통일을 준비해야 할 책임이 우리에게 있다. 그러나 그 도중에서, 점점 도가 더해지는 북한의 선전선동술에 기인한 국민 안보의식의 해이, 국군역사에 대한 자랑스러움이 부족한 우리 사회 일부의 잘못된 대군인식, 60년 이상의 동맹체제로 인해 우리 사회가 갖는 의존성과 자주국방을 위한 치열함의 부족은 우리가 반드시 극복해야 할 과제이다. 이를 위해 광복과 건군 당시의 초심으로 돌아가 장군으로부터 지혜를 구하고자 한다.

---

* 철기이범석장군기념사업회 제8대회장 박남수(예비역 중장, 전 육군사관학교장) 씀.

대한민국 국군이 오늘과 같은 위용을 갖추기까지는 수많은 선열들의 피와 땀의 노고가 있었다. 대한제국은 그 어떤 전투다운 전투 없이 일본 군국주의자들에게 맥없이 국권과 군권을 찬탈당하였다. 그 이후 비분강개한 수많은 애국지사들의 피와 땀과 눈물어린 항일 무장독립투쟁이 있어 왔다. 이를 통해 우리 민족의 혼 속에 남아 있던 애국충정의 무인정신은 살아 숨쉬었고, 이러한 선열들의 무인정신에 힘입어 대한민국은 다시 일어설 수 있게 되었다. 다시는 나라를 잃어버리는 수치를 당하지 않기 위해 절치부심한 가운데 대한민국 호국의 주역 국군이 창설되고 지금에 이르고 있다.

오늘날 많은 이들은 6·25전쟁 이전의 대한민국 국군에 대해 큰 의미를 두지 않고 단지 미군정청이 수립한 Bamboo 계획에 의한 한국군 창설 과정만 기억하고 있다. 대한민국 정부 수립 당시 만들어진 국군은 기억 저편에 있고, 단지 6·25전쟁 이후 미군의 대폭적인 지원 아래 현대화된 국군만 기억하고 있다. 그러나 오늘의 대한민국 국군은 대한민국 정부 출범 시 그 뼈대가 만들어지고, 이념과 정신이 확고히 심어졌으며 그것이 지금도 면면히 이어져오고 있음을 왜 소홀히 여기는가? 여기에는 우리 사회 일부에 뿌리박힌 일제 잔존의 자학적 역사인식, 일본군과 만주군 중심의 초기 군리더쉽 형성과 이들 중심으로 치러진 625 반공전쟁의 명암, 그리고 6·25전쟁 후 물질적 경제발전 위주의 우리사회 변화, 장기간 동맹에 지나치게 편승한 의존성이 그 몫을 하고 있다고 감히 단언한다. 그것들은 현재 대다수 충직한 군인들의 사기를 저하시키는 사회의 잘못된 대군인식과 군 내의 잘못된 군사문화의 원인으로 작용하고 있다. 역사로부터 정신을 제대로 배우지 못하는 사회와 군대는 그 힘을 발휘해야 할 때 정작 그 역할을 제대로 할 수 없을 것이다.

조직의 뿌리를 아는 것은 조직에 대한 자부심과 긍지를 갖고 정신적 헌신을 하게 할 자세를 보지(保持)하게 하는 결정적 힘이 된다. 이것은 군인들에게는 무형의 전투력인 군기와 사기의 근본을 형성하게 하고, 일반 국민들에게는 자랑과 긍지를 갖게 할 것이다.

초대 국방부장관 이범석 장군은 60~70년대를 살았던 많은 국민, 특히 군인들에게는 감히 범접할 수 없는 거목이었다. 그 이유는 분명하다.

첫째, 장군은 16세 고등학생 신분으로 중국 망명 이후 청산리전투 지휘로부터, 광복군 참모장, 제2지대장, 그리고 종전 직전 국내정진군 총사령관에 이르기까지 30여 년을 올곧이 항일 무장투쟁으로 일관한 애국과 자주독립 정신으로 무장한 무인정신의 표상이었다.

둘째, 장군은 초대 국방부장관으로서 독립군으로부터 광복군으로 이어지는 항일 무장투쟁의 역사가 대한민국 국군으로 직접적으로 연결되는 정신적·물리적 연결고리이자, 신생 대한민국의 국방을 설계하고 이념과 정신을 불어넣는 등, 대한민국 국방의 초석을 다진 분이었다.

셋째, 2년 6개월의 정규 사관학교(중국 신식 사관학교인 운남 강무당 기병과 수석 졸업)를 수학하시고 항일 무장투쟁 기간 드물게 유럽의 군사 선진국 시찰을 통해 세계사의 흐름과 선진 군사문물을 견문하였으며, 영어·중국어·러시아어 3개 국어에 능통하고 서예와 승마에 조예가 깊으며, 2권의 소설1)까지 집필한 실력을 갖춘 분이자, 60년대 초에는 생활의 궁핍으로 먹을 것이 떨어져 내외분이 생을 마감하려 할 정도2)로 돌아가

---

1) 『톰스크의 하늘 아래』, 『용의 굴』.
2) 이찬구, 『비화』, 상상나무, 33쪽. "당시는 좀 권력만 있다 하면 일제 적산 가옥 몇 채를 쉽게 불하받아 재산을 쉽게 형성하던 시절이었는데 장군은 그저 예전 부하들이 조금씩 지원하던 것에 의해 생활을 하시면서 서울의 변두리였던 신당동, 약수동을 전전하시다가, 마지막에는 대방동으로 가서 생활. 이때 며칠 굶은 뒤 자존심이

실 때까지 재물과는 인연이 멀었으면서도 따르던 사람들이 넘쳐나던 청렴과 인품을 겸비하신 분이었다.

북한의 도발로 한반도를 둘러싼 안보가 날로 위중해지는 시점에 후손인 우리가 오늘을 살고 내일을 준비하는 데 필요한 교훈을 얻고자 철기 장군의 초대 국방부장관 시절의 발자취를 돌아본다.

환국, 초대 국방부장관 임명, 그리고 국군의 탄생 과정

당시 국제정세는 동아시아에서 절대 강자이던 일본이 패망하고 난 이후 동아시아 질서 재편의 시기였다. 대륙에서는 장개석의 국민당정부가 모택동의 공산당군에 밀려 대만으로 쫓겨나가는 대소용돌이 시기였다. 즉, 동아시아에서 일본의 패망, 중국의 분열, 미국의 등장, 소련군의 진주, 그리고 한반도의 분열이라는 대지진이 일어나는 일어나고 있었다. 일본 군국주의가 몰락하자마자 미국이라는 거대한 해양 세력이 들어서면서 소련을 정점으로 하는 공산주의 세력이 동아시아로 확장하는 구조 변화가 일어나고 있었던 것이다.

한편, 국내적으로는 열강으로부터 자주적 독립의 주체로 인정받지 못한 가운데, 세계사적 조류 변화의 영향으로 남북이 분단되면서, 한국사회도 좌우 이념적 분단이 일어난 소용돌이 시기였다. 이러한 때에 신생 대한민국 정부의 국방을 어떻게 설계해야 하는지는 당연히 최고의 관심사가 아닐 수 없었다.

상해 생을 마감하려 했다"고 기술되어 있다.

1945년 8월 17일 임정의 김구 주석은 국내정진군 총사령관 이범석 장군에게 서울로 진주하여 조선 총독 아베 노부유키의 무조건 항복을 받고 일본군사령부를 접수하라고 명령하였다. 이에 이범석 장군은 8월 18일 미 전략정보국 연락장교단장 바튼 대령과 서전트 박사, 정운수 대위, 그리고 지휘부 정훈총대장 안춘생 대령과 중견간부 장준하·김준엽·장재민·노능서 등 20여 명을 대동하고 미군 수송기 편으로 여의도비행장에 도착하였다. 이범석 장군은 일본군사령관을 만나 담판하여 항복을 접수하려고 했으나 실패하였고, 미군의 안내로 조선호텔에서 하룻밤만 묵고 8월 19일 중국으로 되돌아갈 수밖에 없었다. 그 이후 1946년 여느 광복군이나 임정 요인처럼 개인자격으로 환국한다. 신생 대한민국이 격동하는 동북아 정세에서 주도권을 갖지 못하고 또다시 강대국의 논리에 따라 국운이 좌우되는 소국이 갖는 어려움이 시작되는 순간이었다.

초대 대통령 이승만은 대한민국 초대 내각의 수장인 국무총리에 이범석 장군을 지명하여 제헌국회의 동의를 얻는다. 이어서 장군을 초대 내각의 국방부장관으로 겸직시킨다. 대한민국 정부와 상해 임시정부의 법통을 연결시키는 고리로서 장군을 내각의 수장인 국무총리로 지명한 것은 신생 정부의 정통성 면에서 상징성이 매우 크다고 할 것이다.

한편, 장군을 초대 국방부장관으로 임명한 것은 또 다른 의미를 내포한다. 당시 미 군정하의 통위부장은 임시정부의 참모총장을 지낸 유동열 장군이 재직하고 있었다. 초대 내각의 국방부장관은 임시정부 광복군의 법통 연계, 항일 투쟁의 상징, 군인의 표상, 실력과 경력을 두루 갖춘 경륜있는 장군을 모시는 것이 타당할 것인데 실로 장군은 광복시기에 초대 국방장관으로서 최적의 인물이었다. 이는 그의 재임간 업적으로도 분명히 증명되고 있다.

이후 장군은 취임한 1948년 8월 15일부터 사임하는 1949년 3월 21일까지 8개월 간 국방부장관으로서 혼신의 힘을 다해 건군과 국방의 초석을 다지는 데 전심전력하게 된다.

1948년 8월 15일 오후 1시 30분 경, 이승만 대통령 내외가 중앙청에서 대한민국 정부수립 국민 축하식을 마치고 이어서 역사적인 육·해군의 사열식이 거행되었다. 사열식에는 이 대통령 내외를 비롯하여 각부 장관 육·해군 장교가 참석하였다. 중앙청 앞 광장에서 오후 1시 30분에 시작된 사열식은 약 40분간 진행되었다. 먼저 육군 군악대를 선두로 각 지역에서 선출된 육군 정예부대, 해군 군악대, 해군 부대, 특별부대 순으로 보무당당한 행진이 이어졌다. 정부 수립을 축하하기 위해 진행된 군의 사열식은 국군의 출범을 알리는 신고식이나 다름없었다.

법적인 면에서 국군의 출발은 정부 수립 1개월 전인 7월 17일 헌법과 법률 제1호로 공포된 정부 조직법에 근거를 둔 국방부 설치에서 비롯된다. 8월 15일 국방부장관의 임명을 시작으로 조선경비대의 국군 편입과 국군조직법이 공포되면서 국방조직이 마련되기 시작하였다. 정부조직법 제 14조와 제 17조는 국방부와 국방부장관이 육·해·공군의 군정권을 갖는다는 점을 명시하고 있다. 당시 유동렬 통위부장이 술회한 바와 같이 정부수립 직전까지 국군은 경비대라는 명칭에서 보듯 경찰 기능에 불과했지만, 이제는 국가안보를 책임지는 명실상부한 군사조직이 되었다.

정부 수립 직후 8월 16일 국무총리 겸 국방부장관 이범석은 취임과 동시에 국방부에 등청하여 국방부 내 최고 미 군사고문인 로버츠를 인견하였다. 요담에서는 이른바 '국방군'의 조직에 관한 한국측의 구상이 제시

되었던 것으로 알려졌다. 이범석 장관은 기자회견을 통해 국방군 조직에 대해 언급하면서 육·해·공 3군을 대통령이 통솔하되 국방부장관이 대통령을 대리하여 3군의 군정과 군령을 장악하며, 군의 병력 규모는 국가경제 비율이나 가상 적 등을 감안하여 최소한의 상비 병력을 보유하도록 하겠다고 밝혔다.

이날 대한민국 정부와 미군사령부 민사처 간에는 한미 행정이양에 관한 회담이 열렸다. 정부 대표로 이범석 국무총리와 윤치영 내무부장관, 장택상 외무부장관이, 미측의 대표인 미군 민사처장 헬릭 소장, 정치고문부 참사관 드럼 라이트와 함께 중앙청 내 미군 민사처 제200호실에서 회합을 갖고 과도기간의 공급과 물자 이양에 관한 논의를 시작하였다.

당시 주목된 군사사안은 양국 간의 군사협정이었다. 8월 24일 하지 중장은 이대통령을 방문하고 그간 양측 간에 논의된 군사협정에 정식으로 조인하였다. 서명은 헌법상 국군의 총사령관인 이승만 대통령과 주한미군사령관 하지 중장 간에 이루어졌다. 협정에서는 미군이 한국에서 철수할 때까지만 한시적으로 효력을 갖도록 한 한국과 미주둔군의 공동 안전보장을 다루었는데, 국방군비(경찰, 통위부, 해군경비대)의 통솔권과 통수권을 가급적 조속히 그리고 점진적으로 이양한다는 것이었다. 여기에는 미군이 통위부와 해안경비대의 훈련 및 장비와 관련해서 미국이 한국정부를 계속 원조한다는 내용도 포함되었다.

이러한 과정을 거쳐 국무총리를 겸직하던 이범석 국방부장관이 미군정권을 이양받음으로써 '조선경비대' 역시 9월 1일부로 대한민국 국군으로 정식 편입되었다. 그리고 같은 달 5일 종래의 조선경비대는 육군으로,

해안경비대는 해군으로 각각 그 명칭이 바뀌었다. 이때 경찰 행정의 이양과 더불어 통위부의 사무인수가 이루어져 세인의 주목을 받았다. 8월 31일 유동열 통위부장과 이범석 국방부장관은 통위부 사무이양에 정식 조인함으로써 이제 경비대는 새로운 정부의 국방부장관에게 이양되었고 군의 지휘권도 장관에게 귀속되었다.

초대 국방부장관으로서 장군의 주요 업적과 의의

1) 대한민국 국군의 이념과 정신을 설정하다.

국군이 창설되자 이범석 장관은 건군의 방향을 설정함에 있어 "군의 정신은 광복군의 독립투쟁 정신을 계승한다"고 천명하여 건국이념의 토대인 독립투쟁 정신과 자주독립국가에 대한 민족적 자각과 소명의식을 건군의 정신으로 삼아 계승하고자 하였다.[3] 이러한 정신적 계승노력은 '국방부 훈령'을 비롯하여 '국군 3대 선서'나 '국군맹서' 등을 통해 더욱 구체화되었다.

먼저 국방부장관으로 취임한 장군은 당일에 국방부 훈령 제1호를 발령하였다. 훈령 제1호를 통해 대한민국 국군의 정통성을 확립하고, 국군의 성격을 규정하면서 국군장병의 사명을 분명히 한 것이다.[4]

"본관이 금번 대한민국 정부 수립과 아울러 대통령령에 의하여 국방장

---

3) 국방부군사편찬연구소, 『건군사』, 2002, 서울, 50-51쪽.
4) 전게서, 51-52쪽.

관을 겸섭(兼攝)하게 되었다. 자(玆)에 책임의 지중지대(至重至大)함을 심감(心鑑)하면서 군정 초부터 국군 건립을 목표로 묵묵히 분투하여 온 전 장병이 국가와 민족의 요청에 보답코자 하는 보국지성(保國至誠)을 위하여 천지신명의 가호를 기원하여 마지않는 바이다. 오직 국군 건설에 정신하는 장병 제군의 동심육력(同心戮力)을 확신하고 좌기(左記) 사항을 훈령하니 철저히 준수 실천해 줄 것을 요망하는 바이다.

1. 금일부터 아 육·해군 각급 장병[5])은 대한민국의 국방군으로 편성되는 명예를 획득하게 되었다. 이에 장병 제군은 오직 근면진충보국(勤勉盡忠保國)의 정신으로 새로운 국방군의 절요(切要)되는 시간을 엄수하며 직책을 극진(極盡)하고 군기를 엄수하며 친애협동(親愛協同)하는 국군의 미덕을 발양(發揚)하라.

2. 미 군정이 결말(結末)되고 신정부가 수립되는 이 현 전환기에 제(際)하여 확고한 정신으로 유언비어에 현혹되거나 당황하지 말고 더욱이 직책에 근면 충실하라.

3. 국가 신생 지제(之際)인 만큼 쇄신(刷新)한 정신으로 생기발랄(生氣潑剌)한 청년 국군을 편성하는 동시에 강력한 통제력과 예민(銳敏)한 협동력으로 정성 단결하여 화평(和平) 친절히 전 국민의 애호(愛護)를 받을 수 있도록 노력하여야 할 것이며 전 국민을 생명으로 애호(愛護)하라.

이 훈령이 갖는 의미는 매우 중요하다.

---

5) 국방경비대 장병을 의미한다.

첫째, 대한민국 국군의 정체성을 규정하였다.

즉, 대한민국 정부가 국군을 만들었는가 아니면 미군정이 국군을 만들었는가의 문제가 될 수 있기 때문이다. 이것은 사실을 알면 개념이 분명해진다. 순서를 나열하면, 먼저 1948년 7월 17일 제헌헌법과 법률 제1호인 정부조직법에 의거하여 대한민국 국방부를 설치할 법적 근거를 설정하고, 이어서 8월 15일 초대 국방부장관으로 이범석 장군을 임명하였다. 당일 장관에 의해 미군정하 경비대를 국군으로 편입시키는 훈령이 하달되었고, 9월 1일 경비대가 국군으로 정식 편입되었다. 이 훈령은 대한민국 국군이 주체가 되어 군정기에 만들어진 경비대를 법적으로 흡수하였기에 국군의 미제 용병설[6]을 근본적으로 잠재울 수 있는 토대를 만들었다는 큰 의미를 가지고 있다. 명분과 실리를 동시에 얻은 신의 한 수에 해당한다고 하겠다.

당시 대한민국 정부 출범에 즈음하여 국방경비대의 전면 해산을 국군 재조직의 선행 조건으로 해야 한다는 주장과 국방경비대의 광복군 개조론 및 광복군으로의 개편론 등 사회적 요구가 다양하였다. 이에 대한민국 정부는 이러한 여론을 감안하여 국방경비대를 국군으로 편입시키되, 국방부 장·차관에 광복군 출신인 이범석 장관, 최용덕 차관을 임명하여 국군이 광복군의 독립투쟁정신을 계승하도록 했고, 그 실체는 국방장관 훈령 제1호로 나타났던 것이다.

---

6) 북한은 그들의 건군일을 최초에는 1948년 2월 8일로 하다가, 1978년부터 4월 25일을 창군기념일로 하고 있다. 이는 김일성이 1932년 4월 25일에 남만주의 작은 마을 안투에서 최초의 빨치산을 조직했다는 데 근거한다. 그러나 이는 김일성 우상화작업의 연장선상인 선전선동의 일환이라는 것이 일반적 시각이다. 하지만 우리도 남북의 사상적 대결에서 허점을 보이지 않기 위해 우리의 정통성에 대한 인식이 분명해야 한다.

둘째, 이 훈령은 국군의 성격을 국방군으로 분명히 밝혔다. 이 말은 대한민국 군대는 국가를 방위하고 국민을 지키는 국민의 군대임을 나타낸다. 반면 북한의 군대는 인민이 스스로 만들고 인민을 지킨다는 인민군이라고 한다. 하지만, 실제적으로 북한 인민군은 북한의 조선로동당 규약 제46조에 의거 조선 로동당의 혁명적 무력이라고 규정하여 당의 군대, 수령의 군대임을 밝히고 있다.

셋째, 국군장병의 사명을 명확히 천명하였다.

전 장병에게 실천을 당부하며 내건 정신적 요체는 진충보국(盡忠保國), 군기엄수(軍紀嚴守), 친애협동(親愛協同), 미덕발영(美德拔英), 근면충실(勤勉充實), 정성단결(精誠團結) 등이었다. 장군은 당시 국군을 청년국군으로 칭하면서 전 국민의 애호를 받고 전 국민의 생명을 보호해야 한다는 점을 군의 사명으로 제시하였다.

국군 3대 선서문 공포

1948년 10월 19일에 발생한 여수, 순천반란사건과 11월 2일에 일어난 대구반란사건 등 군내의 반란사건을 계기로, 군의 정신무장과 사상동향의 검토가 시급한 과제로 대두되었다.

이로 인하여 군내에서는 용공분자 색출과 이들의 척결을 위하여 1948년 10월부터 대대적인 숙군작업에 착수하는 한편, 국군의 정신적 지표를 위한 실천구호를 제정할 필요가 대두되었다.

이범석 장관은 1948년 12월 1일 여수, 순천지구 전몰장병 합동위령제에 참석하여 국군 3대 선서문을 발표하였다. 이 선서문은 이 날짜로 정식 공포되어 국군장병의 상징적 실천구호로서 전군에 보급되었다. 그 내용은 다음과 같다.

1. 우리는 선열의 혈적을 따라 죽음으로써 민주국가를 지키자.
2. 우리의 상관, 우리의 전우를 공산당이 죽인 것을 명기하자.
3. 우리 국군은 강철같이 단결하여 군기를 엄수하고, 국군의 사명을 다하자.

이 국군 3대 선서문은 1949년 초에 그 내용을 수정하여 국군맹서[7](오늘날 '군인의 길')로 개정, 공포되었는데 그 내용은 다음과 같다.
1. 우리는 대한민국 국군이다. 죽음으로써 나라를 지키자.
2. 우리는 강철같이 단결하여 공산침략자를 쳐부수자.
3. 우리는 백두산 영봉에 태극기를 날리고, 두만강수에 승전의 칼을 씻자.

이상의 모든 것은 대한민국 국군의 본질을 확립하는 중차대한 의미를 갖고 있다.

2) 대한민국 국방개념을 연합국방(聯合國防)으로 천명하다.

이범석 장관은 취임 즉시 현실적으로 당면하고 있는 국제 공산세력의 팽창에 효과적으로 대처하기 위하여 미국을 중심으로 한 민주진영의 군사역량이 규합되어야 하며, 만약 한반도에서 전쟁이 발발할 경우에는 미군의 작전지원을 받아 공동작전을 전개해야 한다고 판단하고, 연합국방을 시책의 기본으로 삼아 강력한 지상군의 육성에 중점을 둘 것을 천명하였다.[8]

---

[7] 국군맹서는 1957년 12월 1일 국방부 훈령 제28호로서 「군인의 길」로 제정되어 계승되었다. 그 후 수차례 개정과정을 거쳐, 1976년 9월 17일 국방부 훈령 제212호로 현재의 「군인의 길」이 공포되었다.

이 연합국방 개념은 1948년 8월 15일 이대통령이 정부수립 선포기념사에서 "우리는 미국에게 배울 것도 많고 도움을 받을 것도 많다. 모든 우방들의 후의와 도움이 없으면 우리의 문제를 해결하기 어려울 것이다. (중략) 대소·강약의 어떠한 국가를 막론하고 상호 간에 의지해야 생존할 수 있다. (중략) 모든 미국인과 모든 한국인 간에는 한층 더 친선을 새롭게 하는 것이 중요하다."라고 강조한 것을 배경으로 한 개념이었다.

따라서 일각에서 한미동맹은 6·25전쟁의 결과로서 만들어졌다고 하지만, 이미 대한민국 정부 출범시부터 미국과의 동맹의 중요성은 시작되었다고 할 수 있다.

3) 사병제일주의(士兵第一主義)로 정병양성(精兵養成)에 주력하다.

연합국방의 정책기조 아래 이범석 장관은 2대 지도방침으로서 정병양성과 사상통일을 위한 반공정신 강화에 주안점을 주고, 이를 위해 사병제일주의와 정훈공작을 통한 사상통일에 주력할 것을 천명하였다.[9]

이범석 장관이 조국 독립을 위하여 광복군의 최고 지휘관으로서 33년간에 걸쳐 쌓은 군사지식과 진중경험을 바탕으로 착상한 사병제일주의는 정병주의에 입각하여 사병 개개인의 자질을 조속히 향상시켜 국군 전체의 질적 수준을 평준화함으로써 선진 민주국가의 우수한 군대와 대등한 자질을 가지게 한다는 것이다.

또한, 사병 개개인을 민주주의 이념과 반공정신에 투철하고, 임전무퇴의 강인한 투지를 지닌 전형적인 군인으로 육성하여 국가의 간성으로서,

---

8) 국방부전사편찬위원회, 『국방사』, 1984, 서울, 147쪽.

9) 전게서, 147쪽.

국토방위의 역군으로서 맡은 바 사명완수에 헌신할 수 있는 정예국군으로 뿌리를 내리게 한다는 것이다.

이범석 장관은 정병양성의 대상과 범위를 현역 병사에 국한하지 않고, 장차 군에 입대할 모든 청년장정에게 확대시켜 애국애족 사상과 반공정신의 토착화에 진력함으로써 범국민적 정신전력의 강화를 도모하였다.

이범석 장관은 1949년 3월 21일, 국방부장관직을 물러날 때, 퇴임사에서 "…… 군은 본래 질만 가지고는 안 되며, 양만 가지고도 안 되는 것이다. 양은 유형의 존재이며, 질은 무형의 존재로서 이것이 함께 종합되어야 한다. 제 아무리 질이 선량하더라도 양이 극도로 부족하면 난을 능히 극복하지 못한다. 탱크 1대는 잘해야 탱크 3, 4대를 격파할 뿐, 10대나 20대를 제압하지는 못하며, 우수한 포 1문은 적의 포 3, 4문을 제압할 수 있어도 10, 20문을 제압하지는 못한다. 이것은 곧 적합한 양의 필요성을 의미하는 것이다. 또한 질의 우열에 있어서도 꼭 같은 이치가 적용될 것이다. 질이 졸렬하면 아무리 넉넉한 양을 가져도 소용이 없다. 총을 쏠 줄 모르는 사람은 총을 쏠 줄 아는 사람에게 패하게 마련이다."라고 강조함으로써 그의 지도 방침인 사병제일주의와 질과 양의 상관관계의 중요성을 역설하였다.

4) 국군의 사상통일(思想統一)에 전력을 다하다.

국토분단으로 인한 사상적 분열은 남한의 정치정세의 불안과 사회혼란의 원천적 요인으로 작용하여 국가안보의 기틀을 위태롭게 하는 현상을 빚었다.

더욱이 미군정 3년간의 민주화 시책을 기화로 공산주의자들이 정부와 각 주요 기관 또는 경비대에 아무런 제한도 받지 않고 채용되거나 입대할 수 있었으며, 이로 인하여 경비대 내부에도 이들 세력이 침투, 동조세력을 규합하여 조직망을 확대해 나갔다. 이들의 암약은 국군 편입 후에도 계속적으로 증대되어 군의 안전유지에도 심각한 암영을 던져 주고 있었다.

이러한 상황을 감안하여 이범석 장관은 군 내부의 사상통일이 시급함을 절감하고, 지도방침의 두 번째로 사상통일과 반공정신의 함양을 목적으로 한, 정훈공작의 적극적인 추진을 강조하였다.

사상통일은 이미 이승만 대통령이 최초의 시정연설을 통해 "민족을 억저(抑抵)하는 일체의 병폐를 쇄신, 시정하여 사상의 통일을 도모함으로써 국가 민족의 자주자립과 세계 민주주의 우방과의 공존공영의 기반을 닦아서 우리 민족의 전 역량과 역사의 자질을 향상시키는 데 부단의 노력을 주입할 것이다."라고 천명한 데에 기조를 두고 있다.

이범석 장관이 구상한 국군의 기본정신은 광복군의 독립 투쟁심을 계승하여 투철한 애국사상과 반공정신으로 무장된 이른바 사상전사로서의 기본을 갖추는 데 그 핵심이 있었다.

따라서 전투에서 기어이 승리하고야 말겠다는 확고한 신념과 왕성한 용기도 투철한 애국사상과 반공정신의 소산이며, 또한 생사를 초월하여 맡은바 소임을 다할 수 있는 강인한 책임감과 국가 민족을 위하여 기꺼이 몸바칠 수 있는 숭고한 희생정신도 투철한 애국사상과 반공정신에 귀일된다고 확신하였다.

이에 따라 1948년 11월 29일 국군의 이념구현과 반공민주정신의 함양을 전담하는 국방부 제2국(정치국, 후일 정훈국으로 개칭)을 설치하고 초대 정훈국장으로 광복군 제2지대 정훈조장이었던 송면수를 임명하여 본격적인 정훈활동을 전개하도록 하였다. 정치국은 당초에 주한미군 군사고문단장인 로버츠 준장과 참모장 라이트 대령, 그리고 하우스만 대위 등이, 군내에 정치장교를 배치하는 제도는 전제주의 국가에서나 있을 수 있는 제도이며, 민주주의국가나 정치적 중립을 요하는 군대에서는 있을 수 없는 제도라는 이유로 반대하였으므로 정훈국으로 개칭하여 발족하였다.

한편, 공산주의자들의 생리와 전략전술을 잘 아는 이범석 장군은 미구에 북한공산주의자들의 침략이 있을 것으로 예상하고 국방부에 대북첩보수집부대를 창설하였다.[10] 1948년 10월 16일 울진소요사건이 발생하고, 10월 19일 육군 제14연대에 의한 여순반란사건이 잇달아 일어나자, 북괴의 남파 게릴라에 대한 대비책으로 남침경로의 봉쇄, 게릴라의 섬멸작전, 이북지역 침투와 첩보수집 등을 주임무로 하는 제4국(특수공작국)을 국방부 내에 설치한 것이다. 그리고 과거 광복군 당시에 미군의 전략정보국(OSS) 지원 아래 국내정진군을 편성한 경험을 토대로 첩보수집, 방첩업무를 전담하는 특수부대(유격대)를 설치하려 하였다.

그러나 미 군사고문단측은 북한에 특수부대를 침투시키는 데 극력 반대하면서 이러한 기구를 국방부 내에 설치하는 것은 군정을 담당하는 국방부장관의 권한이 아닐 뿐더러, 더욱이 국방부 직속으로 특수부대를 둔다는 것은 원칙상 불가하다는 이유로 반대하였다. 그러나 이범석 장관은 소신대로 국방부 내에 제4국을 설치하고, 특수부대를 육군에 창설하였다.

또한 1948년 10월 19일에 발생한 여수 순천 반란사건을 계기로, 군 내부에 침투한 공산당 조직망을 일소하기 위한 제1차 숙군을 단행하여 그때까지 군내부에서 암약하던 현역 장병 324명과 군관계 민간인 40명을 검거하였다.

이범석 장군은 미 군사고문단의 반대에도 불구하고 정훈국과 첩보국을

---

10) 국방부전사편찬위원회, 『한국전쟁사』 제1권, 「해방과 건군」, 311쪽.

국방부 직제에 창설하였고, 이것은 이후 대한민국 국군 내에서 반공주의의 기반이 되었고, 이러한 반공주의는 6·25전쟁 이후 전 국가적으로 확대되었다.

이범석 장군의 반공주의는 본인의 체험에서 비롯된 것이었다. 이것은 당시 한국 사회의 일부 정치인들이나 지식인들이 갖고 있었던 반공주의와는 질적으로 차이가 있었다. 그들의 대부분은 해방정국 당시 공산주의자들이 자신들의 기득권을 억제하고자 하였기에 반공을 지향하였으나, 이범석 장군은 항일 투쟁과정에서 공산주의자들의 생리와 전략전술을 직접 목도하고 체험한 것을 바탕으로 그들과 싸워 이기기 위한 반공을 하였던 것이다.

5) 군 부대의 증설과 여군 및 특수부대를 창설하다.

국군부대의 확충에 역점을 둔 이범석 장관은 1848년 10월 28일 이후 제16, 제17, 제18, 제19, 제20, 제21연대 등 6개 연대를 증편하고, 제 7여단을 창설함으로써 육군을 10만 명으로 증강하였다.

또한 이범석 장군은 여군을 창설하였다. 철기 장군은 국방정책 수립에 있어서 특히 여성 인적 자원을 어떻게 활용할 것인가 하는 문제에 깊은 관심을 가졌다. 가용할 수 있는 인적 자원을 최대한 활용해야 하는 현대전의 개념을 장군은 꿰뚫었다고 볼 수 있다. 봉건유교 의식이 강한 한국 사회에서 여군 창설은 쉽지 않았으나, 장군은 미군에도 여군이 있음을 인용하여 군내 반대의견을 무마하면서 여군 창설을 결심하고 이를 시행하였다.

또한 대적 기구의 강화를 절감하고, 첩보수집 전담기구로서 국방부 직제령 제7조에 의거하여 1948년 12월에 국방부 내에 제4국(특수공작국)[11]

을 설치하고, 이를 전후하여 육군에 특수부대를 창설하였다.

이에 따라 창설된 부대는 육군수색학교(뒤에 서울 유격대 38부대 제1 독립대대로 개칭됨)와 이북출신 월남자로 편성된 호림부대(뒤에 영등포학원으로 개칭됨), 그리고 북괴군 귀순자 6백 명으로 편성된 보국부대(뒤에 제803 독립대대로 개칭), 각 여단의 유격대대 등이었다.

6) 호국군을 창설하여 전후방 동시 방어체제로 공산주의와 대적할 수 있는 국방체계를 만들다.

국군을 상비군과 호국군(護國軍)으로 조직하기로 한 국군조직법의 근거에 따라 1948년 11월 20일에 대통령 긴급임시조치령이 공포되어 동일부로 군에 복무할 것을 지원하는 청년들을 기간으로 호국군을 창설하였다.

이는 제한된 정규군의 병력만으로는 국방의 사명을 완수하기에 미흡하므로 보다 많은 예비병력을 사전에 확보해야 한다는 판단 아래 창설한 것이며, 그 성격도 전투부대와 특수부대의 2종으로 구분하여 국방상 필요에 따라 정규군에 편입하도록 하였다.

호국군의 신분은 장병 모두가 예비역으로서 각자가 거주지의 연대에 소속하여 생업에 종사하면서 필요한 군사훈련을 받도록 한 것이 특색이다. 호국군의 창설과 더불어 육군본부에는 호국군무실을 설치하고, 현역 각 연대(제4, 제9, 제12연대 제외)에 호국군 고문부를 두어 그 편성에 착수하였다.

이와 같이 발족된 호국군은 1949년 1월 7일에 제101, 제102, 제103, 제106여단 등 4개 여단이 창설되고, 그해 1월 1일부로 졸업한 육사 8기 특별

---

11) 2대 국방부장관에 의해 해체되었다가 지금의 국군정보사령부로 재탄생하였다.

제1반 출신인 오광선 대령, 유승열 대령, 안병범 대령, 권준 대령이 각각 여단장으로 임명되었다.

각 연대로부터 소대에 이르기까지 각급 지휘관을 현역 장교로 임용하고, 1월 11일 그 예하에 지역별로 제101(서울), 제111(수원), 제1029(대전), 제103(전주), 제113(온양), 제105(부산), 제106(대구), 제107(청주), 제108(춘천), 제110(강릉) 등 10개 연대의 편성을 완료하였으며, 도·시·군·면 단위의 각 단위대에는 현역 장교들을 배치하였다.

이와 같이 호국군의 규모가 점차 증강됨에 따라 그 지휘 체제의 강화책으로 1948년 12월 29일 육군본부 내의 종전 기구를 호국군으로 개편하고, 1949년 1월 11일에는 이를 다시 개편하여 국방부 직할로 호국군 사령부를 설치하였다.

호국군은 조직, 편성, 기능의 측면에서 보아 현대 한국군의 예비군제도의 효시라고 평가된다.12) 그 신분은 앞에서 말한 바와 같이 장병 공히 예비역으로서 각자의 거주지에 주둔하고 있는 연대에 소속되어 생업에 종사하면서 필요한 군사훈련을 받도록 되어 있었다. 장교의 임관에 있어 호국군은 일반장교와 마찬가지로 특별채용과 보통채용에 의해 임관되었으나, 대대장급 이상은 60세, 중대장급은 50세, 그리고 소대장급은 40세까지로 연령제한을 두었다.13)

이범석 장관은 호국군이 급성장함에 따라 기간요원 양성책으로 3월 4일에 호국군 간부훈련소를 서울 용산에 설치하고, 교장에 장석륜 중령을 임명하였으며, 그해 7월 10일 호국군 사관학교로 개칭되었다가 호국군 해체에 즈음하여 그해 8월 15일에 폐교되었다.

---

12) 전게서, 257쪽.

13) 국군조직법(법률 제9호) 제18조.

호국군 사관학교에서는 4개 기에 걸쳐 모두 1,080명의 졸업생을 배출하였는데, 그 중 나중에 현역장교로 편입된 자는 640명이었다.[14] 호국군은 신성모 국방부장관 취임 이후 징병제 시행을 이유로 해체되었다. 병역법이 공포되어 과거의 지원제가 국민개병제로 전환됨으로써 병원 보충 문제가 해소되었다고는 하나 이범석 장군의 영향력을 견제할 목적의 정치적인 이유로 불과 10개월 만에 해체시켰다는 것은 예비 국방력을 감소시키는 결과를 초래하였다.

후일 전쟁이 발발하자 4만 명에 달하는 호국군이 건재했더라면 북한군의 침략을 저지하는 데 유용했으리라는 유감이 존재하는 이유다.[15] 즉, 6·25전쟁 발발시 후방지역에서의 조직적인 방어체계가 부실하였고, 이로 인해 상비군의 일부가 후방에 묶여 있음으로 인해 전방방어력에 공백이 생겼다는 비판을 면할 수 없게 되었다는 것이다. 이후 후방 방어작전은 현역에 의해 그 작전이 진행되다가, 1968년 1·21사태로 인해 예비군제도가 부활하게 되었다. 실로 20여 년 만의 부활이었다.[16]

7) 대한민국 호국 간성을 기르는 육군사관학교의 출범과 경비대사관학교 흡수, 그리고 7기생과 8기생의 대폭 입교 확대를 통해 일본군 출신 중심의 군 장교단을 희석시켜 국군 정통성을 제고시키고, 결과적으로 이듬해 6·25전쟁에 대비하게 된다.

---

14) 호국군 사관학교 총동창회, 『호국군사』, 65-66쪽, 80쪽.

15) 국방부, 『한국전쟁사』 ①, 313-314쪽.

16) 일각에서는 박정희 대통령의 예비군제도 부활을 정치적 목적으로 보고 공격하고, 이의 해체를 주장하였으나 예비군 제도는 건군 초기부터 공산주의와 싸워 이기기 위해 설치되었던 필수적인 조직임을 호국군은 증명해 주고 있다.

정부 출범과 동시에 국군이 출범하고 경비대가 국군으로 흡수 편입되면서 자연적으로 육군사관학교가 출범하게 되었고 경비대사관학교를 흡수하며 그 졸업생들을 육군사관학교 역사로 편입시키게 된다.[17]

경비대 시절 경비대사관학교는 매 기 200명 기준으로 1~6기까지 6개 기를 배출하였다. 이범석 장관은 국방력의 확충에 따른 초급 간부의 절대 숫자의 부족을 타개하고자 육군사관학교 입교자 수를 획기적으로 확대하기로 하였다. 이에 따라 7기생(사실상 육군사관학교 명칭으로 출범 후 첫 입교자)은 1,096명, 그리고 8기생은 1,848명이 임관하였다.[18] 군사영어학교 수료 2개 기 110명과 경비대사관학교 1기~6기까지 졸업생 1,254명, 도합 1,364명의 기존 장교단을 2배 이상 압도하는 숫자가 군 장교단으로 들어오게 되었다.

이들은 크게 세 부류로 이루어졌다.

첫째는 그동안 군 참여에 은인자중하던 군 유경험자들 그룹이다. 광복군 출신 김홍일, 안춘생, 이준식, 일본군 출신으로 유승렬, 김석원, 백홍석,

---

17) 현 육군사관학교 역사서에서는 이 당시의 변화를 경비대사관학교를 육군사관학교로 명칭 변경하는 정도의 행정적 의미로 언급하고 있으나 이는 법적·정신적으로 엄밀히 말해서 적절치 않다. 법적으로는 국방부 훈령 제1호에 의해 경비대가 국군으로 흡수 편입되었기 때문이다. 미군정이 만든 경비대사관학교를 모체로 하는 실리는 인정하되 정신적으로 우리 국군이 주도적으로 이를 선택 흡수하였음을 분명히 인식해야 한다. 경비대사관학교는 편입생에 지나지 않는다. 그래야 일각의 미제용병설을 근본적으로 잠재울 수 있고 청년사관들에게 올바른 국가관과 자주성을 심을 수 있기 때문이다.

18) 7기생은 정기 561명, 특별 246명, 후기 350명, 전체 1,096명이 임관하였다. 한편 8기생은 정기 1,264명, 특별 1기 11명, 특별 2기 145명, 특별 3기 181명, 특별 4기 247명, 전체 1,848명이 임관하였다.

만주군 출신으로 이주일, 박임항 등 중진 군사 경력자들이 임관되었다. 이들이 들어옴으로 인해 군의 상층부 리더십이 채워지게 되었다.

둘째는 사회의 청년단체 요원들, 즉 광복군 수뇌들이 개인 자격으로 들어와 국가의 미래대계를 위해 만들었던 이범석 장군의 민족청년단, 지청천 장군의 대동청년단 등과 이북에서 월남한 서북청년회, 대동강동지회, 압록강동지회 등 우익 청년단체 회원들이 그들이다.

셋째는 순수 민간 출신들이다.

육군사관학교 7기와 8기생의 입교 확대가 군과 우리 사회에 끼친 영향은 참으로 지대하다.

첫째, 군의 정통성 확립에 크게 기여했다. 이들은 당장에 기존 장교단이 일본군과 만주군 출신으로 75% 가량 채워졌던 비율을 일거에 역전시켜 일본군과 만주군 색채를 희석시켰다.[19] 이로 인해 6·25전쟁 직전에는 일본군과 만주군 출신은 1/5 수준으로 희석되었다.[20]

두 번째는 이들이 곧 이듬해 일어나는 6·25전쟁시 최전선에서 대한민국을 공산주의 침략으로부터 구해내는 주역이 된다. 특별기 임관자들은 사단장 이상 고급 지휘관으로, 정규기 임관자들은 중·소대장으로 공산주의 침략을 몸으로 막아냈다.

그리고 마지막으로는 이들이 군에서 체득한 선진 미국의 행정과 조직 관리 능력은 이후 대한민국 국가발전에 크게 기여하게 된다.

---

[19] 예를 들어 군사영어학교 2개 기 졸업생 110명 중 일본군 출신이 87명, 만주군 출신이 21명, 광복군 출신은 2명으로 전체의 99%가 일본계 군 경력자 출신이었다.

[20] 한용원, 『대한민국 국군 100년사』, 박영사, 247쪽.

이범석 장군이 육군사관학교 역사에 끼친 영향은 다음과 같이 평가할 수 있다.

첫째, 대한민국 국군 역사상 최초로 육군사관학교라는 이름의 호국간성 양성기관이 출범하면서 경비대사관학교를 흡수 편입시켜 국가간성 양성의 중추기관으로서 정통성을 갖게 하였다.

둘째, 7기와 8기생의 입교 확대로 결과적으로 이들이 대한민국 사회와 국방발전에 결정적인 기여를 하게 함으로써 이로 인해 육군사관학교라는 존재가 국민들에게 크게 각인되는 요인이 되었다.

셋째, 광복군 정신을 이어받는다는 의미에서 광복군 출신을 육군사관학교장으로 임명하는 전통을 세웠다. 미군정 시절 경비대사관학교까지는 일본군 출신들이 사관학교 교장을 역임하였으나, 이범석 장관 재임 후 육군사관학교 시절부터는 광복군 정신을 사실상 이어받는다는 의미에서 광복군 출신들이 학교장을 이어서 맡게 된다. 6대 학교장 최덕신(광복군), 7대 김홍일(광복군 참모장), 8대 이준식(광복군 제1지대장), 9대 안춘생 장군(광복군 2지대)이 그들이다. 그러나 10대 부터는 광복군 출신이 육군사관학교 교장을 맡는 관례가 중지되었다.

8) 병기 자급자족을 준비하다.

당시의 국군이 보유한 장비는 일본군이 사용하였던 구식 무기와 주한 미군이 철수하면서 이양한 소규모의 낡은 장비들이었다.

당시의 재정형편상 국군의 장비 확보는 미국의 대한 군사원조에 기대하는 수밖에 없었으나, 이범석 장관은 언제까지나 미군의 지원에 의존할 수는 없다는 견지에서 자체 생산을 위한 자급자족의 기틀을 원대한 안목에서 단계적으로 준비하는 것이 시급하다고 판단하였다.

이에 따라 일본군이 사용하던 국내 병기 생산공장을 보수하는 한편, 새로운 공장의 설립계획을 서둘러 확정하고, 1948년 11월 25일 육군 병기공장과 1949년 초 해군 병기공장을 설치하여, 병기 자급자족을 위한 준비와 기술 습득을 위한 기초 작업에 착수하도록 하였다.

결 론

업적면에서 철기 장군은 비록 8개월(1948. 8. 15~1949. 3. 21)이라는 길지 않은 기간 동안 초대 국방부장관직을 수행하였으나 그가 남긴 족적은 너무나도 크다.

장군의 업적을 한 마디로 요약한다면 그것은 장군이 대한민국 국방에 정신을 불어넣어 주고 단순한 군부대 창설을 넘어 호국을 위한 국방의 큰 그림을 만들었고, 후대에는 국군이 독립군−광복군의 역사와 정신을 이었다는 자부심을 갖게 하였다는 것이다.

장군을 평가함에 있어 단지 초대 국방부장관을 역임했다고 해서 장군을 높인다면 그것은 오히려 그 분을 폄하하는 것이 될 것이다. 철기 장군으로부터 배워야 할 것을 3가지로 정리한다.

첫째, 「애국과 호국의 무인정신」이다. 장군이 중국에서의 30여 년 망명 생활과 환국 후 초대 국방부장관 시절 무인으로서 우리 후손들에게 보여준 모습은, 군인의 본분은 애국과 호국이라는 것이다. 그 어려운 중국에서의 망명시절에 오로지 애국의 정신만이 장군으로 하여금 시종일관 항일무장투쟁을 하게 한 힘이 되었다. 환국 후 국방부장관으로 재직시는 호국의 무한 책임으로 신생 대한민국이 새로이 공산주의와 싸워 거친 항해를 해나갈 수 있는 국방력을 건설하는 데 전심전력을 다하셨다.

둘째는, 「실용적 자주정신」이다. 이는 자주독립 정신을 바탕으로 실용정신과의 조화된 국방정책으로 나타났다. 국방부장관 훈령 제1호를 통해 국군이 조선경비대를 흡수하였다는 독립국가로서의 자존심을 분명히 내세웠다. 어떤 이들은 대한민국 국방은 미군정기에 만들어진 것이라고 말한다. 그러나 이는 절반 이하에 대한 평가에 불과하다. 미군정기에 국방경비대로 활동한 분들의 역할을 무시하자는 것이 아니다. 단지 대한민국 국군의 정신적 좌표를 분명히 하자는 것이다. 비록 조선경비대라는 몸통을 이용은 하였으되 거기에 신생독립 대한민국 국군의 사상과 이념 등 정신을 불어넣어 주고, 정체성과 정통성을 확립하면서, 국방정책의 대강(大綱)의 설계는 대한민국 초대 국방부장관에 의해 이루어졌다는 것은 역사가 증명해 주고 있다. 또한 독립국의 국방부장관으로서 필요에 의해 창설하려 한 국방부 정훈국과 첩보국은 미 군사고문단과의 갈등을 무릅쓰면서 창설하여 자주성을 분명히 하였다. 그러는 한편, 실용정신면에서 연합국방 정책으로 미국을 이용하려 하였고, 군내 장교단 충원시는 일본군이나 만주군 복무 경력자라도 신생 독립국가에 기여할 자격을 주었다. 이러한 장군의 실용적 자주정신은 오늘날 우리에게 한미동맹의 역사를 보다 깊이 인식하게 하면서, 아울러 소국인 대한민국이 동맹이라는 안보체제를 유지한 가운데서도 어떻게 하면 자주국방의 길로 나아갈 수 있는가 하는 교훈으로 우리에게 다가오고 있다.

셋째는, 확고한 「실천적 반공노선」만이 공산주의와 싸워 이기는 길이라는 것이다. 사회의 대부분이 내것을 빼앗기기 싫어 감상적 공산주의 배격을 주장할 때, 장군은 그들과 싸워 이길 수 있는 체계를 만들었다. 국군의 이념과 사명 제정, 정훈국, 대북 첩보수집국, 그리고 호국군 설립이 그 것이다. 장군의 장관 사임 후 대북 첩보수집국과 호국군이 해체된 후 곧바로 들이닥친 6·25전쟁은 장군의 혜안에 감탄하게 함과 동시에 정치인들의 단견에 대해 한탄하게 할 따름이다.

장군이 수립한 신생 대한민국의 중요 국방정책은 정치적 의도에 의해 후일 훼손되기도 하였다. 그러나 6·25전쟁이라는 전대미문의 사변을 겪으면서 국민들은 장군의 선견지명을 진심으로 이해하게 되었다. 공산주의와 싸워 이기기 위해서는 사상무장이 무엇보다 중요하고, 적을 알기 위한 첩보수집 능력 구비가 무엇보다 우선되어야 함을 절감하게 되었고, 이는 오늘날 우리 군 정병양성의 핵심을 이루고 있고 또한 전력증강의 최우선 순위가 되고 있다.

아울러 국방에 관한 개념과 지식이 부족한 문민 출신인사가 국방부장관직을 맡는 것은 당시에 시기적·상황적으로 적절하지 못했고 이는 오늘까지도 북한과 엄중히 대치하고 있는 시점에서 우리에게 중요한 교훈을 준다고 할 수 있을 것이다.

2 철기장군 국방시대 회상*

머 리 말

이 단편은 철기장군께서 대한민국 정부 초대 국방부장관으로 재직하실 때 있었던 일들을 비서실장 자리에서 직접 보고 느낀 점을 중심으로 회상한 글이다.

그 당시의 자료가 많이 남아 있지도 않거니와, 또 시간적 여유가 없어서 널리 자료를 조사하지도 못한 점을 우선 솔직히 밝히지 않을 수 없다. 날짜나 수치에 관한 것은 국방부에서 출판한 『국방사』에 의거하였다.

어떤 특정인에 관한 기술은 그 분에 대한 명예를 훼손하거나 비판하려는 의도에서가 아니라 당시의 상황을 솔직하게 설명하고자 하는 데 그 본의가 있었다는 점을 명백히 하고 싶다.

---

* 4대 철기이범석장군기념사업회 회장 강영훈(전 국무총리) 씀.
『철기 이범석 평전』에서 옮김.

이 단편의 내용은 대체로 철기장군에 대한 나의 첫인상으로부터 시작하여 국방부장관으로 집무하실 때 그분이 가지셨던 중요 관심 사항과 주요 업적 등을 회상하며 철기장군 국방부장관시대의 이모저모를 생각나는 대로 기술하는 데 그칠 수밖에 없었다. 후일, 충분한 조사연구에 의한 철기장군 국방부 장관시대 연구논문이 나오게 되기를 바란다.

철기장군의 첫인상

1946년 봄에 귀국하신 철기장군이 임시로 거처하시던 청파동 댁으로 처음 찾아뵌 것은 그해 가을 어느 날이었다. 당시 국방부 전신인 통위부에 근무하던 나에게 철기장군을 예방하여 장군의 군사경험담을 듣자고 제안한 사람은 조선경비대 총사령부 정보부에 근무하던 이명재 장군이었다.

해방 후 중국으로부터 귀환한 그는 임시정부 요인과 광복군 간부들을 많이 알고 있었으며, 내가 보기엔 상당히 정치적 감각도 있는 동료의 한 사람이었다. 보우타이 양복차림의 철기장군은 군인출신이라기보다는 예리한 안광을 빼어 놓고는 어딘가 예술인—낭만파 시인 같은 인상을 주었다. 그러나 장군의 말씀을 들으며 그 박력 있는 음성과 자신만만한 논지에서 한평생 독립무장투쟁을 통하여 형성된 인격과 품성을 강렬하게 느끼지 않을 수 없었다.

이와 같은 첫인상 외에, 철기장군의 말씀은 태반 선망후실(先忘後失)하였지만, 아직도 나의 뇌리에서 사라지지 않는 것은 공산주의자들과 싸우는 마당에서는 정신무장과 사병복지의 중요성을 잊어서는 안 된다는 말씀이었다. 물론 이러한 장군의 소신이 대한민국 정부가 수립되고 장군께서 국무총리와 국방부장관을 겸직케 되면서 국군 육성정책에 반영되게 되었던 것은 너무나도 당연한 일이었다.

그 당시까지 나의 철기장군에 대한 지식은 그분이 광복군 참모장이었다는 정도의 지극히 제한된 것에 불과하였다. 장군께서는 중국에서 군사훈련을 정식으로 받았으며 독립운동 무장투쟁의 대표적인 청산리전투 때 혁혁한 전공을 이룬 분이었고 해방 직후 한국 내 일본군의 무장해제를 위해서 일시 귀국한 일이 있었다는 것도 상당한 시간이 흐른 뒤에 알게 되었다. 그 당시 나는 광복군 간부 중에는 사령관 이청천 장군의 성함을 알고 있을 정도였다.

미군정으로부터 민정으로 넘어가기 전, 미군정 당국에는 통위부장을 한국인으로 교체하기 위한 움직임이 있었는데, 한동안 이청천 광복군 사령관을 초대 한인 통위부장으로 모셔올 생각이라는 소문이 나돌기도 하였다.

그러나 버나드 대령이 일부러 상해로 가서 이청천 장군을 면담하고 돌아왔다는 풍문이 있은 후, 이청천 장군 이야기는 자취를 감추었고 그 대신 이응준 장군께 적당한 분을 추천해 달라는 부탁이 있었다. 이응준 장군이 버나드 대령에게 유동열 장군을 통위부장으로 추천하였을 때, 나는 그 통역을 담당하게 되었다. 이 장군의 추천의 변은 대체로 다음과 같은 것이었다.

첫째로 현재 조선경비대 장교는 일본군, 만주군, 중국군 출신 등으로 그 출신이 복잡하기 때문에 군, 특히 간부의 화목과 단결을 이룰 수 있는 분이어야 하고, 둘째로는 군 간부들뿐만 아니라 국민의 존경을 받을 수 있는 분이어야 한다는 것이었다.

이 두 가지 조건에 합당한 분은 임시정부 참모총장을 지내신 유동열 장군밖에 없다는 소신을 이 장군께선 피력하신 것이다. 이응준 장군 스스로가 부장 후보의 한 분이었기 때문에 그 사심 없고 논리 정연한 진언에 따라 마침내 군정당국도 유동열 장군을 초대 한인 통위부장으로 임명케 되었던 것이다.

그와 같은 통위부 인사정책 선상에서 미군정 당국은 해외독립운동 진영 가운데 좌우익 극단에 속하지 않는 인사를 경비대에 영입할 계획을 갖고 있었는데, 1946년 여름으로 생각되는 어느 날 철기장군은 통위부 정보작전 고문으로 위촉받으셨다. 그 당시 인사 고문으로는 후에 조선경비대 총사령관이 된 송호성 장군이 위촉되었다.

철기장군께서는 어느 날 오전 등청하시자마자 필묵을 가져오라 하시더니 정보작전에 관한 건의서를 십여 개 항목으로 적어서 낸 일이 있었다. 그때는 물론 미고문단이 주도권을 가지고 있을 때였다.

철기장군께서 자기의 건의가 묵살되자 다시는 통위부에 나오지 않으셨다. 아무것도 하는 일 없이 아침 8시부터 오후 5시까지 아무 서류도 돌아보지 않는 책상을 지키던 송호성 장군과는 좋은 대조가 되었다. 그 당시 철기장군께서는 민족청년단 통솔에 영일이 없는 때이기도 하였지만 여하간에 두 장군의 인격과 성품의 차이는 청년장교들에게 많은 생각을 불러일으키게 하였다.

그 당시 중국에서 귀환한 광복군 간부들 가운데 철기장군은 누구보다도 참신한 인상을 주는 몇 안 되는 분 중의 한 분이었다. 장군의 동석 자체가 분위기를 활기에 넘치게 하고, 말씀 한마디 한마디에 무엇인가 교훈이 담겨 있었다고 느끼게 된 것은 나의 젊은 미숙 때문만은 아니었다고 생각한다.

대한민국 국방부장관 첫 등청일

1948년 5월 10일 유엔 한국위원단의 감시 하에 남한 전역에서 실시된

총선거 결과로 그해 5월 31일 제헌국회가 소집되었으며 7월 20일 국회의장 이승만 박사가 초대 대통령으로 선출되면서 8월 5일 철기장군은 초대 국무총리에 임명되었다.

1948년 8월 15일 대한민국이 정식으로 출범하게 되었지만 그 전에 내각구성이 추진된 것은 두말할 것도 없는 일이었다.

철기장군은 국방부장관직을 겸임케 되자 무엇보다도 군의 주요 지휘관 인사에 관한 실정을 파악코자 했으며, 이를 위해 당시 통위부 인사국장으로 근무하던 나를 수차 부르신 일이 있었다. 물론 단독으로 뵙고 질문에 응답하게 되면서 철기장군과의 인연도 가지게 되었다. 인사문제에서 장관의 주요 관심은 국방부 참모총장과 육군 총참모총장 인사였는데 처음부터 채병덕 장군과 이응준 장군 두 사람으로 초점이 좁혀진 듯이 느껴졌다.

당시 계급상으로 제일 선임은 송호성 장군이었지만 전혀 고려대상이 되지 못하였고, 선임 간부급의 한 분인 이형근 장군께서도 미국 유학에서 아직 귀국하지 않고 있을 때였다.

철기장군과 가까운 관계에 있던 노태준 씨의 참모총장 설이 항간에 있었으나 장군께서 나에게 직접 언급한 일은 없었다. 일본 육사 출신인 채병덕 장군과 이응준 장군의 군사경력을 높이 평가하면서도 국방부 참모총장은 국방부장관 직속이므로 장관 입장에서는 젊은 사람이 바람직하고, 반면에 육군 통솔은 병기병과 출신인 채병덕 장군보다는 전투병과 출신의 노련하고 경험이 많은 이응준 장군에게 맡기는 것이 더 바람직하다는 결론을 내리게 된 것으로 추측되었다.

이와 같은 취지의 말씀을 들은 것은 1948년 8월 19일. 신임 국방부장관으로서 첫 국방부 등청일 아침이었다. 나는 아침 일찍 장관으로부터 국방부 출근 전에 남산 및 묵정동 장관 사저에 들르라는 전갈을 받고 즉시 찾아가 뵈었다. 철기장군께서는 참모총장, 육군 총참모장 인사결정을 말씀하셨다. 이와 함께 당장 발령할 수 있는 국방부장관 전속부관 한 사람을 추천하라는 말씀도 있었다.

그 순간 나의 머리에는 장관 전속부관의 자격문제가 스치고 지나갔다. 장관께서 군내사정을 모르시기 때문에 측근에 장관을 보좌할 전속부관은 무엇보다도 성실하고 사심과 파벌심이 없으며 민족과 국가를 생각하는 사람이어야 된다고 생각했다.

대뜸 그 당시 무 보직으로 있던 박병권 장군의 모습이 뇌리에 떠올랐다. 나의 진언을 들으신 장관께선 즉석에서 좋겠다고 단안을 내리셨다. 박병권 장군과 철기장군과의 인연은 이렇게 시작된 셈이었다. 남산 밑 현 퍼시픽 호텔 자리에 위치하고 있던 국방부 청사에 도착하자마자 장관 지시로 필묵을 준비하느라 한동안 부산하였다.

장관께서는 손수 모필로 국방부 명령 제1호를 산출하시었다. 참모총장에 채병덕 장군, 국방부장관 전속부관에 박병권 장군을 임명하는 인사발령이었다. 국방부 명령 제1호를 직접 문서화한 후 철기장군께서는 중앙청 내 국무총리실로 총총히 떠나셨다. 국방부장관직을 겸하는 동안 철기장군의 집무일상은 이렇게 총리실과 국방부장관실 내왕으로 쉴 틈이 없으셨다.

그 후 국방부 직제가 제정 공포된 것은 1948년 말에 가까웠을 때였지만 직제윤곽이 대강 잡혀감에 따라 나는 국방부 비서실장직을 맡아 보게 되었다. 당시 정부조직에 의하면 행정부의 국정 최고 정책심의 결정기관은 장관으로 구성된 국무회의이고, 다음 차관으로 구성되는 정무회의가 있었으며, 그 밑에 행정부 각 부처 내 인사, 경리에 관한 사무를 협조하는 비서실장 회의가 설정되어 있었다.

정부 각 부처 인사와 경리를 각부 비서실장이 관장하고 있었기에 비서실장 권한은 막강한 것이었으며, 당연히 비서실장은 장관의 복심부하가 임명되는 것으로 인식되어 있던 때였다. 그러나 국방부의 경우 인사에 관한 사항은 군무국에서, 경리에 관한 사항은 경리국에서 관장케 되어 있어 비서실은 단순히 장관 결재를 필요로 하는 문서취급 정도의 사무취급 부서에 불과하였다.

국방부장관으로 인계받은 국방력

제2차대전 후 남한에 진주한 미군에 의하여 남한에서의 군정 실시가 선포되었을 때 그것이 장시간 계속되리라고 생각한 사람은 그리 많지 않았을 것이다. 그러나 한민족의 기대와는 달리 한반도가 미·소 양진영의 냉전관계의 초점이 되면서 한반도의 남북분단과 민족의 좌우분열상이 날이 갈수록 심화되어 감에 따라 군정 종결에 대한 전망은 불투명해지고 있었다.

그와 같은 상황 하에서 1946년 1월 15일 남조선 국방경비대 해안경비대가 경찰예비대로 창설되었던 것이다. 당초 미군정 당국의 계획은 경비대 병력을 약 2만 5천 명 수준으로 하였던 것이나 1947년에 들어 주한미군 감축 또는 철수에 대비하여 그 수준을 5만 명으로 증가시키고 경보병 부대 장비로 무장케 하였다. 증강된 경비대가 1948년 8월 15일 대한민국 정부수립과 동시에 국군으로 개편될 때의 총병력은 장병 합해서 약 5만 명뿐이었으며, 장비는 미군 M1 소총과 일군 99식 소총, 그리고 경기관총 등 경무기에 불과하였다.

경비대 창설 당시 미군정 당국이 고려한 경비대 임무는 국내 치안을 위한 경찰예비대 역할이었기 때문에 미고문은 폭동진압 훈련과 경비임무 등에 관한 것이었다. 그러나 북한 공산집단이 그 전력을 강하하며 38선을 침범하는 사례가 늘어남에 따라 경비대 간부들은 이에 대한 대책에 관심을 가지지 않을 수 없었으며, 점차 소대, 중대 전투훈련으로 군사훈련의 내용을 발전시켜 나갔던 것이다.

정부수립과 더불어 새로 발족한 국방부장관으로서 철기장군이 인계받은 국군의 장비와 훈련수준은 야전에서 평생을 보내신 장군의 체험에 비추어 볼 때 국방 임무를 수행하기엔 너무나 열등한 것으로 보였으리라 짐작된다. 그러나 무엇보다 먼저 관심을 가지지 않을 수 없었던 것은 장병들의 사상문제였다. 국정 하에서 인사제도는 전적으로 지원병 제도였지만 좌우익 정치세력이 각축하는 상황 속에서 공산혁명을 목표로 하는 공산당이 군 내부에 자기세력을 침투시키고자 획책하지 않았을 리 만무하며, 이를 예상하지 못하였다면 이는 너무나도 공산당 술책에 무지한 사람이거나 비현실주의자일 것이다. 사실상 후에 일어난 반란사건에서도 입증된 일이지만, 상당한 좌익분자들이 지원병제도 하에서 군에 침투하고 있었던 것이다.

그러나 그 당시 미군정 당국은 장병들이 경비대 법규를 준수하고 상관명령에 복종한다는 서약을 하고 입대하는 이상 그들을 의심할 필요가 어디에 있느냐는 안이한 주장을 펴고 있었던 것이다. 이렇듯 미군정 당국의 공산주의 전술 전략에 대한 무지와 형식적이고 소박한 자유주의 사상으로 인해 후일 커다란 대가를 지불하지 않으면 안 되었던 것이다.

철기장군께서는 국방부장관으로 그와 같은 미군정 당국의 잘못된 군인사정책으로 말미암아 공산파괴분자가 상당수 침투한 경비대를 국군으로 개편하지 않을 수 없는 부담을 떠맡았던 것이다. 대한민국 정부수립과 동시에 국군으로 개편된 경비대는 독립국의 병역제도에 의한 군제가 아니라 치안유지가 제1차적 임무인 미군정 당국이 경찰 예비로서 조직한 것이며, 더구나 전적으로 지원병제도에 의한 것이었기 때문에 전혀 예비역 병력을 확보하고 있지 못하였다. 따라서 북한 공산집단의 병력보다 열세한 국군을 일단 유사시에 지원할 수 있는 예비역 병력을 여하히 창출할 것인가 하는 문제는 새나라 초대 국방부장관에게 심각한 국방 현안이 아닐 수 없었다.

국방부 조직법상 군 통수 계통 문제

정부조직법에 의하면 국방부장관은 군정을 관리하는 것으로 되어 있고 국군조직법에서는 군정을 관리하는 외에 군령에 관하여 대통령이 부여하는 집무를 수행하도록 되어 있어 군정과 군령 간에 미묘한 관계가 설정되었던 것이다.

일본 군사교육을 받은 인사들 중에는 일본 정부조직의 군정, 군령 분리원칙에 익숙한 사람도 있었지만 조선경비대를 장차 새나라 정부가 수립되면 국군으로 발전시키려 했던 청년장교들은 대체로 군정, 군령을 통합 운용하는 미국식 군제에 별다른 이의를 가지고 있지 않았다. 정권이 바뀔 때마다 국군 통수권이 영향을 받아서는 안 된다는 견지에서는 일본식 군령권 독립이 강점을 가지고 있으나 군정사항과 군령사항은 정부차원에서 긴밀한 협조·협력 관계를 필요로 한다는 관점에서 군정, 군령통합론이 보다 합리성이 있다 할 것이다.

군제상 문제의 기본방향을 설정하는 데 있어 철기장군의 기여가 컸던 것으로 생각된다. 국방부장관은 군정을 관리하는 외에 군령에 관하여 대통령이 부여하는 직무를 수행하도록 하였던 것이다. 이와 같은 관점에서 볼 때, 국방부 참모총장은 군정 군령면에서 국방부장관의 보좌역에 불과하였다. 그 후 국방부 참모총장의 직제는 북한 공산주의자들의 남침으로 전쟁이 발발하여 한국군 작전 통제권이 UN군 사령관에 위임되면서 그 역할이 거의 불필요해짐에 따라 폐지되기에 이르렀던 것이다.

　전쟁이 끝나고 대통령의 국군통수권 행사문제가 재론되면서 육·해·공군의 군령상 협조를 위하여 국방부 내에 연합참모본부가 설치되며 연합참모회의장, 육해공군 참모총장으로 구성된 미국식 군사전력협의체가 발족됨으로써 어느 정도 철기장군의 군정, 군령 통합론이 소생케 된 셈이다. 정부수립 후 국방부장관이 정부조직법상 군정을 관리하고 군령에 관하여 대통령이 부여하는 직무를 수행하도록 되어 있었던 관계로 철기장군에 대한 오해와 함께 정치면에서는 철기장군에게 국군지휘권을 맡기면 군사혁명의 위험이 있다는 풍설이 나돌기도 하였다.

　이와 같은 오해는 국방부직제에 있어 정훈병과 및 제4호 특수공작전담과 특수첩보공작부대의 창설문제를 둘러싸고 더욱 심화된 것으로 생각된다. 그러나 철기장군의 국방 기본개념은 처음부터 명백하였다. 미·소 냉전구조 하에서 미국과의 군사유대를 강화하며, 대내적으로는 반공사상이 투철한 정예국군을 건설한다는 점이었다. 공산주의자들의 사상전에 대항하기 위해서는 정훈기구가, 비정규전에 대비하기 위해서는 우리 자신의 첩보공작전담부대와 국방부내 관련기구가 필요하다는 것이 철기장군의 지론이었다.

　장관의 소신은 중국대륙에서 국공 양 세력의 각축전에 직접 관여하면서 장군 스스로 체득한 소신이었던 것이다.

　미국 고문단과의 열띤 협의 끝에 마침내 국방부에 사상전에 대비하는 정훈국과 북한 공산집단의 비정규전에 대비하기 위한 기구로 제4국이 설치되었다. 기구는 자연히 중국 국공대립의 내전 상황에 정통하고 중국에서 철기장군과 동고동락한 광복군 동지들이 주로 담당케 됨으로써 철기장군을 시기, 질투하는 정치인들 눈에는 이것이 철기장군이 사심을 가지고 군내에 파벌을 만들고 있는 것으로 보여 반 철기 음모의 좋은 구실로 삼아졌다고 생각한다.

사병제일주의

　사병제일주의라고 할 때 제일 먼저 생각되는 것은 사병 복지에 관한 방침일 것이다. 사병 복지가 사병의 사기와 긴밀한 관계가 있다는 것은 두말할 것도 없는 일이나, 철기장군께서 국방부장관이 되면서 내건 사병제일주의는 그와 같은 단순한 것이 아니었다.

　사실상 사병제일주의는 군대 통솔상 강조되는 전통적인 군기제일주의와 상충되는 방침같이 느껴지는 점도 없지 않다고 생각된다. 군이 부여된 임무를 완수하기 위해서는 무엇보다 먼저 엄정한 군기가 확립되어 병사는 상관의 명령에 절대 복종하여야 한다는 것이 군통솔의 통념이다.

　그렇기 때문에 만일 군사경력이 전무한 분이 국방부장관으로 부임하여 사병제일주의를 강조하였다면 군조직의 본질을 모르는 사람의 사려 없는 인기전술이라고 할지도 모른다. 그러나 평생을 실전 속에서 살아 온 철기장군이 국방부장관으로서 역설하는 방침구호였기에 어느 누구도 감히 비판적인 목소리를 내지 못하였을 뿐만 아니라, 오히려 그 뜻하는 바를 확실히 이해하지 못하면서도 새로운 나라, 새로운 군대를 건설하는 데 당연히 강조되어야 할 방침으로 수용되어 갔다.

　철기장군께서 강조하신 사병제일주의가 사병복지 제일주의에 국한한 것이 아니었음은 두말할 것도 없는 일이다. 철기장군의 사병제일주의에는 몇 가지 중요한 인식이 깔려있었다고 생각된다.

　첫째는 공산주의자가 도발하는 전쟁의 성격에 관한 인식이다. 공산주의자와의 싸움은 주로 사상전이요, 심리전이란 점이다. 중국에서 귀국하신 후 처음 장군을 만나 뵈었을 때에도 그 점을 강조하시는 것을 들을 수가 있었다. 총을 쏘지 않고도 이기는 방법이 사상전이요, 심리전이기 때문에 공산당과의 싸움에서는 총을 서로 쏘기도 전에 사병들이 공산주의 사상의 포로가 되는 것을 막아야 된다는 기본 인식의 중요성을 강조한 것이라 하겠다.

둘째는 공산당과 싸워 이기기 위해서는 민주주의에 대한 확고한 신념 아래 민주헌정체제의 수호가 국군의 사명임을 명심하여 군 본연의 임무 수행에 있어, 특히 군 통솔 면에서 민주국가의 기본정신인 인권을 존중하여야 한다는 인식이다. 종래의 병영생활이 사병 구타, 체형 등 비리로 점철되어 온 것을 감안할 때 이러한 폐습을 개선해야 한다는 장관의 의지가 포함되어 있다고 보아야 할 것이다.

셋째는 누구나 생각할 수 있는 사병복지에 대한 관심의 강조라 하겠다. 대륙전선에서 국부군과 함께 공산군에 대적하여 사병복지에 관심이 있고 없는 부대의 사기가 얼마나 판이한가를 체험을 통해 절감한 철기장군께선 국군양성의 책임을 맡으시면서 군기와 사기의 기초에는 사병복지 문제가 깔려 있다는 것을 역설하고자 하였다고 생각한다.

사병제일주의야말로 전략가로서, 군사 경륜가로서 철기장군의 탁월한 사상의 한 표현이었다.

군 예비병력 조직문제

미군정 당국은 1946년 1월 15일자로 경찰 예비성격으로 국방경비대를 창설하기 시작하였다. 미군정 당국은 경찰예비대로 조직하기 시작한 국방경비대를 장차 국방군으로 개편 강화하는 것을 가정하고 남한의 재정부담 능력을 고려하여 5만 명 이내의 병력수준안을 가지고 있었다. 그와 같은 안에 따라 대한민국 정부수립 당시의 경비대 병력은 대체로 5만 내

외였다고 회상된다.

그리하여 철기장군께서는 대한민국 초대 국방부장관에 취임하면서부터 북한공산군에 대항하기에는 너무나 미약한 국군병력을 급속히 증강할 필요성에 직면케 되었던 것이다.

우선 정예 국군건설을 표방하면서 장관의 심중을 떠나지 않았던 과제가 군 예비병력의 조직동원 문제였다. 그때까지 지원병 제도로 운영되었던 경비대 제도상으로는 제대 후 동원될 수 있는 예비역 병력이 전무한 실정이었다. 국방부장관으로서 이 문제를 긴급히 해결하기 위하여 철기장군께서는 호국군 창설을 생각게 되었으며, 이에 따른 군제의 정비엔 신응균 장군의 부친이신 신태영 장군(전 육군 참모총장, 국방부장관)께서 많은 보좌를 하였다.

1948년 11월 20일 대통령 긴급 임시조치령 공포로 마침내 호국군 창설을 보게 되었다. 이미 군 복무를 마치고 예비역으로 편입된 병력을 가지지 못한 실정에서 차선책을 강구했던 것이다. 예비병력 조직과 관련하여 청년단체의 활용문제도 도외시할 수 없었다.

그 당시 청년운동에 참여한 수많은 단체 중 대한청년단, 서북청년회, 민족청년단 등은 각각 특색 있는 조직과 운영을 가지고 있었다.

그 중 민족청년단은 철기장군께서 중국으로부터 귀국하신 후 정부수립 시까지 심혈을 기울여 조직 훈련하여 온 청년운동단체로서 '히틀러유겐트'처럼 철기장군과 운명을 같이 할 수 있는 청년조직으로 알려져 있었다.

민족청년단이 철기장군의 국내정치세력 기반이란 점에 대해서 이론을 가질 사람은 없었을 것이다. 그러나 모든 청년단체는 전시 군 예비 병력으로 활용될 수 있도록 1948년 10월 4일 신성모 씨를 단장으로 하는 대한청년단으로 통합되었다.

철기장군께서 스스로 자기의 정치세력 기반을 단념하게 된 것은 국무총리 겸 국방부장관이라는 현직 때문이라고도 볼 수 있겠으나, 그보다는 이승만 대통령의 지시라면 무엇이든지 거역하지 못하는 분이었기 때문이라고 생각된다.

그러나 청년단체의 통합 이면에는 철기장군 세력을 견제, 무력화하기 위하여 기회를 노리고 있던 정치세력의 움직임이 있었던 것도 사실이다. 그 당시 항간에는 민족청년단이라는 전국적 청년운동조직을 가지고 있고 국방부장관이란 지위에서 국군을 지휘할 수 있는 철기장군을 그대로 두면 불원간 철기를 중심으로 한 쿠데타가 일어날 것이라는 풍설이 나돌았는데 그 근원지의 하나가 허정 씨를 중심으로 한 칠인조라는 정치그룹이었다.

철기 정치세력의 거세를 위하여 칠인조 인사들은 자주 모인 모양이었다. 그 제1단계 작업이 대한청년단에 모든 청년단체를 통합한다는 구실로 민족청년단을 해체시키는 것이었고, 제2단계로 철기장군을 국방부장관직에서 해임케 하는 것이었다. 이 칠인조에는 철기장군이 이승만 대통령께 건의하여 해외로부터 모셔온 신성모 내무장관도 포함되어 있었으며, 철기장군이 직접 참모총장으로 임명한 채병덕 장군도 이 모임에 참여하는 일이 많았다는 이야기가 있었다. 인생무상을 통감케 하는 현상들이 아닐 수 없다.

신생국가 신정부가 직면한 내외정세가 다사다난할 때 광복된 국가주권을 옹호하며 민족만대의 생존, 번영의 토대인 자주국방 역량을 배양하려는 철기장군의 웅지와 지공무사한 헌신과 노력을 이해하지 못하는 몇몇 사람들의 계략으로 말미암아 장군께선 결국 1949년 3월 21일 국방부 장관직도 해임당하고 말았다.

여군 창설 문제

철기장군께서는 국방 정책수립에 있어 공산주의자들의 사상 심리전과 무력남침에 대비하기 위하여 전 국민을 여하히 계도 조직하며 특히 여성 인적 자원을 어떻게 활용할 것인가 하는 문제에 깊은 관심을 가졌다. 가용할 수 있는 인적 자원을 최대한으로 활용하는 현대전의 성격을 감안한 고도 국방국가 건설 문제의 일면이라고도 생각되었다. 특히 현대 민주국가로서의 대한민국 그 사회구조에서 과거의 봉건사회적 유풍을 급속히 지양하고 남녀동등의 민주사회를 건설하여 하루속히 선진사회를 따라가야 한다는 것이 철기장군의 지론이기도 하였다.

그런 현대사회의 축소판으로서 또한 남녀협력의 상징적 존재로서 여군 창설을 장군께서는 결심하였던 것이다. 마침 미군에도 여군제도가 있어서 군내 반대의견을 무마시키는 데 큰 도움이 되었지만 숙소, 복장 문제 등은 물론 내무생활면에서도 지휘관에게 불필요한 신경을 쓰게 한다는 이유로 이를 권유하지 않는 사람들이 많았다.

여군제도가 국군 전력에 큰 도움이 된다는 철기장군의 소신은 미상불 사모님과 독립무장투쟁 일선에서 고락을 같이 한 경험에서부터 우러나온 것이 아닌가 생각되며, 장군의 이러한 여성관이 국군 내 여군 창설에 반영되었다고 보아야 할 것이다. 여군이 창설된 후, 초대 여군부장 김현숙 여사가 인솔한 여군 간부들로부터 신고를 받을 때 철기장군께서 하신 훈시는 지금도 기억에 생생하다.

"고금동서에 미인 앞에 비겁한 남자가 없고 용감한 남자 앞에 예쁘게 보이기를 원하지 않는 여자가 없다. 이제 우리 국군도 여군 창설로 남자 군인은 더 용감하여질 것이며 여자군인은 더욱 예뻐질 것이니 장관으로서 이 이상 더 기쁜 일이 어디 있겠는가."라는 말씀이었다. 이 유머 속에 담긴 진리를 부인할 사람은 아무도 없으리라 생각된다.

그 후 여군은 많은 발전을 하였고 군행정 운영면에 있어서도 커다란 공헌을 하였지만 무엇보다도 여군제도가 전통사회의 현대화에 기여한 역사적 의의를 생각하면 철기장군의 원려에 고개를 숙이지 않을 수 없다.

재야 군사 유경험자 등용

미군정 당국이 경비대 창설을 계획하고 있을 때, 무엇보다 지휘관 양성이 절실하게 필요하였던 것은 두말할 것도 없는 일이었다.

그와 같은 관점에서 미군정 당국은 우선 과거 군사경력을 가진 사람을 중심으로 희망자에게 기초 군사영어를 습득케 하기 위해서 군사영어학교를 개설하였다. 물론 이 같은 군사영어학교의 개설은 미군과의 협력을 증진시키는 데 주목적이 있었지만, 한편으로는 해방 후 1945년 말까지 급조 난립된 각종 준군사단체를 미군정 당국 지침 하에 통합하고자 하는 의도도 포함되어 있었다 할 것이다. 특히 당시는 좌익계 군사조직의 억제가 우익정략의 관심사이기도 했던 때였다.

그와 같은 상황에서 군사영어학교에 모인 인사들은 주로 일본군, 만군 출신들과 일본군에 학병으로 참가했던 청년들이었다. 그러나 과거 군사경력을 가진 사람들 중에는 미군정에 협력하기를 꺼려하는 인사들이 적지 않았으며, 장차 새나라가 창설되고 새 정부가 수립되면 그때 국군의 모체가 되기 위해서 동지를 규합하고 있는 단체도 있었다.

일본군 출신인 김석원 장군 중심의 육해공군 동지회 같은 것이 그 좋은 예라 할 것이다. 경비대보다 먼저 미군정 당국으로부터 미식 카빈총과 기관총을 보급받은 조병옥 씨와 장택상 씨 지휘하의 경찰은 장차 자기들이 국군의 모체가 된다고 호언하고 있던 때이기도 하였다. 그러나 경비대는 대한민국 정부가 수립될 때까지 꾸준히 발전을 계속하였고, 특히 38선에서의 군사충돌과 공비토벌작전을 계기로 조직면에서나 장비면에서 남한 유일의 군사단체로 성장하게 되었는데, 이 육해경비대가 정부수립과 동시에 대한민국 육해군으로 정식 개편되는 데 대하여 어느 누구도 이의를 제기하는 사람은 없었다.

그럼에도 불구하고 경비대가 국군으로 개편될 때 과거 군사유경험자를 거족적 견지에서 기용치 못함으로써 이 문제를 해결하여야 할 과제를 초대 국방부장관은 취임 초부터 인계받은 셈이었다. 군사유경험자로서 군정에 협력을 거부하며 정부수립을 기다리고 있던 대표적 인사들이 광복군 출신이었다. 민족의 자주독립을 위하여 헌신하여 온 광복군출신 군인들이 아무리 장차 국군으로 개편되다 하여도 미군정하의 군사기관에 참여하기를 흔쾌히 생각하지 않았던 것은 충분히 이해할 수 있는 일이었다.

국방부장관에 취임하시자마자 철기장군께서는 이와 같은 군 인사면의 문제점을 해결하고 전 국민의 사랑과 믿음을 얻을 수 있는 군 간부 진용의 강화에 나섰다.

해외에 체류하고 있던 김홍일 장군과 신성모 씨의 귀국을 알선하고 오광선, 안춘생, 이준식, 박영준, 권준, 장흥, 김관오, 등 광복군 제씨와 유승열, 안병범, 신태영, 김석원, 백홍석, 이대영, 이종찬, 이형석, 이용문 씨 등 일군 출신들을 영입하는 결단을 내렸던 것이다.

그리하여 그 당시 비교적 젊은 청년장교로 간부진영이 형성되어 있던 경비대는 국군으로 개편되면서 노련한 군사 유경험자를 영입함으로써 조직상 새로운 무게와 권위를 높이게 된 셈이다. 군사유경력자 가운데 이응준 장군 같은 분은 특별할 분이었다. 이 장군은 경비대 창설 때 미군당국으로부터 창설사업의 총책임자가 되어 달라는 부탁을 받고도 자기는 일본군대에 종사한 사람이어서 그럴 자격이 없다고 극구 사양하였다는 이야기였다. 그러나 미군정 당국으로부터 일제하에서 군무에 종사한 분이 왜 자기 나라 군대를 만드는 일에 참여할 수 없다고 하느냐는 반문을 받고 고문직을 수락하였다는 것이었다. 그 후 이응준 장군께서 한인 고문으로 경비대 창설업무를 도우실 때 그분의 보좌관으로 근무하던 나는 이응준 장군께서 미군 고문들과 의견이 같지 않을 때에는 언제나 당당하게 자기 소실을 개진하며 굽히지 않던 일들을 부하로서 얼마나 흐뭇하게 생각하였는지 모른다. 이응준 장군이야말로 경비대를 국군의 모체로 육성한 군부적 역할을 한 분이었던 것이다.

국방부장관이 된 철기장군께서 군사유경험자를 국군에 영입하고자 할 때 미고문 측의 저항에 부딪혔던 것도 사실이나 그와 같은 일에 뒷걸음질 할 장관이 아니었던 것은 두말할 나위도 없다. 미군정에서 전환되는 시기에 주체성이 강한 철기장군을 국방부장관으로 모시게 된 것은 국군에게는 천만다행이 아닐 수 없었다.

장관 집무 이모저모

철기장군의 국방부장관 겸직은 대체로 국민 일반이나 군 내부에서는 다분히 예측할 수 있었던 일이어서 군 내부에 이렇다 할 거부반응을 일으키는 일은 없었다. 그분은 새로운 대한민국 정부의 국방부장관으로서 가장 적당한 분임에 틀림없었다. 과거 독립운동 무장투쟁의 배경뿐만 아니라 장군의 새로운 국가건설 특히 국군건설을 위한 웅대한 포부와 호기는 국군 수뇌의 신뢰와 존경을 획득하는 데 많은 시일을 필요로 하지 않았다.

총리직을 겸임하신 관계로 장관의 국방부 등청은 자연 시간적으로 많은 제약을 받을 수밖에 없었으며, 그렇기 때문에 급한 서류는 총리실로 가지고 가서 결재받는 경우가 많이 있었다. 그러나 아무리 복잡한 사안이라 하여도 결재를 보류하거나 지연시킨 일이 없었을 뿐만 아니라 무슨 서류든 간에 장관의 결재는 언제나 명쾌하였고 공사를 혼동한 일이라고는 한 번도 없었다.

충무공의 지공무사 정신을 기회 있을 때마다 말씀하시던 장관의 언행은 언제나 지공무사 바로 그 표본으로 생각되었다. 공사를 엄별하는 철기 장관의 생활신조의 일례는 가끔 사회인사가 가져온 일종의 국방헌금의 처리를 통해서도 엿볼 수가 있었다. 그 시대, 그와 같은 헌금은 일종의 정치자금으로서 장관 자신이 자유로이 사용할 수 있는 성격의 것이었음에도 불구하고 받으신 헌금을 여러 차례 채병덕 참모총장께 수교하시는 것을 목격할 때는 청년장교의 한 사람인 나로서는 커다란 감명을 억제할 수가 없었던 것이다.

장관은 한번 믿으면 누가 뭐라 하여도 의심하지 않고 끝까지 믿는 일면이 있었는데 그 좋은 예가 참모총장과의 관계였다. 철기장군은 국방부장관을 겸직한 날부터 국방부 참모총장 인선에 많은 심혈을 기울이신 것으로 생각된다. 여러 가지 측면에서 심사한 끝에 채병덕 장군을 참모총장에 임명하고, 그 후에는 군 행정 군령 사항을 전적으로 참모총장에게 일임하였다. 일임하였다기보다는 기본지침을 지시하면 그 집행에 관해서는 대폭적으로 위임하는 집무스타일이었다. 물론 국무총리직에 국방부장관직을 겸무하는 상황에서 그럴 수밖에 없었는지도 모르지만, 철기장군께서 대폭적으로 국방업무를 참모총장에게 일임한 데는 결코 장관으로서 군사에 관한 소신이 없어서가 아니었다는 것은 세인이 주지하는 일일 것이다.

철기장군은 지금의 경기고등학교의 전신인 경성고등보통학교 3학년 시절 중국으로 망명하여 중국운남육군강무학교 기병과를 졸업(1916-1919)한 후 이시영 선생이 건립한 만주 봉천성에 있는 신흥군관학교 교관이 됨으로써 독립군을 훈련하는 데서부터 독립군으로서의 군인생활의 제

1막을 시작하시었던 것이다. 1920년에는 청산리 전투에서 일군사단 주력을 섬멸하는 데 혁혁한 전공을 세웠던 것은 너무나도 유명한 항일전 일면이었다. 1923년에는 고려혁명군 기병연대장이 되어 백계 러시아군을 축출하기 위해 싸우다 총상을 입기도 하였다. 1925년, 공산주의가 민족독립과 국권회복의 지침이 될 수 없다는 확신 아래 반공으로 돌아섰으며, 해방 전 광복군 참모장으로 활약하기까지에는 중국군 군작전과장, 중국군 구주군사시찰단원, 방면군 고급참모 등을 거치면서 귀중한 일선, 후방 경험을 두루 쌓으셨다.

철기장군께서는 강철 같은 혁명군사전선의 풍진 속에서 한번 믿은 동지는 끝까지 믿는 성품을 길러온 듯이 보였다. 자기가 임명한 참모총장에 대한 장관의 태도에서 그와 같은 성품을 충분히 엿볼 수가 있었다.

철기장군은 철두철미한 이승만 대통령 숭종자요, 추종자였다고 생각한다. 비서실장인 나는 어느 날 정책면에서 동의할 수 없을 때에는 대통령께 대해서도 솔직히 진언을 하셔야 된다고 주제넘은 말씀을 드린 적이 있었다. 장군께서는 일언지하에 나의 불성실을 책하시면서, 우리 민족은 지금 이승만 대통령을 중심으로 철석같이 단결하여 새나라 건설에 힘써야 된다는 것을 역설하시었던 것이다. 국내외로 다난한 이 시대 이 나라를 영도할 분은 이승만 대통령밖에 없다는 것이 철기장군의 소신이었다.

철기장군께서 다재다능하신 분이었다는 것은 누구나 다 잘 아는 사실이다. 기병출신으로 승마에 능하였으며, 또한 사격의 명수였다. 영어, 러시아어, 중국어, 일어 등을 우리말처럼 유창하게 구사하시었는데 제3자가 듣는 것을 꺼려하실 때는 가끔 러시아 말로 사모님과 담화를 나누시는 것을 보곤 하였다. 뿐만 아니라 철기장군은 화술에도 능하신 분이었다. 웅변가는 아니라 할지라도 과거의 경험에서 우러나온 무궁한 이야기는 언제나 듣는 사람을 매료하였다. 표현하시는 화술에서 받은 인상이었는지는 모르지만 장군께서는 다분히 문학인의 소질이 있었던 것으로 느껴졌다.

국방부 비서실장으로 국방부장관이신 철기장군을 모신 8개월이란 세월은 나에게 귀중한 인생수련 기간이기도 하였다. 군인이 가져야 할 자세에서부터 세상을 살아가는 인간의 태도에 이르기까지 다감한 나의 청년시절 나의 인격형성에 철기장군의 영향은 실로 거대한 것이었다 할 것이다. 그렇기 때문에 아무 실권이 없는 서무비서 역할에 불과한 국방부 비서실장직에 있는 동안 인사권, 재정권을 가졌던 타 부처 비서실장과 동일시되어 오해를 받은 일도 있었지만 나는 이에 조금도 개의치 않고 계속 모실 수 있었던 것이다. 철기장군께서 정계 일선에서 물러난 후에도 내가 군에서 정치자금을 조달하여 도와드린다는 터무니없는 모략을 받기도 하였고, 5·16 군사혁명 때에는 군대 내의 소위 족청계라고 불리는 몇몇 동지들과 함께 군사혁명 또는 반혁명을 계획하고 있다는 허무맹랑한 중상의 대상이 되기도 하였다.

지난날 그분의 애호를 받기 위하여 그렇게도 깊은 관심을 가지던 사람들이 철기장군께서 국방부장관직으로부터 물러난 후에는 언제 장관이었냐는 식으로 탈바꿈해버린 비정한 인심 동향에 인생무상을 통감하고 있을 때, 나 스스로도 못나고 비겁함을 맹성케 한 사건이 있었다.

철기장군께서 국방부장관직에서 보내신 마지막 주말이었다. 오후에 평택 부근으로 오리사냥을 갈 테니 따라갈 준비를 하고 출근하라는 전갈을 받았다.

그날 아침 뵙자마자 장군께서는 "강군은 몸이 약하니 건강에 유의해야 된다"고 하시며 군인으로 수렵은 좋은 운동이니까 같이 가자는 말씀이었다. 나는 장관께서 예비로 가지고 계시던 엽총으로 화창한 이른 봄날 난생 처음으로 사냥경험을 하게 되었던 것이다. 또 이것은 철기장군을 수행한 유일한 사냥경험이었다.

평택 부근 논밭에서 토요일 오후 두세 시간 사냥을 하는 동안 장군께서는 한 마리도 잡지 못하는 불운이었는데 오히려 처음 사냥 나온 내가 오리 한 마리를 잡아 일행의 체면을 세울 수가 있었다. 장군께서 가짜 군인은 아니라고 나를 칭찬하여 주시던 모습을 잊을 수가 없다. 그날 온양 철도호텔에서 일박을 하게 되었는데 저녁 식사가 끝난 후에 어떻게 알았는지 그곳 군수와 경찰서장이 인사차 호텔을 방문한 것을 볼 수가 있었다. 이런 일이 있은 지 며칠 안 되어 철기장군은 국방부장관직에서 물러나시고, 후임에 신성모 장관이 임명되었다.

계속 비서실장직을 맡아보고 있는 나에게 어느 날 신 장관은 아연실색할 말씀을 하시는 것이었다.

"국무총리, 국방부장관이란 사람이 지방에 사냥 간다는 구실로 지방에 가서 바쁜 농촌사람들을 도열시키고 지방 관청사람들의 향응을 받았다니 이래서야 나라가 되겠나." 대충 이런 이야기였다. 나는 하도 어이가 없어 아무 말도 못하고 묵묵부답이었다. 세상물정을 몰랐던 나에게 커다란 충격이 아닐 수 없었다.

그 당시 정계 일각의 철기장군에 대한 인식과 비판의 일단을 말해 주는 것이었지만, 나는 왜 그때 그것은 사실과 다르다는 말을 못했는지 두고두고 후회하게 되었다. 그와 같은 세태에 초연했던 철기장군의 모습은 지금도 나의 마음 속에 한없는 존경과 흠모의 정을 불러일으키고 있다.

맺는 말

미군정으로부터 독립국 정부로 발전하는 일종의 과도기에 있어서 그 당시 철기장군을 능가할 국방부장관 적임자는 그리 많지 않았다. 이것은 그분을 모시던 비서실장이라 해서 말하는 것이 아니라 한국 청년장교의 한 사람으로서 나의 생각이었다.

　누차 언급한 바와 같이 국군으로 개편되던 날까지의 경비대는 미군주둔 지역에서 순전히 국지 치안을 위한 경찰예비에 불과하였다. 그러나 정부수립과 동시에 개편된 국군은 일조일석에 막중한 국방 임무를 맡게 됨으로써 국군이란 칭호와 더불어 장병들 어깨에는 명예가 빛나고, 신성한 국방임무로 군의 위신, 권위는 한층 드높아졌다. 그러나 기실, 전환기의 국군은 헤아릴 수 없는 난제를 또한 안고 있었던 것이다. 미군대위, 중령 계급 밑에서 소위로 임관된 한국장교들의 계급이 경비대의 급속한 확장과 성장에 힘입어 1년에 2단계씩 진급됨으로써 어제까지 상급자이던 미군장교가 하급자가 되어 버리는 현상까지 있었다.

　이러한 상황으로 말미암아 경비대 시대를 거쳐 온 간부들의 마음 속에는 동양윤리 관념에서 오는 미묘한 감정과 미 군인들의 일종의 우월감 사이에서 심리적 갈등을 피할 수 없었던 것이 사실이었다. 불필요한 열등의식이나 반항의식 등은 새로이 건립된 정부의 강력한 주체의식 속에서 여과되어야 했다. 그와 같은 상황 속에서 강력한 주권의식을 가지고 있을 뿐만 아니라 평생을 민족독립전선에서 보내고, 또 중국대륙에 펼쳐진 국공관계에서 몸소 대공 전략을 수립, 실천하여 온 철기장군의 국방부장관 취임은 국군 초창기의 기초를 확립한다는 견지에서 여간 다행한 일이 아니었다.

　국토가 분단되고 민족이 좌우로 분열된 상황에서 국방군 양성의 기본 과제는 만주국가의 국방의식 함양과 반공정신의 진작에 있음을 갈파한 사병제일주의 구호는 철기장군의 대공 전략 기본사상에서 도출된 것이었으며, 예비군력 조직, 군사유경험자 대거 영입 등은 군사전략가로서의 결단의 소산이었다. 특히 여군 창설 등은 남녀평등의 민주대한을 건설하려는 경륜가로서의 포부의 현실화 일단이라고 볼 수 있을 것이다.

철기장군은 군략가, 애국자일 뿐 정치인은 아니었다. 그렇기 때문에 자기 자신의 정치기반을 약화, 파괴하려는 일부 정치세력의 움직임에 담담할 따름이었다. 이승만 대통령에 대한 추종은 순수 무구한 것이었으며, 이러한 이 대통령에 대한 단심은 지공무사한 충무공의 백의종군 정신과 다를 바가 없었다.

철기장군에 대한 정치인으로서의 평가가 어떤 것이던 간에 국방부장관으로서 그분이 남긴 업적은 비록 시간적으로 제한된 기간이었다 할지라도 국군의 존재와 더불어 영원히 기억되고 추앙될 것임에 이의를 가질 사람은 없으리라 생각된다.

3 秘錄 '軍'*

    국무총리 겸 국방부장관 이범석 장군은 벌컥 화를 냈다.
    "남조선 과도정부 통위부가 아니야. 대한민국 국방부야. 난 대한민국 국방부장관이야. 통위부 때하곤 사정이 달라."
    정적들은 그의 얼굴이 일본의 도조 히데키와 비슷하다고 허물을 잡았고 또 그를 한국의 '히틀러'를 꿈꾸는 위험인물이라고 악선전했다. 그리고 그러한 인신공격은 겉으로는 잔잔하면서도 속으로는 격렬한 과류로 심상치 않은 연쇄작용을 일으키고 있었다.
    '라버츠' 고문단장, '라이트' 참모장 그리고 '하우스만'은 정좌한 자세를 지켜나갔다.
    이범석 장군에 대한 헐뜯음은 이내 음성적인 whispering campaign(입에서 입으로 전파되는 소문)을 자아냈고 어느덧 미군사고문단 간부들 귀에도 들어가고 있었다.

---

* 『철기 이범석 자전』에서 옮김.

"우리도 장군의 참뜻을 잘 이해하고 있습니다. 그러나 대통령 책임제의 나라에서 대통령의 결정이 몇 갈래로 해석되는 그러한 폐단은 없어야 할 것입니다.

초창기이니만큼 우리들은 특히 이 점에 유의해서 국사를 처리해야 한다고 생각합니다."

'라버츠' 단장은 예의를 차리면서도 무뚝뚝하게 말했다.

논쟁은 국방부 안에 정훈국과 제4국(大北工作機構)을 설치해야 한다, 필요 없다는 엇갈린 의견대립으로 심각했다.

이범석 장군은 군의 정신무장을 중시하는 한편 적극적인 대북교란 전술의 필요성을 강조했다. 그는 철저한 반공사상으로 군의 정신을 무장시켜야 할 의무를 누누이 설명했고 북괴가 다수의 무장 '게릴라' 부대를 남파하고 있는 실정에 비추어 이에 대한 과감한 반격을 가해야 한다고 역설했다.

이 장군이 국무총리 겸 국방부장관으로 취임할 때의 국방경비대에 대한 견해는 역시 다른 정치인들의 그것과 비슷한 것이었다.

즉 '국방경비대의 전면개편이 필요하다'는 것이다.

이러한 견해에서 파생된 부작용이었는지 그가 취임 직후 한동안 민족청년단 부단장 노태준 씨가 참모총장으로 임명되리라는 말이 육군 안에서 그럴싸하게 떠돌고 있었다.

노태준 씨는 이름 높은 노백린 장군의 영식이었고 중국 낙양군관학교 출신의 묵중한 애국지사였다. 그는 또 이범석 장군 휘하의 광복군 제2지대에 있을 무렵 서안의 한 중국요릿집 천장에 4주일 동안이나 잠복해서 일본군의 중요한 정보를 수집하는 수훈도 세웠다. 그리고 이러한 모든 그의 공로가 군 내부에도 널리 알려져 있었다. 그러나 노태준 씨 본인은 끝내 사양했고 국방경비대를 국군의 모체로 견지해야 한다는 정책을 존중하는 입장에서 외부인사가 육군참모총장으로 발탁될 수 없다는 점을 잘 이해하고 있었다.

그러나 노태준 씨 임명설이 풍문에 지나지 않는 것으로서는 너무나 심각한 파문을 미군사고문단 안에도 일으켰다.

"군내에 정치장교를 배치하는 제도는 '히틀러'나 공산당이 채택하고 있는 제도입니다. 민주주의 국가의 군은 정치에도 초연한 입장에서 엄정 중립을 지켜야 하는 것입니다. 따라서 일당독재국가의 군처럼 Political Commissar(정치장교) 제도를 채택할 수는 도저히 없는 것입니다."

"공산군과 싸우는 군대가 반공사상의 정신무장 없이 어떻게 싸우란 말이오? 당신네들은 공산주의가 어떤 것인지 잘 모르고 있소. 나는 국방부장관으로서 내 부하들을 철저한 반공사상으로 무장시킬 것이오."

"대단히 죄송한 말씀이오나 군은 각하로부터 직접 명령을 받는 부하가 아니고 대통령 각하가 임명하는 참모총장의 명을 받드는 부하인 것입니다. 국방부장관은 어디까지나 행정부의 각료이며 직업군인은 아닌 것입니다. 우리가 알기에는 대통령 각하가 국방경비대의 편제로 받아들이도록 명령하신 것이라고 생각합니다. 즉 육군의 편제에는 정치장교 제도가 있을 수 없다는 것입니다."

"아니 여보, 미국 군대에도 정훈장교가 있지 않소?"

"그것은 장관이 말씀하시는 정치장교 제도와는 전혀 다른 성질의 것입니다."

"내가 말하는 것도 정훈장교라니까……."

"그렇다면 국방부장관의 명령으로 움직이는 방대한 정치장교단은 필요없는 것입니다. 장관께서 제시한 정훈장교 제도안은 군내에 정치장교단이라고 하는 특설부대를 창설하는 것으로 되어 있습니다. 다시 말하자면 국방부장관에 직속된 특설부대가 생기게 되는 것입니다. 이러한 제도는 대통령 각하께서 말씀하신 편제가 아니라고 생각합니다."

"장관께서도 잘 아시다시피 미국 정부의 국방부장관은 대통령의 Secretary의 한 사람입니다. 즉 대통령이 임명하는 각 군 참모총장에게 모든 군령사항을 위임하고 각 군 운영에 필요한 군정업무를 총괄하는 것으로 되어 있습니다. 따라서 각 군의 모든 부대는 전적으로 참모총장의 지휘감독을 받게 되어 있습니다. 참모총장에게 예속되지 않고 국방부장관에게 직속된 부대란 도저히 있을 수가 없는 것입니다. 때문에 반공사상으로 군을 무장시키는 과업도 각 군 참모총장에게 위임되어야 할 것으로 생각합니다."

"대통령 각하가 군을 나한테 맡기면서 하시는 말씀이 '정신무장이 가장 중요하다'고 당부하셨는데 국방부 안에 정훈국을 두고 거기서 정훈장교들을 잘 훈련해서 각 부대에 배치하자는 것이 당연한 일이 아니오."

"정훈장교들을 훈련하는 기구는 필요할 것입니다. 그러나 그것은 국방부가 할 일이 아니고 각 군 참모장이 해야 할 일인 것입니다. 군은 훈련과 교육을 가장 중요한 과업으로 위임 맡고 있는 것이며 각종 부대의 훈련·교육은 참모장이 맡은 가장 중대한 임무의 하나인 것입니다. 결국 보병학교, 헌병학교, 포병학교 등과 마찬가지로 정훈장교 교육시설도 각 군 참모총장 지휘 하에 두게 되는 것입니다."

"반공사상 교육은 문제가 다르지 않소. 군인이 어떻게 사상교육을 한단 말이오. 차차 군에서 할 수 있게야 되겠지만 당분간 국방부 정훈국에서 해야 할 게 아뇨?"

"일반국민에 대한 반공사상 교육은 행정부에서 담당할 수 있겠습니다만, 군대라고 하는 조직 안에서 모든 교육과 훈련은 군 지휘관이 책임지고 해야 할 문제인 것입니다. 만일 장관의 안대로 정훈부대를 국방부 직속 하에 둔다면 한 대한민국 군대 안에 국방부장관이 명령하는 군대와 참모총장이 명령하는 군대의 두 개의 군대가 생기게 되는 것입니다. 이것은 마치 '히틀러' 독일의 군대나 공산국가의 군대가 독재자에 직속한 정치장교에 의해서 감시되고 있는 것과 같은 폐단을 갖게 될 것입니다.

'히틀러'의 독재주의나 공산주의와 싸우기 위해서 군대를 정신무장 시키자는 건데 그렇게 하면 오히려 그놈들 같은 폐단이 생긴다니 도대체 무슨 말이오? 꼭 참모총장들한테 맡겨야 한다면 그렇게라도 해서 일을 해봅시다만 내 생각엔 제대로 될 것 같지 않소."

"잘 알았습니다. 우리가 생각하기에는 각 군 참모총장들이 장관의 뜻을 받들어서 충실하게 일을 잘할 것으로 압니다."

국방부장관의 울화통을 터뜨리게 한 것은 제4국 설치를 두고 벌어진 논쟁에서였다.

미고문단 측은 우리나라의 '게릴라' 부대를 38선 이북으로 보내는 것을 극구 반대했다. 무장한 군부대를 38선 이북에 침투시키는 적극책에 대해서는 첫마디에서부터 펄쩍 뛰었다. 마치 외국영역에서 우리나라 정규군대를 침입시키자는 제의에 접한 것처럼 놀라는 태도였다.

이 장군이 제의한 특수공작국(제4국)의 임무는 공산 '게릴라'에 시달리던 우리들이 이에 대한 대책을 당연히 주장할 수 있는 성질의 것이었다. 공산 '게릴라'의 남파 루트를 포착하고 그들을 38선 근처에서 격퇴하기 위해서는 적극적인 첩보활동과 탐색동작이 필요했던 것이다. 그럼에도 불구하고 미군사고문단 측에서는 끝내 반대하는 것이었다. 미고문단들은 이러한 대북공작이 일종의 도발행위인 양 취급하려고 들었다.

38선을 완전히 무시하고 이북에서 온갖 파괴행위를 거듭하다가 38선 이북으로 월경해 버리는 공산 '게릴라'를 때려잡는 데 있어서도 우리 측의 행동은 엄중하게 38선 이남 지역에 국한되어야 한다는 것이 미군사고문단 측의 견해였다.

따라서 라버츠 단장이 국방부장관에게 정식으로 반대의견을 표현하는 동시에 국방부 제4국에 대한 고문사단 측 지원을 전적으로 거부하는 것이었다.

고문단 측의 이러한 강경한 태도는 주로 미국정책을 그대로 반영한 것이었다. 그리고 또한 국방부에 직속된 특수부대 설치는 원칙상 불가하다는 것이다.

그러나 불행하게도 단순히 그렇다고 들어넘길 수만도 없는 정세였다.

이범석 장군에 대한 치졸한 저간의 모함이 빚어낸 연쇄반응으로 들리는 것이었다.

정계의 일각에서는 이범석 장군의 '쿠데타' 기도설이 그럴싸하게 떠돌고 있었던 것이다. 그래서 듣기에 따라서는 이 장군이 직접 지휘할 수 있는 부대를 주지 않으려는 심산인 것처럼 보이기도 했다. 게다가 이 장군이 단장으로 키워낸 민족청년단의 부단장이던 노태준 씨가 육군 참모총장으로 발탁된다는 소문이 나돌고 있었고 직할부대를 갖는 제4국과 정훈국의 설치문제가 마침 때를 같이해서 논의되었던 것이다.

과도기적 혼미는 자치 경험이 없는 새나라 일꾼들의 순박한 애국심만으로 제어하기에는 너무나 암담한 것이었다.

대통령책임제에 대한 인식, 군정계통과 군령계통의 구분, 통수권자와 군정, 군령당사자의 관계 등등 기본적인 원칙 문제에 대해서까지도 탄탄한 길잡이가 아직도 나서지 않고 있었다.

정부 각료, 국회의원을 비롯해서 위정자는 하룻밤 사이에 헌법이 내각책임제로부터 대통령책임제로 뒤바뀐 돌변에 어리둥절해 있었고 내각책임제를 추진하던 정계 중진들은 이승만 대통령 밑에서 내각책임제와 비슷한 정부 운영이 가능할 것이라는 환상에 사로잡혀 있었다. 그리고 이러한 환상은 국무총리를 비롯한 많은 각료들로 하여금 본의 아닌 착각을 일으키도록 작용하고 있었다.

이범석 국방부장관은 회의가 매듭지어지기도 전에 벌떡 일어서며 일갈했다.

"대한민국의 국방부 장관은 나요! 당신네 미국 사람들이 지원을 못하겠다면 그건 당신네들 사정이야. 나는 내 생각대로 해 보겠소!"

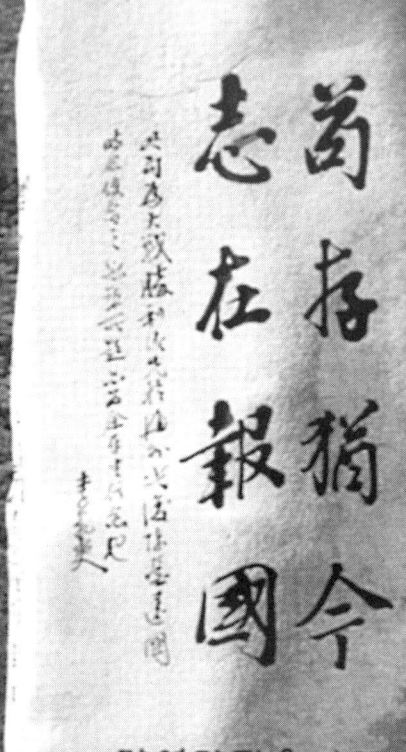

苟存猶今 志在報國

조국
이말처럼
온인류
각민족에게
강력한감동과
영향을주는
말은없다

철기 이범석 장군 연보

1900년 (1세)
10월 20일(음) 서울 용동(龍洞, 현 중국대사관 후원)에서 태어나다.

1906년 (7세)
5월 3일　생모 이씨(연안 이씨) 심장병으로 사망.

1907년 (8세)
　　　　헤이그 만국평화회의에 특사 파견.
6월(음)　계모 김씨(김해 김씨), 철기 부친과 재혼.
8월 1일　대한제국 군대 해산. 각지에서 의병 항쟁.
　　　　박승환 제1연대 대대장 자결. 정태규 전사.

1908년 (9세)
　　　　외삼촌 이태승과 친구인 해공 신익희가 자주 집에 드나들다.

1909년 (10세)
9월 1일　일제, 의병탄압을 위한 '남한대토벌작전' 개시.

1910년 (11세)
　　　　사립 장훈(長薰)학교에 입학하다. 주시경·김인식 선생에게 국문과 음악을 각각 사사.
8월 28일　경술국치.

1911년 (12세)
3월　　　서일(徐一) 등 대종교 신도, 북간도에서 중광단(重光團) 조직.
10월　　 부친(李文夏), 강원도 이천 군수로 부임. 강원도 이천보통학교 2년에 편입.
　　　　중국 신해혁명 발발.

1912년 (13세)
1월　　　손문(孫文), 혁명정부 대통령에 취임. 2월 사직. 원세개(袁世凱)가 대총통이 됨.
10월　　 서간도 한국교포의 자치 기관으로 통화현 합니하에서 부민단 조직.

1913년 (14세)
3월　　　　이천공립보통학교 수석 졸업.(4년제). 경성제일고등보통학교 갑반에 무시험 추천으로 입학.

1914년 (15세)
6월 28일　　제1차 세계대전 발발.
9월　　　　한힌샘 주시경 서거.

1915년 (16세)
여름　　　　경기고보 재학중 한강에서 몽양 여운형씨를 만나 중국으로 망명을 결심(3학년 2학기).
가을　　　　충남 천안군 출신의 김씨와 결혼(초혼), 서울 관철동 117번지에 살림집 마련, 결혼 3개월 만에 망명 실행. 남대문역에서 의주행 기차에 오름.
11월 20일　압록강 철교를 건너 봉천(奉天)에 도착하다.
　　　　　서탑의 고려여관으로 여운형을 찾아가다(몽양은 7, 8일 앞서 도착).
11월 25일　여운형과 함께 상해로 가다.
12월　　　매부 신석우, 예관 신규식, 조용하(소앙의 친형), 조성환, 신채호를 상해에서 만나다.
　　　　　신규식과 손문(孫文) 사이의 서한전달 심부름으로 손문을 직접 만나다. 손문은 신해혁명후 원세개(袁世凱)에 밀려 상해 프랑스조계지 매머시엘로우에서 '삼민주의', '민국건국방략' 등을 집필.

1916년 (17세)
초　　　　군관예비학교인 항주(杭州) 체육학교에 6개월간 다님. 이용, 채영, 한운룡, 이보민 등과 교우함.
가을　　　배달무, 김정, 김세준, 최진 등과 같이 선편으로 홍콩 통킹, 하노이를 거쳐 등월철도를 타고 운남(雲南)에 도착.
　　　　　신규식의 요청으로 손문이 독군 당계요(唐繼堯)에게 의뢰해 운남 육군강무학교에 입학을 주선. 이국근(李國根)이라는 가명으로 입교함(입학 연령미달로 2살을 올려 입학).

1917년 (18세)
　　　　　러시아혁명 일어남.

1919년 (20세)
1월 18일　제1차 세계대전종결을 위한 강화회의가 프랑스 파리에서 개최.
3월 1일　　국내에서 3·1운동 발발.
3월　　　　운남 육군강무학교 제12기 기병과 졸업. 이 당시 호를 철기로 정하다.
　　　　　운남성 곤명에서 15km 떨어진 건해자(乾海子) 기병연대에서 견습사관으로 복무.

4월 초	건해자 기병연대 장교구락부 신문을 통해 3.1운동의 소식을 알다. 독군 당계요(唐繼堯)에게 임시정부에 합력하기 위해 상해로 돌아갈 수 있도록 사직 허가를 5인연서로 진정해 비준받다.
4월	서일, 중광단을 대한정의단(大韓正義團)로 확대 개편.
5월 중순	건해자 기병연대에서 나와 상해에 도착(4개월간 체류).
7월	상해에서 신규식·안창호·노백린을 만나다. 임정의 파벌에 실망하고, 이동녕·신규식의 지도에 따라 만주에서 유격항일을 결심.
8월	대한정의단 산하에 독립군 무장단체로서 대한독립군정서 조직.
9월	김좌진·박찬익의 주동으로 길림군정사 창설. 군사활동이 불가능하자 서간도 유하현 대화사에다 서로군정서를 창설. 박찬익이 은주 부씨의 도움으로 북경에 있던 조성환과 같이 장작림 정권에 외교교섭을 맡다. 최진(崔震 : 崔允東)과 함께 만주로 가다(최진은 밀양경찰서폭파사건으로 일경에 체포). 장길상(고 장택상 형)이 임정에 거금 만원을 손모에게 위촉하여 보낸다는 소식을 길림군정서의 박찬익으로부터 입수. 서로군정서로 이 돈을 가져와 군사활동에 유효하게 쓰도록 의견을 모음. 지청천이 교섭대표로 결정됨. 상해에 있던 배천택에게도 협력토록 연락. 임정에서 용도를 둘러싸고 각축전이 있었으나 이시영이 서로군정서로 보내도록 역설해 성사됨.
10월	대한정의단과 대한군정회를 합하여 대한군정부로 개편(총재 서일, 부총재 현천묵, 사령부 사령관 김좌진). 임시정부 산하의 독립군 군사기관으로 공인을 신청. 신흥학교가 신흥무관학교로 개편되다. 살인사건으로 분규를 일으켜 휴교되었던 합니하(哈泥河)의 학교를 폐교하고 고산자 하동대자로 이전. 상해에서 서간도 유하현 삼원보에 도착, 이시영 소개로 신흥무관학교 교관으로 취임. 김광서, 신팔균, 지청천 등과 함께 사관 훈련 담당.
11월 17일	서간도 한족회, 서로군정서로 개편.
11월	신흥무관학교 교성대(教成隊) 편성, 대장에 취임. 1920년 3월 1일을 기해 압록강을 건너 후창·자성·혜산진에 진입해 3·1만세운동 재현을 기도, 결사대 대장으로 교육 전담.
12월	임시정부 국무원 제205호로써 대한군정부 명칭을 대한군정서로 개칭토록 하고 임시정부 산하 군사기관임을 공인함. 서간도 서로군정서와 대비해 북로군정서로 별칭함.

1920년 (21세)

1월	해룡현 산성자(海龍縣 山城子) 은행에 맡겼던 군자금을 찾으러 갔던 배달무가 혹독한 추위로 동상에 걸려 한발의 발가락 모두와 한발은 1/3을 자름. 군자금을 낭비하게 되고 무기대량구입에 실패.
2월 29일	지청천이 상해에서 안 돌아오고 신팔균의 정의부 군사위장 취임함에 따라 당초 계획했던 1920년 3월 1일 거사 계획이 뜻대로 되지 않자 교성대원들 동요. 철기가 거짓말한 결

	과가 된 데 실의와 신경과민으로 삼원포에 있는 의무처로 치료하러 감. 의무실에서 아편을 2온스량의 7홉쯤을 훔쳐내 (30g이 넘는 아편가루) 배갈에 타마셔 음독자살 기도.
2월	대한군정서, 왕청현 서대파 십리평에 병영과 연병장 건설, 사관연성소 설립(소장 김좌진).
3월	김좌진, 서로군정서에 공한을 띠워 철기를 북로군정서로 보내주기를 요청하다.
4월	길림성 왕청현(북간도)으로 가다. 북로군정서 교관으로 부임해 군사훈련을 담당하다.
5월	교수부장에 임명, 북로군정서 사관연성소 생도 6백명을 교육.
6월 7일	독립군 연합부대인 대한북로독군부와 대한신민단, 봉오동 전투에서 승리하다. 대원들이 흩어져 북로군정서로 피신해 오다.
6월	왕청현 서대파 십리평 삼림속에 사관학교교사와 보병대영사 건축 완공. 블라디보스토크에서 철수하는 체코슬로바키아군으로부터 무기 구입.철기, 체코군 대장인 가이다와 만나 무기 구입교섭(2차에 걸쳐 소총 1천 2백정, 기관총 6정, 박격포 2문, 탄약 80만발, 수류탄, 권총 등).
7월 23일	대한군정서 경비대(근거지를 호위하는 경호선과 총재부와 전진 초소를 지키는 부대)를 모범대(模範隊)로 개칭하고 본부 교사인 철기가 중대장에 임명되다.
7월 24일	일본의 만주에 대한 대규모 병력 투입을 두려워하여 장작림은 맹부덕을 사령관으로 임명해 독립군 토벌을 위해 출동시킴.
8월	일제, 간도지방불령선인토벌계획 확정.
9월 9일	대한군정서 사관연성소 제1회 졸업식.
9월 12일	사관연성소 졸업생으로 교성대(教成隊) 조직, 철기 중대장으로 임명되다.
9월 17~18일	대한군정서 선발대와 본대를편성해 서대파 십리평 근거지 출발.
10월 2일	안도현 지방자위대와 마적이 합작해 혼춘(琿春) 일본영사관을 습격(혼춘사건).
10월	혼춘사건과 독립군의 이동을 구실로 일군의 대규모 만주파병 시작. 소위 조선군이라는 국내 주둔 일군 제19, 20사단이 주력이 되고, 시베리아에 주둔중이던 제11, 13, 14 사단이 책응해서 시베리아로부터 만주로 들어오다. 국민회, 의군부, 한민회, 의민단 등이 북로군정서와 합작키로 하고 책임 전술지역을 분담하였으나 한민회 1개중대 병력만 남고 4개 단체는 모두 가버림.
10월 12~13일	대한군정서 독립군, 청산리에 도착.
10월 21일(음력 9월 7일)	청산리 독립전쟁 시작(백운평 전투).
10월 22일	새벽 5시 30분 경 천수평에서 철기가 지휘하는 연성대가 일본군을 기습해 섬멸함(천수평 전투). 오전 9시부터 어랑촌에서 치열한 전투. 이후 독립군은 일본군 포위망을 뚫기 위해 50명씩 소부대를 편성해 행군함으로써 철기와 김좌진은 따로 소부대를 지휘.
10월 23일	하오 3시경 김좌진이 지휘하는 소부대, 맹개골에서 일본군과 접전함.
10월 24일	밤9시경 천보산 부근에서 천보산의 은동광을 수비 중이던 일본군 1개 중대와 전투 : 왕청현 소할의 삼선령을 향해 행진하다. 밤9시경 철기는 김훈중대만 데리고 천보산 부근

	을 통과 중 달(月)이 안떠 어둡고 안내자의 잘못으로 적진지에 무심히 들어섰다가 일대 백병전이 벌어져 좌흉부에 총검자상을 입다. 중상은 아니었으나 출혈이 심했고 중대원들이 쓰러진 철기를 구하러 우회 작전함.
10월 25~26일	홍범도부대, 고동하 골짜기에서 일본군 2개 소대 섬멸(고동하 전투).
10월 28일	대한군정서 독립군, 소부대로 분산 행군하여 안도현 황구령촌에 도착.
10월 29일	청산리 전투에 참가했던 독립군 부대들과 군사통일 문제에 대해 원칙적으로 합의를 보고 북방으로 이동, 밀산(密山)에 재결집하기로 합의.
11월 15일경	왕청현 춘양향 북삼차구에 도착, 일본군은 삼차구에 사단 사령부를 두고 독립군을 견제. 삼선령(신선두리)에서 부대를 휴양, 이때 혹한으로 철기는 수족에 대동상을 입고 약 20일간 치유.
12월 말경	독립군 부대, 3개월 걸려 밀산현에 집결.
12월	이승만, 미국에서 상해로 들어와 임시정부 대통령에 취임.

1921년 (22세)

1월	대한군정서 독립군, 흑룡강을 건너 노령 이만시로 들어감.
3월	이만시에 모인 독립군 부대들이 군사통일을 실현하여 대한의용군총사령부 조직. 신익희, 장사(長沙)에서 한중호조사를 설치하다.
4월 12일	노령 이만시에서 독립군대회를 개최하고 대한의용군 총사령부의 이름을 대한독립단으로 바꾸고 체제를 재정비. 이때 대한독립단 사관학교를 영안현 삼하장 동구에 설립하기로 결정하다. 철기, 김홍국과 교관에 임명되다.
5월	손문 광동(廣東)정부 총통에 취임.
6월 2일	고려혁명군정의회 임시사령관으로 부임한 이르크츠크파 공산당 오하묵, 대한독립단의 독립군 부대들을 자유시 브라고웨시첸스크로 불러들임. 독립군들이 자유시(흑하)로 들어가기로 하였으나 철기와 김좌진은 소련령에 깊이 들어가는 것을 반대.
6월	대한군정서 간부들인 서일, 김좌진, 나중소 등은 비밀리에 자유시를 탈출함. 철기도 이만에서 5명의 동지와 함께 우수리강을 헤엄쳐 탈출, 3명은 전사함.
6월 28일	사할린의용대를 포함한 대한독립단 산하 독립군들이 무장해제당함. 이 과정에서 사망 272명, 익사 37명, 행방불명 250여명, 포로 917명의 희생을 당함(흑하사변, 자유시참변).
8월 4일	북만주로 돌아온 대한군정서 간부들은 대한독립단을 재조직. 이 무렵 철기, 홍개호 연안 쾌당별(快當別)로 이상설 등을 찾아 감.

1922년 (23세)

9월	대한독립단, 홍개호 연안 쾌당별에서 자위대 조직.
9월 25일	독립운동계의 분열을 통탄하며 25일 동안 불식, 부언, 불약을 고집하다 서거.
9월	철기는 신병을 얻어 쾌당별 맞은편 러시아령 일루까로 치료하러 가다.
9월 28일	대한독립단 총재 서일, 쾌당별에서 자위대가 마적의 습격을 받아 12명의 부하를 잃자

	비탄 끝에 자결.
12월	소비에트 사회주의공화국연방 성립. 연해주와 흑룡주를 합해 중립정부 성립. 치타에서 이만까지 원동완충국이 존재해 무장부대 통행하지 못함.

1923년 (24세)

1월	블라디보스토크의 신한촌에 고려공산당 중앙총국 조직.
5월	고려혁명군은 독립군으로 조직되었으나 러시아혁명을 도와주고 그 대가로 무기와 장비를 지원받는다는 밀약을 맺고 소련군과 합작 결정. 고려혁명군은 합동민족군으로 통합 개칭함.
6월	철기, 연해주 고려혁명군에 가담. 러시아령 시베창(西北廠)으로 가서 고려혁명군 기병사령관으로 임명.
	철기, 합동민족군으로 백계 러시아군을 축출하기 위해 스파스카야를 공략. 이 전투에서 경상이지만 우대퇴를 스치는 총상을 입다.

1924년 (25세)

3월	대한군정서 간부들, 대한군정서를 재조직.
5월 19일	통의부 의용군, 마시탄(馬嘶灘) 강변에 매복해 국경 시찰중인 사이토 총독을 압록강에서 기습 공격함.
5월	재건된 대한군정서는 철기가 소속된 고려혁명군 간부들을 초빙하여 조직을 강화(철기는 군사부장에 임명됨. 그러나 철기는 바로 참여하지 않은 듯하다).
8월 22일	의성단 단장 편강렬, 하얼빈에서 일경에 피체. 신의주로 압송돼서 사망.

1925년 (26세)

1월	소련의 정책이 바뀌면서 러시아혁명 전쟁에 가담했던 혁명합동민족군에 대해서도 무장해제를 강요함. 무장해제가 시작되면서 이에 항전하는 과정에서 무력충돌이 일어나 철기는 이마에 총상당함(소만국경 동녕 지구 소지영에서 기관총을 맞음).
	영안현 영고탑에서 부상을 치료중에 어머니(계모) 찾아옴. 1천7백원의 돈을 주고 감.
3월	만주군벌 장종창(張宗昌)의 막료(소령)로 직업군인생활을 4개월 정도 하다.
	손문(孫文) 서거.
3월 15일	김혁, 김좌진 등 영안현 영고탑에서 신민부 조직.
6월 11일	삼시협정(三矢協定) 체결.
6월 12일	장작림 북경에 입경.
7월	김좌진장군으로부터 영고탑으로 오라는 전보를 받음.
8월	김마리아와 결혼. 석오 김학소의 주례와 조성환, 김좌진이 증인.
9월	중동철도동부지선 오길밀역에서 고려혁명군 결사단 조직.

1926년 (27세)
4월	양기탁 등 길림에서 고려혁명당 조직.
6월 10일	국내에서 6·10만세운동 발발.
7월	장개석, 북벌 개시.

1927년 (28세)
1월	중국 국민군이 한구 영국조계지를 점령.
	풍옥상(馮玉祥)이 공패성(貢沛誠)을 밀사로 김좌진에게 보내 장학량(張學良)이 중국통일에 호응하도록 압력을 가해 줄 것을 요청해 옴. 김좌진의 요구로 철기가 만주로 들어감.
4월	4개월 동안에 마적 20개 단체가 집결된 중동 철도 동부지선 위하현(위주하역) 위당구에 들어가 6, 7천여명을 모으다.
5월	장학량의 1개 친위대대를 마적이 격파, 철기는 당시 연락관으로 있던 정규군 출신인 까닭에 현상금이 붙음
	고려혁명군 결사단의 테러 행동에 사용할 무기를 하얼빈의 백계 러시아인에게서 구입. 마리아가 무기구입의 일을 전담.

1928년 (29세)
12월	고려혁명군 결사단, 일본과 중국의 탄압으로 단원들 희생됨. 73명의 결사단원이 일본군과 공산당에 희생되고 7명만 남아 해체. 철기는 외몽고지역으로 향함.

1929년 (30세)
9월 4일	오전 5시 30분 장작림이 봉천과 심양 경봉선과 만천선이 교차되는 육교 밑에서 일본 관동군에 의해 공병용 폭약 1백개 폭파로 죽다. 이후 장학량, 중국통일전선에 참가함. 국민당 정부에 가담하도록 압력을 넣는 데 이용하려 했던 마적단을 해체.
가을 경	외몽고 할라수에 도착. 알군으로 가는 길의 소나무가 있는 언덕에서 도피생활.
겨울	중소간에 충돌이 일어나 소련군이 호롬바일까지 들어와 흑룡강성 남쪽 태래재에 수 개월 동안 피난. 외몽고에서 2년간 수렵생활을 함 중소전쟁 전후에 걸쳐 김광두(金光斗)라는 가명을 쓰다.
	오로촌 추장 만가부를 도이하에서 만남.

1930년 (31세)
1월	김좌진 암살당함. 몇 주 후에 소식을 듣고 철기, 태래재에 제문을 써 보내다.

1931년 (32세)
9월 8일	만주사변 발발.
10월	수렵생활을 하던중 소병문(蘇炳文) 장군의 연락을 받고 가서, 비서 고급 참모를 지내

다. 항일전에서 장갑열차를 고안, 제작하여 싸우다.
소병문 부대와 마점산(馬占山)부대가 합작할 당시 마점산의 요청으로 전속되어 작전과장에 부임하다.
흑룡강성주석인 제1군사령관 마점산과 호롬바일 수청주임의 소병문, 두 군대가 회사(會師)하다.

1932년 (33세)

1월 8일	이봉창 의사 의거.
1월 28일	일제의 상해 침공.
3월 1일	일제, 만주국 건국.
4월 29일	윤봉길의사, 상해 홍구공원에서 일황 생일 경축일에 폭탄을 던져 시라가와(白川) 군사령관 등 사망.

대흥안령(大興安嶺)을 중심으로 일군과 싸우다(1년반 항쟁). 만군과도 항쟁.

1933년 (34세)

중동철도 서부종점 만주리를 경유하여 소련령 다후리아로 월경하다. 중국항일군, 다후리아에서 무장해제당함. 이 무렵 김요두(金耀斗)라는 가명 사용.
바이칼호수 북쪽 시베리아 철도북지선 종점인 톰스크에 도착(8개월의 억류생활).

겨울	군사시찰단으로 톰스크를 떠나 모스크바 경유, 유럽으로 가 폴란드를 방문 시찰함.

1934년 (35세)

2월	육군중앙군관학교 낙양분교 한인특별반 설치됨.
7월	철기, 폴란드를 떠나 독일 베를린에 도착.
8월	베를린에 2주 머무름. 뮨헨, 지중해 연안의 군사시설을 보고 이집트를 시찰키 위해 이태리 제노아에서 여객 화물선 살브르벤호에 승선.
10월	52일만에 상해에 도착.

임시정부 김구주석과 만나 낙양중앙군관학교 낙양분교 안에 한적군관학교를 설치하기로 합의. 이 당시 철기는 왕운산(王雲山)이라는 이름으로 개명.
동북항일의용군 총사령관 왕덕림의 요청으로 광동성 주석 진제상의 특별지원을 얻어 대만공작을 위한 판사처 공작, 2개월간 추진.
낙양군관학교 한인특별반 한적군관 대대장에 부임.

1935년 (36세)

낙양군관학교 한적1기 졸업생 배출. 일제가 정보를 듣고 중국측에 항의해 낙양학교 한인특별반의 훈련이 중담됨.

11월	임시정부 항주에서 진강으로 이전.

1936년 (37세)
중국육군 제3로군참의와 고급참모(중국군소장), 중국군 제2집단군 제56군단 참모처장에 취임.

1937년 (38세)
7월	노구교 사건으로 인한 중일전쟁 발발.
9월	중국 국민당과 공산당, 제2차 국공합작에 합의.
11월	일본군 상해 점령.
12월 13일	일본군 남경 점령—6주간 대학살이 시작됨(남경학살).

1938년 (39세)
7월	임시정부 장사에서 광주로 이전.
10월	임시정부 광주에서 유주로 이전.

1939년 (40세)
3월	임시정부 유주에서 사천성 기강으로 이전.
9월	독일의 폴란드 침공, 제2차 세계대전 발발.

1940년 (41세)
	외아들 인종(仁鍾) 태어나다.
5월 9일	한국독립당 창당.
	한국독립당 중앙집행위원장 김구 명의로 '한국광복군편련계획대강'을 장개석에게 제출.
6월	철기, 중국 국민당 중앙훈련원 중대장 직을 사임, 박찬익·이청천·유동열·김학규·조경한 등과 함께 광복군 창설의 실무 담당.
9월 15일	한국광복군 창설, 내외에 공포, 한국광복군선언문 발표.
9월 17일	한국 광복군 총사령부 성립 전례식을 중경 가흥빈관에서 개최, 철기는 광복군 참모장에 임명.
11월	한국광복군 총사령부 서안(서안시 2부가 4호)으로 이전.

1941년 (42세)
2월	광복군 기관지 『광복』(光復) 창간.
3월	조선의용대 일부 대원, 화북으로 이동.
4월 1일	한국청년전지공작대, 광복군 제5지대로 편입.
11월 15일	중국군사위원회, 광복군을 예속하려는 의도에서 '한국광복군 9개 행동준승' 통보.
11월	대한민국 건국강령 발표.
12월 10일	임시정부, 대일선전 포고.

1942년 (43세)
4월	9개준승에 의한 중국군사위원회 직원 파견으로 참모장에서 사임.
4월 20일	임시정부 국무회의에서 조선의용대의 한국광복군 합편 결정.
4월 22일	제2지대 지대장에 임명. 종전의 제1·2·5지대가 통합하여 새로운 제2지대 성립.
7월	민족혁명당 무장 조직인 조선의용대, 개편선언을 발표하고 광복군 제1지대로 편입.
9월	광복군 총사령부 서안에서 중경으로 이전.
	광복군 제2지대장에 취임.

1943년 (44세)
1월 26일	임시정부 국무회의에서 한중호조군사협정초안 마련, 9개준승을 폐지하고 새로운 군사협정 체결을 제안.
8월 말	광복군총사령부, 캘커타에 인도파견 공작대 파견, 영국군 전개의 대일작전에 참여 활동함.

1944년 (45세)
8월 23일	중국군사위원회로부터 9개준승 취소 통보 : 광복군은 중국 군사위원회로부터 작전권 및 기타 행동에 대해 통제와 간섭에서 벗어남.
10월	철기는 OSS대표에게 광복군을 미군내에 근무하도록 할 것과 미군을 위해 전략첩보 수집과 한국에서의 연합군작전을 돕기 위해 광복군에 대한 훈련을 실시할 것을 제의.

1945년 (46세)
1월	철기의 초청으로 써전트대위 서안의 제2지대 본부 방문.
1월 31일	일본군 탈출 학병출신, 중경 임시정부에 도착.
3월 27일	임시정부 국무회의에서 광복군과 영국군 사이에서 체결한 '한국광복군주인연락대' (韓國光復軍駐印聯絡隊) 파견에 관한 협정초안 결재, 통과.
4월 1일	한미군사합작에 대한 실무 회의 개최 : 철기와 이청천, 민석린(김구 주석 비서), 정환범(통역), 써전트가 참석함.
4월 3일	OSS 장교 싸전트, 중경 임시정부 청사를 방문해 김구와 면담(이 면담에 철기와 이청천, 김학규, 정환범 참석), 임시정부는 한미간의 군사합작에 대해 최종적으로 승인함.
4월 29일	OSS 훈련을 받기 위해 한광반 출신 19명, 서안으로 출발.
5월 11일	OSS 훈련을 위해 싸전트, 제2지대 본부가 있는 두곡(杜曲)에 도착, 독수리작전 대장에 부임.
6월	광복군 제3지대 성립.
7월	광복군, 철기가 총지휘하는 국내정진대 총지휘 조직, 국내 탈환작전 결정.
8월 7일	광복군 제2지대 본부에서 공동작전 수행을 위한 작전 회의 개최(김구주석, 이청천 총사령관, 철기 2지대 지대장, 도노반 OSS 총책임자, 홀리웰 OSS 중국 책임자, 제2지대

	OSS 훈련 책임자 써전트).
8월 12일	38선 설정.
8월 15일	조국광복.
8월 16일	철기가 진두 지휘한 국내정진대, 서안을 출발했으나 산동반도에서 회항.
8월 18일	국내정진대, 다시 서안을 출발하여 국내로 들어와 여의도비행장에 착륙.
8월 19일	국내정진대, 여의도 비행장 이륙해 산동성 유현(維縣)비행장에 도착.
8월 28일	국내정진대 서안으로 귀환.
9월 7일	미극동사령부, 남한에 군정 선포.
9월 16일	국내에서 한국민주당 결성.
11월 23일	임시정부 요인 제1진 환국.
12월 1일	임시정부 요인 제2진 환국.
12월 28일	모스크바삼상회의, 신탁통치안 발표.

1946년 (47세)

3월 20일	미소공동위원회 개최.
6월	철기, 귀국.
10월 6일	민족지상, 국가지상 이념하에 민족청년단을 창설, 단장에 취임.

1947년 (48세)

7월 19일	몽양 여운형 암살.
9월 18일	한반도문제 정식으로 유엔총회에 제의.
9월 21일	대한청년단 결성.(단장 지청천, 총재 이승만).
	철기는 26개 극우 청년단체가 연합한 대동청년단의 결성을 반대.
12월 9일	철기와 지청천, 대동청년단과 민족청년단 상호간 비방과 테러 중지 공동성명.

1948년 (49세)

3월 1일	**독립촉성국민회 상무위원에 선출.**
1월 6일	유엔 한국위원단(8개국 대표. 인도대표 메논이 의장) 내한.
2월 26일	유엔한국위원단의 보고를 받은 유엔 소총에서 남한만의 총선거안 통과.
4월 19일	김구, 김규식 남북협상을 위해 평양 방문.
5월 10일	제헌의회 선거.
5월 31일	이승만, 제헌의회 의장에 당선.
8월 15일	대한민국 정부 수립.
8월	**철기, 초대 국무총리 겸 국방부장관에 취임.**
9월 9일	북한에 조선민주주의인민공화국 수립.
10월	여순반란사건.

| 12월 12일 | 제3차 국제연합 총회에서 대한민국 정부가 유일한 합법정부로 승인됨. |
| 12월 21일 | 이승만, 모든 청년단체의 통합과 단일화를 지시하며 대한청년단 창단됨. 철기는 처음에는 합류를 거부. |

1949년 (50세)

| 1월 20일 | 조선민족청년단 해산 선언(대한청년단으로 흡수됨). |
| 6월 26일 | 백범 김구 암살. |

1950년 (51세)

6월 25일	한국전쟁 발발.
7월	**철기, 주중한국대사로 임명되어 중국으로 부임.**
9월 15일	유엔군 및 국군, 인천 상륙작전 실시.
9월 28일	서울 수복.
10월 19일	중공군 참전.
12월 16~24일	흥남 철수 작전.

1951년 (52세)

| 12월 23일 | 이박사 주도로 정당정치를 위한 자유당 창당. |

1952년 (53세)

5월 25일	**철기, 내무부장관에 취임.**
5월 26일	부산 정치 파동.
7월 4일	발췌개헌안 통과.

1953년 (54세)

	6개월간 구미각국의 정치군사정세를 시찰.
6월 18일	반공포로 석방.
7월 27일	휴전 협정 조인.
8월 5일	**철기, 부통령에 입후보했으나 낙선함.**
9월 12일	이승만, 조선민족청년단계 제거 성명.

1954년 (55세)

| 11월 29일 | 사사오입 개헌 파동. |

1955년 (56세)

| 9월 18일 | 민주당 창당. |

1956년 (57세)
5월 5일   해공 신익희 사망.

1960년 (58세)
4월 19일   4·19혁명.
4월 26일   이승만 대통령 하야.
5월 29일   이승만 하와이 망명.

1961년 (59세)
5월 16일   5·16 군사쿠데타.
6월 12일   철기, 민우당 창당(1963년 12월 16일 탈당).
           충남지구에서 참의원의원에 출마, 당선.

1963년 (62세)
           '국민의 당' 창당 최고위원에 취임.
2월 21일   박정희, 김종필 주도로 민주공화당 창당.
           박정희, 제3공화국 대통령 당선.
3월 1일   건국훈장 대통령장 수여받음.

1965년 (64세)
7월 9일   하와이에서 이승만 서거.

1970년 (69세)
2월 1일   부인 김마리아 여사 운명.

1971년 (70세)
11월   자서전 「우등불」 출간.

1972년 (71세)
5월 10일   중화민국 중화학술원 명예철학박사 학위 받음.
5월 11일   오전 5시 45분 명동 성모병원에서 서거.
5월 17일   남산광장에서 국민장으로 영결.
           국립묘지 애국지사 제2묘역에 안장.

철기장군의 본향은 충절의 고장, 충남 천안

철기 이범석 장군의 본향(本鄕=故鄕)은 충절(忠節)의 고장인 충남 천안시 목천읍 서리 123번지(독립기념관 뒷마을, 목천초등학교 옆)이다. 할아버지 때부터 이곳에 터를 잡고 살아서, 철기장군도 충절의 고장인 천안의 정기(精氣)를 이어받고 태어났다. 비록 부친의 벼슬 관계(조선왕조 관직)로 한양(=서울)에서 출생은 했지만 곧바로 관직을 사퇴하고 낙향(落鄕)한 부친을 따라 고향으로 돌아가 철기장군은 꿈많은 어린 시절을 천안에서 지내셨다.

목천읍지(木川邑誌)에는 다음과 같이 기록되어 있다.

"철기장군 유허지(遺墟地) ☞ 서리 뒷산 밑에 있는데, 이 집에서 청산리전투의 영웅 광복군 대장 철기장군이 성장했다고 한다."

"1946년 민족청년단 창설후 고향을 다녀갔으며, 경기중학 재학 중 천안 출신 부인과 혼인했고, 1960년 7월 고향인 충청도에서 참의원에 입후보하여 전국 최다득표로 당선되었다."

"1986년 당시 도지사였던 안응모 씨(현 안중근의사숭모회장)가 철기장군 생가터에 「철기장군유허비」(사진)를 건립했으나, 가옥 소유자(이지종 : 철기장군 7촌 조카)가 '사유재산권 보호목적' 으로 설치를 반대하여 현재는 목천읍사무소 뒷뜰에 위치해 있다."

아울러 천안시 문화원과 천안역사 대합실 안내판에는 「내 고장의 인물」로 철기장군 영정(影幀) 그림이 전시되어 있다.

이범석 장군 유허비
- 설치년도 : 1980년대(충청남도)
- 당초 가옥 앞에 설치하였으나 철거 후 목천읍사무소에서 보관 중.

전면
(銘文: 李範奭將軍遺墟址)

후면
(銘文: 李範奭將軍 略歷)

철기 이범석 장군 유허지 현황

◎ 위　치 : 목천읍 서리 123번지 (목천초등학교 옆)
◎ 면　적 : 부지 1,128평(5필지) 건물 75평(3동)
◎ 현 소유자 : 이청표(이범석 장군의 육촌 형인 이범설 증손자)
◎ 현재 상태
　- 1997년 철거. 현재 밭으로 사용(가옥 신축 예정)

유허지 전경
(위쪽 큰 건물 목천초등학교)

철거 전 가옥 전경

이범석 장군과 천안

◎ 전하는 이야기
- 서울에서 출생하였으나 유년시절을 목천에서 보냈다고 함.
- 1946년 민족청년단 창설 후 다녀갔다고 함.
- 경기중학 재학 중 천안 출신 부인과 결혼.
◎ 참의원 당선
- 충청남도 참의원 당선(1960. 7.)

철기 이범석 장군 재조명

우등불

제1쇄 찍은날 / 2016년 5월 11일

엮은이 / 철기이범석장군기념사업회
표지디자인 / 권은경
펴낸이 / 김철미
펴낸곳 / 백산서당
주소 / 서울 은평구 통일로 885 준빌딩 3층
전화 / (02)2268-0012
팩스 / (02)2268-0048
등록 / 제10-49(1979.12.29)

값 / 25,000원

ISBN 978-89-7327-512-0 03340